高等学校网络空间安全专业系列教材

信息安全导论

主　编　韩益亮

副主编　朱率率　吴旭光

参　编　张　薇　周潭平　刘文超

西安电子科技大学出版社

内 容 简 介

本书主要围绕构成当前信息安全体系的基础理论、核心技术、风险管理和法律法规等各个要素展开，内容包括信息安全概述、信息安全数学基础、密码学基础、身份认证技术、公钥密码基础设施、网络安全、软件安全与病毒防护、数据安全、信息安全风险管理和信息安全法律法规等，涵盖了从基础理论到上层协议、从硬件设施到软件体系、从主机到网络等不同方面的信息安全问题及其目前的解决手段，并重点探讨了信息系统中的认证与授权、网络中不同安全协议的漏洞及其安全措施等信息安全核心环节。本书侧重对基础理论和技术的分层次构建，将信息安全的人员、技术和管理等要素所体现的整体作用作为本书构建信息安全体系的最终落脚点。

本书可作为高等学校网络空间安全、计算机专业或相关专业的教材或参考书，也可作为信息安全技术和管理人员的参考书。

图书在版编目(CIP)数据

信息安全导论 / 韩益亮主编. —西安：西安电子科技大学出版社，2022.3(2024.2 重印)
ISBN 978-7-5606-6124-7

Ⅰ. ①信⋯　Ⅱ. ①韩⋯　Ⅲ. ①信息安全—高等学校—教材　Ⅳ. ①TP309

中国版本图书馆 CIP 数据核字(2021)第 215055 号

策划编辑　陈　婷　刘玉芳　毛红兵
责任编辑　雷鸿俊
出版发行　西安电子科技大学出版社(西安市太白南路 2 号)
电　　话　(029)88202421　88201467　　　　邮　　编　710071
网　　址　www.xduph.com　　　　　　电子邮箱　xdupfxb001@163.com
经　　销　新华书店
印刷单位　陕西天意印务有限责任公司
版　　次　2022 年 3 月第 1 版　　2024 年 2 月第 2 次印刷
开　　本　787 毫米×1092 毫米　1/16　印 张　14.5
字　　数　341 千字
定　　价　35.00 元
ISBN 978-7-5606-6124-7 / TP
XDUP 6426001-2
如有印装问题可调换

前　言

信息和信息系统与人们的工作、生活息息相关，信息化的发展使其应用的范围进一步扩大。同时，近年来频繁发生的各类网络安全事件如 DDOS 攻击、APT 攻击、各类病毒和软件漏洞，对信息系统和网络造成的威胁与破坏也越来越大，掣肘国家信息化建设。目前，信息安全已成为关乎国家安全、社会稳定和个人安全的重要因素。

2016 年 6 月，经中央网络安全和信息化领导小组同意，中央网信办、教育部等六部委联合印发了《关于加强网络安全学科建设和人才培养的意见》（中网办发文〔2016〕4 号），对网络安全教材提出具体要求：内容要体现党和国家的意志，体现网络强国战略思想，体现中国特色网络安全制度建设思路，适应我国网络空间安全发展需要。

我国高校开设信息安全专业已有二十多年的历史，已经形成了比较成熟的课程体系。信息安全导论课程作为信息安全、网络空间安全专业核心主干课程的地位作用已经形成共识。为贯彻落实中央关于信息安全人才培养及其教材体系建设的精神，适应最新的信息安全教学和实践要求，我们根据信息安全教学实际情况，总结多年的教学经验编写了本书，并从全新的角度对书中的内容进行了设计，突出了以下三个方面的内容：

第一，在指导思想上，贯彻"总体国家安全观"和"网络强国"的战略思想，突出信息安全、网络安全对于国家安全的作用，充分体现国家对网络空间信息安全治理的原则、主张和工作部署。大国之间网络空间安全的博弈，不仅仅是信息安全技术的博弈，还是理念、策略和话语权的博弈。本书不盲从西方的信息安全价值观，坚持自主可控、自主创新的理念，充分展示我国在信息安全领域的主要成就，增强信息安全专业从业人员对我国信息安全、网络空间安全发展战略的了解和自信。

第二，在内容编写上，根据新技术的发展和新应用环境的变化，及时增补、更新了信息安全技术的理念、架构和技术，对一些陈旧材料进行了更新。信息安全技术的发展日新月异，新威胁、新挑战层出不穷，技术理念和实践方法的更迭呈现加速的趋势，因此，保持教材的更新是对信息安全教材的基本要求。只有不断创新教材的知识结构和内容，才能培养学生的创新思维和整体的信息安全观。

第三，在难易程度上，突出了入门理论和技术的系统性与通俗性，扩充了本书的专业知识应用面。现有的信息安全教材内容偏多，部分内容难度较大，且部分内容的知识覆盖与其他信息安全专业课有所重复。因此，我们在编写本书时，将本书定位为网络空间安全或信息安全类专业的专业基础教材，同时也可作为其他计算机专业学生通识教育类的信息安全素养培养教材。在风格上，我们力求做到通俗、精练、系统，注重帮助学生建立系统、感性的信息安全观，并进一步培养读者信息安全学习的兴趣。

本书可作为信息安全、网络空间安全本科专业信息安全导论、网络空间安全导论等课程的基础教材，也可作为其他相关专业的选修教材或信息安全参考书。全书共 10 章内容。第 1 章从经典的信息和信息安全的内涵、概念出发，介绍了信息安全的体系、要素和内涵，并结合实例介绍了当前信息系统面临的主要威胁和攻击。第 2 章、第 3 章分别从数学和密码学的角度阐述了信息安全所依赖的理论基础和技术基础，可以作为选学或了解的内容。从第 4 章开始介绍信息安全各个构成要素的安全问题及其解决方案。第 4 章介绍了身份认证的概念、一般实现方法和最新技术。第 5 章介绍了公钥基础设施、数字证书技术和 CA 认证中心的结构和功能，并扩展了多个商业 CA 的实例，是对身份认证技术的延续。第 6 章重点介绍了网络安全知识，侧重介绍主流网络协议及其安全扩展协议，同时简要介绍了防火墙、入侵检测系统等其他网络安全设备和技术。第 7 章围绕软件安全，介绍了计算机病毒、木马和恶意程序的原理、现状、危害及其防治技术。第 8 章介绍了保护数据安全的理论和技术，围绕数据存储技术、数据备份技术、灾难恢复技术，介绍了数据保护的原理、策略和最新技术手段。第 9 章简要介绍了信息安全的风险管理，针对信息系统安全风险的识别、评估和控制，分析了相应的管理策略。第 10 章介绍了信息安全违法犯罪行为和我国信息安全法律法规制定情况。本书力求在体系、难度、覆盖面等方面做到适当均衡，以适应信息安全类专业的基础教学。

本书是信息安全教学团队多年教学实践的总结，初稿源于 2003 年韩益亮等老师为武警工程大学信息安全专业编写的讲义，多年来在信息安全类专业不同层次的教学班中进行了试用。从 2018 年起，根据学科建设发展的实际和多年试用反馈的问题，我们组织教学团队对原稿进行了比较全面的完善，对部分章节进行了重新编写，并计划付梓出版。此次编写工作中，韩益亮老师负责第 1 章的编写和第 5 章、第 7 章、第 8 章初稿的编写，并负责全书的统稿；张薇老师负责第 2 章、第 3 章的编写；吴旭光老师负责第 4 章的编写；朱率率老师负责第 6 章、第 9 章、第 10 章的编写和第 5 章、第 8 章的内容更新；周潭平老师负责第 2 章、第 3 章部分内容的编写和校对；刘文超老师负责第 7 章的编写和校对。张敏情、潘晓中、苏旸、魏立线、钟卫东等教授为本书的修改完善提出了宝贵的意见和建议，在此对他们表示衷心的感谢！西安电子科技大学出版社的相关人员为本书出版付出了许多辛勤的劳动，在此一并深表谢意！

当前，信息安全和网络空间安全不论从概念内涵还是从技术体系上，都正处于高速发展和日臻完善的阶段，尽管我们力求完美，但本书的内容仍不免挂一漏万，请同行专家不吝批评指正。

武警工程大学信息安全教学团队

2021 年 7 月

目　　录

第1章　信息安全概述 1

1.1　信息安全的基本概念 1

1.1.1　信息、信息技术与信息系统 1

1.1.2　信息系统安全概述 2

1.2　信息安全的内涵 3

1.2.1　信息安全的要素 3

1.2.2　安全体系结构 3

1.3　信息系统的安全问题 8

1.3.1　常见的信息安全威胁类型 8

1.3.2　信息系统安全漏洞及其

防范措施 15

1.3.3　信息安全问题的根源 17

思考题 19

第2章　信息安全数学基础 20

2.1　数论基础 20

2.1.1　整除 20

2.1.2　同余 21

2.1.3　欧几里得算法 22

2.1.4　费马小定理与欧拉定理 24

2.1.5　中国剩余定理 25

2.1.6　素性检测 26

2.2　近世代数基础 28

2.2.1　群 28

2.2.2　环与域 30

2.3　计算复杂性理论简介 30

思考题 33

第3章　密码学基础 34

3.1　密码体制概述 34

3.2　对称密码 34

3.2.1　序列密码 35

3.2.2　分组密码 38

3.3　公钥密码 51

3.3.1　公钥密码的原理 51

3.3.2　Diffie-Hellman 密钥交换 52

3.3.3　RSA 密码 53

3.3.4　数字签名 53

思考题 54

第4章　身份认证技术 56

4.1　身份认证 56

4.2　基于口令的身份认证技术 56

4.2.1　基本口令认证协议 57

4.2.2　改进的口令认证 58

4.2.3　一次性口令认证 61

4.2.4　S/Key 认证系统 63

4.2.5　挑战应答认证 63

4.3　基于智能卡的身份认证技术 64

4.4　基于生物特征的身份认证技术 65

思考题 66

第5章　公钥密码基础设施 67

5.1　PKI 概述 67

5.1.1　PKI 的基本概念 67

5.1.2　PKI 的作用与意义 69

5.1.3　PKI 的发展 71

5.2　PKI 的组成与功能 72

5.2.1　PKI 的体系结构和组成模块 72

5.2.2　数字证书 75

5.2.3　数字证书的管理 77

5.3　PKI 的信任模型 79

5.4　PKI 的有关协议标准 84

5.5　PMI 简介 85

5.5.1　PMI 概述 85

5.5.2　PMI 结构模型 86

5.5.3　属性证书 AC 86

5.6　商业 CA 87

5.6.1　中国金融认证中心(CFCA) 87

5.6.2　上海市商业数字证书认证

中心(上海 CA) 90

思考题 92

第6章　网络安全 93

6.1　网络协议简介 93

6.1.1 IP 报头结构 93

6.1.2 IP 地址及其功能 97

6.1.3 TCP 协议介绍 103

6.1.4 TCP 报头结构 105

6.1.5 UDP 协议分析 106

6.2 网络应用服务安全 108

6.2.1 FTP 108

6.2.2 Telnet 109

6.2.3 SMTP 和 POP3 110

6.2.4 HTTP 113

6.3 网络攻击 116

6.3.1 IP 欺骗 116

6.3.2 泛洪攻击 117

6.4 网络安全组件 121

6.4.1 防火墙 121

6.4.2 入侵检测系统 123

6.4.3 其他网络安全设备 125

思考题 127

第7章 软件安全与病毒防护 128

7.1 计算机病毒概述 128

7.1.1 计算机病毒的历史 128

7.1.2 计算机病毒的发展 130

7.1.3 计算机病毒的定义与特征 133

7.2 计算机病毒的类型 135

7.2.1 计算机病毒的常见分类 136

7.2.2 引导型病毒 139

7.2.3 文件型病毒 140

7.2.4 蠕虫病毒 143

7.2.5 木马病毒 148

7.2.6 勒索病毒 151

7.3 计算机病毒的防范 155

7.3.1 计算机病毒的防范措施 155

7.3.2 病毒破坏后的修复 156

7.3.3 防病毒产品 160

思考题 163

第8章 数据安全 164

8.1 数据存储技术 164

8.1.1 数据存储的作用和意义 164

8.1.2 SAN 165

8.1.3 存储保护管理设计 166

8.2 数据备份技术 170

8.2.1 数据备份的定义 170

8.2.2 数据备份技术的作用和意义 ... 171

8.2.3 数据备份的类型 172

8.2.4 数据备份的体系结构和
基本策略 173

8.3 数据备份策略 174

8.3.1 备份策略的定义 174

8.3.2 备份策略的类型 174

8.3.3 备份策略的规划 175

8.4 灾难恢复技术 177

8.4.1 灾难恢复的定义 177

8.4.2 灾难恢复技术现状及行业标准 ... 177

8.4.3 灾难恢复的策略 178

8.4.4 灾难恢复计划 178

8.5 数据备份产品阿里云简介 179

8.5.1 基于混合云的备份服务简介 ... 180

8.5.2 基于混合云备份服务的
备份实施 180

思考题 186

第9章 信息安全风险管理 187

9.1 安全威胁 187

9.2 风险识别 189

9.2.1 资产识别和评估 190

9.2.2 自动化风险管理工具 192

9.2.3 风险分类 192

9.2.4 威胁识别 193

9.2.5 漏洞识别 194

9.3 风险评估 195

9.3.1 风险评估分析策略 196

9.3.2 风险评估分析方法 198

9.3.3 风险管理框架 200

9.3.4 实施安全计划 203

9.4 风险控制策略 204

9.4.1 避免 204

9.4.2 转移 205

9.4.3 缓解 205

9.4.4 承认 206

9.4.5　风险缓解策略选择 207

9.4.6　控制的实现 208

9.5　风险管理的特殊考虑 209

9.5.1　风险可接受性 209

9.5.2　残留风险 210

9.5.3　实施风险管理的建议 210

思考题 211

第 10 章　信息安全法律法规 212

10.1　信息安全保护法律框架 212

10.1.1　信息安全法律法规的发展 212

10.1.2　我国信息安全法律发展脉络 214

10.1.3　我国信息安全法律体系 216

10.2　信息安全违法犯罪行为 218

10.2.1　相关概念 218

10.2.2　利用计算机实施危害国家
安全的犯罪 220

10.2.3　利用计算机实施危害公共
安全的犯罪 221

10.2.4　利用计算机破坏市场经济
秩序的犯罪 222

10.2.5　非法获取个人信息 223

思考题 223

参考文献 224

第1章　信息安全概述

随着电子计算机的广泛应用，人类步入了信息化社会。信息的价值在人类各项生产、生活活动中得到了充分的体现和广泛的认识。但现阶段，随着新型信息技术的发展，信息安全日渐成为直接制约信息化发展的重要因素。因此，充分认识和了解信息安全的技术、策略和政策，对国家战略、企业运营以及个人信息保护都具有非常重要的作用。

1.1　信息安全的基本概念

1.1.1　信息、信息技术与信息系统

"信息"一词古已有之。在人类社会生活的早期，人们对信息的认识比较宽泛而模糊，对信息和消息的含义没有明确界定。20世纪中期以后，随着现代信息技术的飞速发展及其对人类社会的深刻影响，人们开始了对信息准确含义的研究。

通信领域对信息的研究有着悠久的历史，信息科学就是通信理论研究的最重要的成果之一。中国学者钟义信认为：信息是事物运动的状态与方式，是事物的一种属性。那么，我们应如何界定信息的概念呢？

信息不同于消息，消息只是信息的外壳，信息则是消息的内核；信息不同于信号，信号是信息的载体，信息则是信号所载荷的内容；信息不同于数据，数据是记录信息的一种形式；信息不同于情报，情报通常指秘密的、专门的、新颖的一类信息，可以说所有的情报都是信息，但不能说所有的信息都是情报；信息也不同于知识，知识是认识主体所表达的信息，是序化的信息，并非所有的信息都是知识。

信息的功能是信息属性的体现。信息的基本功能在于维持和强化世界的有序性，信息的社会功能在于维系社会的生存，促进人类文明的进步和人自身的发展。信息还是一种重要的社会资源。现代社会将信息、材料和能源看作支持社会发展的三大支柱，这本身就说明了信息在现代社会中的重要地位。

对于信息技术，目前还没有一个准确而又通用的定义。为了研究和使用方便，学术界、管理部门和产业界等根据各自的需要与理解给出了信息技术的定义，比较典型的定义有：

(1) 信息技术是基于电子学的计算机技术和电信技术的结合而形成的对声音、图像、文字、数字和各种传感信号的信息进行获取、加工处理、存储、传播和使用的能动技术。

(2) 信息技术是指在计算机和通信技术支持下用以获取、加工、存储、变换、显示和

传输文字、数值、图像、视频和音频信息，并包括提供设备和提供信息服务两大方面的方法与设备的总称。

(3) 信息技术是人类在生产斗争和科学实验中积累起来的获取信息、传递信息、存储信息、处理信息及使用信息的标准化经验、知识、技能，以及人类与体现这些经验、知识、技能的劳动资料有目的的结合过程。

"信息技术"作为专门术语，其本质是"技术"而非"信息"。对于信息系统这种与"信息"有关的"系统"，其定义也远未达成共识。广义的信息系统包括的范围很宽泛，各种处理信息的系统都可算作信息系统，包括人体本身和各种人造系统；狭义的信息系统仅指基于计算机的系统，是人、规程、数据库、硬件和软件等各种设备、工具的有机集合，它突出的是计算机和网络通信等技术的应用。从概念上讲，信息系统在计算机问世之前业已存在，但它的加速发展和日益为人瞩目却是计算机和网络广泛应用之后的事。

1.1.2 信息系统安全概述

当人们谈及与计算机网络(或因特网)有关的信息系统的安全时，往往将其说成是信息安全。从一般意义上讲，信息安全与信息系统安全是安全集与安全子集的关系，且具有包含与被包含的关系。因为信息安全有着更广泛、更普遍的意义，它涵盖了人工和自动信息处理的安全；网络化与非网络化的信息系统安全泛指一切以声/光/电信号、磁信号、语音信号以及其他约定形式的信号等为载体的信息的安全，一般也包含以纸介质、磁介质、胶片、有线信道以及无线信道为媒体所传递的信息的安全，以及在获取(包括信息转换)、分类、排序、检索、传递和共享这些信息时的安全。信息系统安全的任务是确保信息功能正确实现。

本书将信息系统安全定义为：确保以电磁信号为主要形式的、在计算机网络系统进行自动通信、处理和利用的信息内容，在各个物理位置、逻辑区域、存储和传输介质中，处于动态和静态过程中的机密性、完整性、可用性、可审查性和抗抵赖性，与人、网络、环境有关的技术安全、结构安全和管理安全的总和。这里的人指信息系统的主体，包括各类用户、支持人员以及技术管理和行政管理人员；网络则指以计算机、网络互联设备、传输介质及其操作系统、通信协议和应用程序所构成的物理和逻辑的完整体系；环境则是系统稳定和可靠运行所需要的保障体系，包括建筑物、机房、动力保障与备份以及应急与恢复体系。

信息系统安全方法的要点体现在 4 个方面：第一，信息系统安全是一项系统工程，它将信息系统功能性工程和确保信息系统按照管理者意志可靠、稳定、有序地实现其功能的安全性工程有机地组合起来；第二，信息系统功能性工程的各组件要素应具备支持功能和履行功能；第三，信息系统功能性工程各组件要素在实现系统功能的过程中应确保信息内容的机密性、完整性和可用性，预防信息自身固有的脆弱性、缺陷和漏洞，以及避免来自系统内部和外部的骚扰、入侵、窃听、截获、注入、修改等威胁和攻击；第四，信息系统安全性工程应从物理安全、环境安全、操作系统安全、通信安全、传输安全、应用安全以及用户安全等方面出发，采用各种安全技术机制，构建安全框架，直接或间接地提供必要的安全服务。

1.2　信息安全的内涵

1.2.1　信息安全的要素

确保信息系统的安全是信息安全的目标,对任何信息系统而言,就是阻止所有威胁的发生。信息系统的安全就是对信息的机密性(Confidentiality)、完整性(Integrity)和可用性(Availability)的保护,更确切地说就是对信息资源的机密性、完整性和可用性的保护,简称CIA 三要素。

机密性指数据必须按照数据的拥有者的要求保证一定的秘密性,使数据不会被未获得授权的第三方非法获知。具有敏感性的秘密信息,只有得到拥有者的许可,其他人才能够获得该信息,信息系统必须能够防止信息的非授权访问或泄露。

完整性是指信息安全、精确与有效,不因人为的因素而改变信息原有的内容、形式与流向,即不能被未授权的第三方修改。它包含数据完整性的内涵,即保证数据不被非法地篡改和删除;还包含系统完整性的内涵,即保证系统以无害的方式按照预定的功能运行,不受有意的或者意外的非法操作所破坏。信息的完整性是信息安全的基本要求,破坏信息的完整性是威胁信息安全的常用手段。

可用性就是保障信息资源能够提供既定的功能,无论何时何地,只要需要即可使用,而不因系统故障或误操作等使资源丢失或妨碍对资源的使用以及使得严格时间要求的服务不能得到及时响应。

1.2.2　安全体系结构

安全体系结构是信息系统安全的基础。本节围绕业界公认的安全体系结构标准,讨论信息安全体系结构的组成、信息安全防御技术和信息安全评估标准。

1. 安全体系结构的组成

1) ISO/OSI 安全体系结构

国际标准化组织(ISO)于 1989 年对 OSI(Open System Interconnection,开放系统互连)环境的安全性进行了深入的研究,在此基础上提出了 OSI 安全体系,作为研究设计计算机网络系统以及评估和改进现有系统的理论依据。OSI 安全体系定义了安全服务、安全机制、安全管理及其他安全问题。此外,它还定义了各种安全机制以及安全服务在 OSI 中的位置。

2) 动态的自适应网络安全模型

PDR 模型是最早提出的体现动态自适应思想的安全模型。所谓 PDR 模型指的就是基于防护(Protection)、检测(Detection)、响应(Response)的安全模型。

20 世纪 90 年代,美国国际互联网安全系统公司(ISS)提出了自适应网络安全模型 ANSM(Adaptive Network Security Model),也称 P2DR 模型,如图 1.1 所示。这里的 P2DR 是 Policy(安全策

图 1.1　P2DR 模型示意图

略)、Protection(防护)、Detection(检测)和 Response(响应)的缩写,具体含义如下:

(1) Policy(安全策略):根据风险分析产生的安全策略描述了系统中哪些资源要得到保护,以及如何实现对它们的保护等。安全策略是 P2DR 安全模型的核心,所有的防护、检测、响应都是依据安全策略实行的。

(2) Protection(防护):通过修复系统漏洞、正确设计开发和安装系统来预防安全事件的发生;通过定期检查来发现可能存在的系统脆弱性;通过教育等手段使用户和操作员正确使用系统,防止意外威胁;通过访问控制、监视等手段来防止恶意威胁。

(3) Detection(检测):检测是动态响应和加强防护的依据,也是强制实施安全策略的有力工具,通过不断地检测及监控网络和系统,来发现新的威胁和弱点,通过循环反馈来及时做出有效的响应。

(4) Response(响应):紧急响应是解决安全潜在性问题最有效的办法。从某种意义上讲,安全问题就是要解决紧急响应和异常处理问题。

3) 五层网络安全体系

国际著名的网络安全研究公司 Hurwitz Group 认为,在考虑网络安全问题的过程中,应该主要考虑以下 5 个方面的问题:

(1) 网络层的安全性。网络层的安全性问题在于网络是否得到控制,即是不是任何一个 IP 地址来源的用户都能够进入网络。用于解决网络层安全性问题的产品主要有防火墙和 VPN(Virtual Private Network,虚拟专用网)。

(2) 系统的安全性。系统的安全性主要考虑两个问题,一是病毒对于网络的威胁,二是黑客对于网络的破坏和侵入。

(3) 用户的安全性。用户的安全性应考虑的问题是,是否只有那些真正被授权的用户才能够使用系统中的资源和数据。

(4) 应用程序的安全性。对具体的应用程序需要考虑的问题是,是否只有合法的用户才能够对特定的数据进行合法的操作。

(5) 数据的安全性。数据的安全性主要是看机密数据是否处于机密状态。

2. 主要的信息安全防御技术

1) 防火墙技术

防火墙是一种保护计算机网络安全的技术性措施,它是一个用以阻止网络中的黑客访问某个机构网络的屏障,也可称之为控制进/出两个方向通信的门槛。在网络边界上,通过部署相应的防火墙来隔离内部和外部网络,以阻挡外部网络的侵入。目前的防火墙主要有 3 种类型:包过滤型防火墙、代理防火墙和双宿主机防火墙。

防火墙最根本的功能是确保网络流量的合法性,并在此前提下将网络的流量快速地从一条链路转发到另外的链路上。防火墙的主要目的是保护一个网络内的主机不受来自另一个网络的攻击。通常要保护的网络为内部网络,而要防范的网络则是一个外部网络。一般认为外部网络是不可信赖的,因为该网络的用户有可能对内部网络进行攻击,破坏网络信息。

2) 入侵检测技术

入侵检测技术是一种利用入侵留下的痕迹来有效地发现来自外部或内部的非法入侵的技术。它以探测和控制为技术基础,起着主动防御的作用,是网络安全中极其重要的部分。

入侵检测是防火墙的合理补充，可以帮助系统快速发现网络攻击，扩展系统管理员的安全管理能力，提高信息安全基础结构的完整性。它从计算机网络系统中的若干关键点收集信息，并分析这些信息，检查网络中是否有违反安全策略的行为和遭到攻击的迹象。入侵检测被认为是防火墙之后的第二道安全防线，在不影响网络性能的情况下对网络进行监听，从而提供对内部攻击、外部攻击和误操作的实时保护。

3) 访问控制技术

访问控制技术是指限制已授权的用户、程序、进程或计算机网络中其他系统访问本系统资源的机制。

4) 信息加密技术

密码学是网络信息安全，尤其是防御性关键技术实施的理论基础。信息加密包括数据加密和密钥管理两个方面。

5) VPN 技术

VPN 可以看作是安全的虚拟通道。它通过对网络数据的封包和加密，在公用网络上传输私有数据，达到私有网络的安全级别，从而利用公用网构筑安全网络。

6) 信息隐藏技术

信息隐藏技术本质上是一种秘密传送信息的方法，它常常与密码学相联系，但二者有根本的不同。密码学主要是对传输的信息进行加密，但传送的方式是公开的，怀有恶意的攻击者可能得到发送的信息，但是无法解密内容。信息隐藏的根本不同在于，传送的方式是秘密的，在不引起敌方注意的情况下，通过隐秘的通道使信息得以传送。在某种情况下，信息隐藏和密码学有机地结合在一起，把传送的信息加密后，通过隐秘通道加以传送，可以起到双保险的作用。目前信息隐藏技术主要是利用图像和音频的数字水印技术、数字指纹技术等保护信息的安全性。

7) 鉴别技术

鉴别包括身份鉴别和信息鉴别。身份鉴别是提供对信息收发方(包括用户、设备和进程)真实身份的鉴别；信息鉴别是提供对信息的正确性、完整性和不可否认性的鉴别。

身份鉴别主要用于阻止非授权的用户对系统资源的访问。一般是以电子技术、生物技术或者电子技术与生物技术结合来鉴别用户身份的真实性。

完整性鉴别提供对信息完整性的鉴别，使得用户、设备、进程可以证实接收到的信息的完整性。

不可否认性鉴别提供对收发方不可否认性的鉴别，使得信息发送者不可否认对信息的发送及信息的接收者不可否认对信息的接收。

8) 主机物理环境的安全性

抑制和防止电磁泄漏(TEMPEST 技术)是物理安全策略的一个主要问题。目前主要的防护措施有两类：一类是对传导发射的防护，主要采取对电源线和信号线加装性能良好的滤波器，减少传输阻抗和导线间的交叉耦合；另一类是对辐射的防护。对辐射的防护措施又可分为两种：一是采用各种电磁屏蔽措施，如对设备的金属屏蔽和各种接插件的屏蔽；二是干扰的防护措施,即在计算机系统工作的同时,利用干扰装置产生一种与计算机系统辐射相关的伪噪声向空间辐射来掩盖计算机系统的工作频率和信息特征。

9) 操作系统的安全性

操作系统的安全性提供对计算机信息系统的硬件和软件资源的有效控制,能够为所管理的资源提供相应的安全保护。它们或者以底层操作系统所提供的安全机制为基础构建安全模块,或者完全取代底层操作系统,目的是为建立安全信息系统提供一个可信的安全平台。目前,操作系统的安全主要按照不同的安全等级进行设计,即安全操作系统的设计,从系统设计、实现和使用等各个阶段都遵循了一套完整的安全策略。安全操作系统包括不同的安全级别,例如美国国家安全局发布的(TCSEC)橘皮书将操作系统划分为 A~D 4 个等级。

10) 计算机的容错技术

容错计算机具有的基本特点是:稳定可靠的电源、预知故障、保证数据的完整性和数据恢复等。当任何一个可操作的子系统遭到破坏后,容错计算机能够继续正常运行。容错系统由故障检测、故障隔离、运行恢复和动态冗余切换等特殊模块组成。

11) 病毒防护技术

病毒防护技术主要包括预防病毒、检测病毒、病毒清除和网络反病毒等技术。

预防病毒技术通过自身驻留系统内存,优先获得系统的控制权,监视和判断系统中是否有病毒存在,进而阻止计算机病毒进入计算机系统和对系统进行破坏。这类技术有加密可执行程序、引导区保护、系统监控和读写控制等。

检测病毒技术是通过对计算机病毒的特征来进行判断的技术,如自身校验、关键字、文件长度的变化等。

病毒清除技术通过对计算机病毒的分析,开发出具有删除病毒程序并恢复原文件的软件。

网络反病毒技术的具体实现方法包括对网络服务器中的文件进行频繁的扫描和监测,在工作站上使用防病毒卡和对网络目录及文件设置访问权限等。

3. 信息安全评估标准

安全评估是全方位了解信息系统安全特性的主要方法。根据不同的安全等级保护的要求,国内外有众多的安全评估标准。

1) 国外的安全评估标准

目前国际上比较重要和公认的安全标准有美国 TCSEC、欧洲 ITSEC、加拿大 CTCPEC、美国联邦准则(FC)、联合公共准则(CC)、英国标准 7799(BS7799)以及国际标准化组织(ISO)发布的以 BS7799 为基础的 ISO7799。

2) 我国的安全评估标准

我国的信息安全评估标准化工作按时间可以简单分为两个阶段:2000 年以前,信息安全标准由各个业务部门和行业分别制定,没有统一的规划和统筹;2000 年以后,我国信息安全标准化工作进入"统筹规划、协调发展"的新时期。

对计算机信息系统实行安全等级保护制度,是我国计算机信息系统安全保护工作的重要发展思路，对于正在发展中的信息系统安全保护工作更有着十分重要的意义。1994 年国务院发布了《中华人民共和国计算机信息系统安全保护条例》，是计算机信息系统安全保护的法律基础。

2002 年，我国成立了"全国信息安全标准化技术委员会"(TC260)，由国家标准委员会直接领导，对口国际标准 ISO/IEC JTC1 SC27。截至 2020 年 4 月，正式发布的网络安全国家标准已达 216 项。

公安部组织制定的《计算机信息系统安全保护等级划分准则》于 1999 年 9 月 13 日由国家质量技术监督局审查通过并正式批准发布(GB17859—1999)，是我国计算机信息系统安全等级保护系统标准的核心，是实行计算机信息系统等级保护制度建设的重要基础。此后，我国陆续修订发布了新的等级保护制度和标准，包括 2008 年的 GB/T 22239—2008 和 2019 年的 GB/T 22239—2019。2017 年，随着《网络安全法》的颁布，我国信息安全等级保护进入 2.0 时代。最新标准将信息系统划分为 5 个安全等级，分别为用户自主保护级、系统审计保护级、安全标记保护级、结构化保护级和访问验证保护级，从第一级到第五级安全等级逐级增高。

每级具体要求如下：

第一级：用户自主保护级。本级的计算机系统可信计算基通过隔离用户与数据，使用户具备自主安全保护的能力。它具有多种形式的控制能力，对用户实施访问控制，即为用户提供可行的手段，保护用户和用户组信息，避免其他用户对数据的非法读写与破坏。本级实施的是自主访问控制，即通过可信计算基定义系统中的用户和命名用户对命名客体的访问，允许用户以自己的身份或用户组的身份指定并控制对客体的访问。这意味着系统用户或用户组可以通过可信计算基自主地定义对客体的访问权限。

第二级：系统审计保护级。本级的计算机信息系统可信计算基实施了粒度更细的自主访问控制，它通过登录规程、审计安全性相关事件和隔离资源，使用户对自己的行为负责。

第三级：安全标记保护级。本级的计算机信息系统可信计算基具有系统审计保护级的所有功能。此外，该系统还提供有关安全策略模型、数据标记以及主体对客体强制访问控制的非形式化描述，具备准确地标记输出信息的能力，可消除通过测试发现的任何错误。

第四级：结构化保护级。本级的计算机信息系统可信计算基建立于一个明确定义的形式化安全策略模型之上，它要求将第三级系统中的自主和强制访问控制扩展到所有主体和客体。此外，还要考虑隐蔽通道。本级的计算机信息系统可信计算基必须结构化为关键保护元素和非关键保护元素。计算机信息系统可信计算基的接口也必须明确定义，使其设计与实现能经受更充分的测试和更完整的复审。

第五级：访问验证保护级。本级的计算机信息系统可信计算基可满足访问监控器的需求。访问监控器仲裁主体对客体的全部访问。访问监控器本身是抗篡改的，必须足够小，能够被充分分析和测试。为了满足访问监控器的需求，计算机信息系统可信计算基在其构造时，要排除那些对实施安全策略来说并非必要的代码；在设计和实现时，应从系统工程角度将其复杂性降到最低程度。

在此标准中，一个重要的概念是可信计算基(Trusted Computing Base，TCB)。可信计算基是 1983 年美国国安局在 TCSEC 中提出的信息系统安全标准，是一个实现安全策略的机制，包括硬件、固件和软件，它们将根据安全策略处理主体(系统管理员、安全管理员、用户)对客体(进程、文件、记录、设备等)的访问。此后，我国可信计算历经革命性创新，于 2014 年 4 月成立了中关村可信计算产业联盟，开启了可信计算 3.0 时代。2019年，随着区块链、安全芯片设计等技术的推广，可信计算芯片受到国家产业计划扶持，成为构建信息安全架构体系的重要环节。

1.3　信息系统的安全问题

信息的安全所面临的威胁来自很多方面，并且随着时间的变化而变化。这些威胁可以宏观地分为人为威胁和自然威胁。人为威胁是由操作主体恶意的、无意的或错误的操作而引入的信息系统安全威胁。自然威胁来自各种自然灾害、恶劣的场地环境、电磁辐射和电磁干扰、网络设备自然老化等，这些事件有时会直接威胁信息系统的运行状态。一般认为，信息系统的风险是系统脆弱性和漏洞以及以系统为目标的威胁的总称。系统脆弱性和漏洞是风险产生的原因。

1.3.1　常见的信息安全威胁类型

常见的信息系统威胁有恶意攻击、安全缺陷、软件漏洞、结构隐患和网络协议与网络服务漏洞等。

1. 恶意攻击

恶意攻击属于人为的威胁，主要通过攻击系统暴露的要害或弱点，使得网络信息的保密性、完整性、可靠性、可用性等受到损害，造成不可估量的损失。恶意攻击可以分为主动攻击和被动攻击。主动攻击是指以各种方式有选择地破坏信息(如修改、删除、伪造、添加、重放、乱序、冒充、病毒等)。被动攻击是指在不干扰网络信息系统正常工作的情况下，进行侦收、截获、窃取、破译、业务流量分析及电磁侦测等。

从事恶意攻击的人员大都具有相当高的专业技术和熟练的操作技能。他们的文化程度高，许多人都是具有一定社会地位的部门业务主管，他们在攻击前都经过了周密的预谋和精心策划。此类恶意攻击数量巨大，目的复杂。有的恶意攻击者来自黑客、恶意竞争者、心怀不满的工作人员、个人仇敌等。恶意攻击手段多种多样，按照实施的方式或呈现的特征划分为以下几种威胁行为。

(1) 窃听：非法窃取一些信息，属于被动攻击。在广播式网络信息系统中，每个节点都能读取网上的数据。对广播网络的基带同轴电缆或双绞线进行搭线窃听是很容易的，安装通信监视器和读取网上的信息也很容易。网络体系结构允许监视器接收网上传输的所有数据帧而不考虑帧的传输目的地址，这种特性使得窃听网上的数据或非授权访问很容易且不易被发现。

(2) 流量分析：通过对网上信息流的观察和分析推断出网上的数据信息，比如有无传输及传输的数量、方向、频率等。因为网络信息系统的所有节点都能访问全网，所以流量的分析易于完成。由于报头信息不能被加密，所以即使对数据进行了加密处理，也可以进行有效的流量分析。

(3) 破坏完整性：篡改合法信息内容，有意或无意地修改或破坏信息系统，或者在非授权和不能监测的方式下对数据进行修改。

(4) 重放：重放是重复一份报文或报文的一部分，以便产生一个被授权效果。当节点拷贝发到其他节点的报文并在其后重发报文时，如果不能监测重放，节点依据此报文的内容接受某些操作，例如报文的内容是关闭网络的命令，则会出现严重的后果。

(5) 假冒：一个实体假扮成另一个合法实体。一个非授权节点或一个不被信任的、有危险的授权节点都能冒充一个授权节点，而且不会有多大困难。很多网络适配器都允许数据包的源地址由节点自己来选取或改变，这就使冒充变得较为容易。

(6) 拒绝服务：当一个授权实体不能获得对网络资源的访问或当紧急操作被推迟时，就发生了拒绝服务。拒绝服务可能由网络部件的物理损坏引起，也可能由使用不正确的网络协议引起(如传输了错误的信号或在不适当的时候发出了信号)，还可能由超载引起。

(7) 资源的非授权使用：资源访问行为不符合信息系统所定义的安全策略。因常规技术不能限制节点收发信息，也不能限制节点侦听数据，所以一个合法节点在符合安全策略的情况下能访问网络上的所有数据和资源。

(8) 干扰：由一个节点产生数据来扰乱提供给其他节点的服务。干扰也能由一个已经遭到损坏的并还在继续传送报文的节点引起，或由一个已经被故意改变成具有此效果的节点引起。频繁收到的垃圾电子邮件信息是最典型的干扰形式之一。

(9) 计算机病毒感染：通过植入病毒破坏计算机系统。目前，全世界已经发现了上百万种计算机病毒和数以亿计的变种病毒。在我国《2019 年网络安全报告》中，新出现的病毒样本总量为 1.03 亿个，它们的类型大体为恶意软件型、移动 APP 型、恶意木马、CVE漏洞和数量众多的互联网恶意网站，仅勒索病毒和挖矿木马数量就超越了以前所有病毒类型的总和。计算机病毒的数量已有了相当大的规模，并且新的病毒还在以更快的速度不断涌现。比如，保加利亚计算机专家迈克·埃文杰制造出了一种计算机病毒"变换器"，它可以设计出新的更难发现的"多变形"病毒。该病毒具有类似神经网络细胞式的自我变异功能，在一定的条件下，病毒程序可以无限制地衍生出各种各样的变种病毒。随着计算机技术的不断发展和人们对计算机系统及网络依赖程度的增加，计算机病毒已经构成了对计算机系统和网络的严重威胁。

(10) 信息战：一种以获得制信息权为目标的无硝烟的战争。信息战可以说是一种代表国家行为的恶意攻击。信息战的攻击目标包括各种军事信息系统、通信系统、能源系统、运输系统和金融系统等与国家的政治、经济、文化密切相关的信息系统。在和平时期，信息战处于绝对隐蔽状态。但是，一旦战争爆发，信息战将出其不意地发挥出巨大的破坏力。美军在伊拉克实施的"沙漠风暴"战争便是典型的信息战实例。

(11) 商业间谍：利用国际互联网收集别国的重要商业情报，其目标是获得有价值的信息、能力、技术和对自身有利的谈判地位。在多数情况下，商业间谍属于一种集团行为的恶意攻击。

国际互联网上以人为恶意攻击为代表的高技术犯罪的一大发展趋势是网络犯罪集团化。由于网络上的安全机制不断加强，今后的网络犯罪将需要比今天大得多的技术力量，这种客观要求加上网络上日益增长的经济利益将诱使计算机犯罪集团尤其是跨国犯罪集团将黑手伸向网络信息系统。届时，传统犯罪活动和网络犯罪的融合将对各国司法当局和国际反犯罪机构提出更大的挑战。

2. 安全缺陷

假如网络信息系统本身没有任何安全缺陷，那么恶意攻击者即使再有本事也不能对网络信息安全和保密构成威胁。但是，现在所有的网络信息系统都不可避免地存在着这样或那样的安全缺陷。有些安全缺陷是可以通过人为努力加以避免或者改进的，但有些安全缺陷则是进行各种权衡后必须付出的代价。

1) 普遍存在的安全缺陷

网络信息系统是计算机技术和通信技术的结合。计算机系统的安全缺陷和通信链路的安全缺陷构成了网络信息系统的潜在安全缺陷。计算机硬件资源易受自然灾害和人为破坏；软件资源和数据信息易受计算机病毒的侵扰以及非授权用户的复制、篡改和毁坏。计算机硬件工作时的电磁辐射以及软硬件的自然失效、外界电磁干扰等均会影响计算机的正常工作。通信链路易受自然灾害和人为破坏。采用主动攻击和被动攻击可以窃听通信链路的信息并非法进入计算机网络获取敏感信息。网络信息系统普遍存在的安全缺陷、安全问题和安全脆弱性包括：

(1) 网络的规模。网络的规模越大，通信链路越长，则网络的脆弱性和安全问题越突出。网络用户数量的增加，网络的安全性威胁也随之增加。在大规模的网络信息系统中，由于终端分布的广泛性和地理位置的不同，网络分布在几百至上千千米的范围内，通常用有线信道(同轴电缆、架空明线或光缆等)和无线信道(卫星信道、微波干线等)来作为通信链路。对有线信道而言，分布式网络易受自然和人为破坏，非授权用户可以通过搭线窃听攻击侵入网内获得重要信息，甚至可以篡改信息。由于串音和电磁辐射，导致网络信噪比下降，误码率增加，信息的安全性、完整性和可用性受到威胁。无线信道的安全脆弱性更加显而易见，被动攻击几乎不可避免。

(2) 电磁辐射。计算机及其外围设备在进行信息处理时会产生电磁泄漏，即电磁辐射。电磁辐射分辐射发射和传导发射两种。当计算机设备在进行数据处理和传输时，各种高频脉冲通过各种电器元件和分布参数的耦合、调制，叠加成一个包含有用信息的频带信号，由电源线、电缆和电话线等通信链路传导出去造成信息泄露；而当各种高频脉冲通过电路元件(电阻、电容、集成电路片等)传导时，又会向空中以电磁波的形式辐射信息，从而导致信息泄露。在计算机中，以显示器屏幕的辐射发射最为严重。由于计算机网络传输媒介的多样性和网内设备分布的广泛性，使得电磁辐射造成信息泄露的问题变得十分严重。国外一些发达国家研制的设备能在 1 km 以外收集计算机的电磁辐射信息，并且能区分不同计算机终端的信息。因此，电磁辐射已对网络信息的安全与保密构成严重威胁。

(3) 搭线窃听。现行计算机网络的传输媒介主要是同轴电缆和光纤等，这为搭线窃听提供了可能。搭线窃听的手段主要有两种：其一，利用磁记录设备或计算机终端从信道中截获有关计算机信息，然后对记录信息进行加工、综合、分析，提取有用信息；其二，搭线者不仅截获有关信息，而且试图更改、延迟被传送的信息，从而造成更大的威胁。例如，在具有现金分配能力的自动出纳机(ATM)中，前者可以使攻击者获得为冒充合法用户所必需的信息(个人识别符、PASSWORD 等)，而后者则可以使攻击者能够插入未经认可的报文以非法手段获取资金。

(4) 串音。在有线通信链路中(光纤除外)，由于电磁泄漏和信道间寄生参数的交叉耦合，当一个信道进行信息传送时，会在另一个或多个相邻信道感应出信号或噪声，即串音。串音也可能由网络交换中心产生。串音不但使网络内的噪声增加，传输的信息发生畸变，而且会引起传导泄漏，对信息保密构成威胁。

(5) 人员素质问题引起的安全缺陷。法律靠人去执行，管理靠人去实现，技术靠人去掌握，人是各个安全环节中最重要的因素。全面提高人员的道德品质和技术水平是网络信息安全与保密最重要的保证。

在更大的信息安全范畴里，信息安全存在的缺陷从根本上是由我国经济和技术发展的国情决定的。中国是一个发展中国家，我们的网络信息安全系统除了上述普遍存在的安全缺陷之外，还具有其他一些特殊的安全缺陷，比如由技术被动性引起的安全缺陷。

首先，我们的芯片基本依赖于进口，即使是自己开发的芯片也需要到国外加工。只有当我国的半导体和微电子技术取得突破性进展之后，才能从根本上摆脱这种受制于人的状态。

其次，为了缩小与世界先进水平的差距，我国引进了不少国外设备，但也带来了不可忽视的安全缺陷。比如，大部分引进设备都不转让知识产权，我们很难获得完整的技术档案。这就为今后的扩容、升级和维护带来了麻烦。更可怕的是，有些引进设备可能在出厂时就隐藏了恶意的"定时炸弹"或者"后门"。在非和平时期，这些预设的"机关"有可能对我们的网络信息安全与保密构成致命的打击。

再者，新技术的引入也可能带来安全问题。攻击者可能用现有的技术去研究新技术，发现新技术的脆弱点。引入新技术时，并不都有合适的安全特性，尤其是在安全问题还没有被认识、被解决之前产品就进入市场，情况就会更严重。当前，高新技术的发展十分迅速，有些安全措施没过多久就会过时，若没有及时发现有关的安全缺陷，就有可能形成严重的安全隐患。

当前，信息网络的规模在不断扩大，技术在不断更新，新业务在不断涌现，这就要求相关人员不断学习，不断提高技术和业务水平。另外，思想品德的教育也是十分重要的，因为大部分安全事件都是由思想素质有问题的内部人员引起的。

2) 缺乏系统的安全标准所引起的安全缺陷

国际电联和国际标准化组织都在安全标准体系的制定方面做了大量的工作。我们也应该结合国内具体情况制定自己的标准，并逐渐形成系列，把我国的网络信息安全与保密提高到一个新水平。缺乏安全标准不但会造成管理上的混乱，而且也会使攻击者更容易得手。

此外，随着我国的经济规模日益壮大并逐渐融入世界经济发展当中，互联网世界变得更加开放，信息交流更加频繁，同时也会产生更多的"黑客"事件。对此，我们应该有足够的思想准备和技术措施。

3. 软件漏洞

网络信息系统由硬件和软件组成。由于软件程序的复杂性和编程风格的多样性，在网络信息系统的软件中很容易有意或无意地留下一些不易被发现的安全漏洞，通常也称之为陷门。所谓陷门，是指一个程序模块中秘密的未记入文档的入口。一般陷门是在程序开发时插入的一小段程序，其目的或是测试这个模块，或是连接将来的更改和升级程序，或是在将来发生故障后为程序员提供调试方便等。通常在程序开发后期将去掉这些陷门。但是由于各种原因，陷门也可能被保留下来。陷门一旦被原来的程序员利用，或者被无意或有意的人发现，将会带来严重的安全后果。比如，有人可能利用陷门在程序中建立隐蔽通道，甚至植入一些隐蔽的病毒程序等。非法利用陷门可以使得原来相互隔离的网络信息形成某种隐蔽的关联，进而可以非法访问网络，达到窃取、更改、伪造和破坏的目的，甚至有可能造成网络信息系统的大面积瘫痪。下面介绍几个常见的陷门实例。

(1) 逻辑炸弹：在网络软件(比如程控交换机的软件)中可以预留隐蔽的对日期敏感的定时炸弹。在一般情况下，网络处于正常工作状态，一旦到了某个预定的日期，程序便自动跳到死循环程序，造成死机甚至网络瘫痪。

(2) 遥控旁路：某国向我国出口的一种传真机，其软件可以将加密接口遥控旁路，从而失去加密功能，造成信息泄露。

(3) 远程维护：某些通信设备(比如路由器)具有一种远程维护功能，即可以通过远程终端，由公开预留的接口进入系统完成维护检修功能，甚至可以实现国外厂家的维护人员在其本部的终端上对国内进口的设备进行远程维护。这种功能在带来明显的维护管理便利的同时，也会带来潜在的威胁。在特定情况下，该设备还可以成为潜在的攻击跳板。

(4) 非法通信：某些程控交换机具有单向监听功能，即由特许用户，利用自身的话机拨号，可以监听任意通话双方的话音而不会被发现。这本是一种合法的监听，但是从技术上来说，这也可以实现隐蔽的非法通信。比如，攻击者可以利用主动呼叫，收方不用摘机，由随机数激活收方的专用设备并从约 90 s 的回铃音的时隙内将情报信息传至发方。整个通信过程隐蔽，没有计费话单，不易被发现。

(5) 贪婪程序：一般程序都有一定的执行时限，如果程序被有意或错误地更改为贪婪程序和循环程序，或被植入某些病毒(比如蠕虫病毒)，那么此程序将会长期占用资源，造成意外阻塞，使合法用户被排挤在外而不能得到服务。

防范陷门的方法可以归纳为以下几种：

(1) 加强程序开发阶段的安全控制，防止有意破坏并按标准流程改善软件的可靠性。比如，采用先进的软件工程进行对等检查、模块结构设计、数据封装、独立测试和程序正确性证明以及配置管理等。

(2) 在程序的使用过程中实行科学的安全控制。比如：利用信息分割限制恶意程序和病毒的扩散；利用审计日志跟踪入侵者和事件状态，促进程序间信息的安全共享。

(3) 制定规范的软件开发标准，加强管理，对相关人员的职责进行有效监督，改善软件的可用性和可维护性。

4. 结构隐患

拓扑逻辑是构成网络的结构方式，是连接在地理位置上分散的各个节点的几何逻辑方式。拓扑逻辑决定了网络的工作原理及网络信息传输方法。一旦网络的拓扑逻辑被选定，必定要选择一种适合这种拓扑逻辑的工作方式与信息传输方式。如果这种选择和配置不当，将为网络安全埋下隐患。事实上，网络的拓扑结构本身就有可能给网络的安全带来问题。

常见的网络拓扑结构有总线型结构、星型结构、环型结构等。在实际应用中通常使用它们的混合形式，而非单一的拓扑结构。下面对各种拓扑结构在安全方面的优缺点作简要介绍。

1) 总线型拓扑结构

网络的总线型结构是将所有的网络工作站或网络设备连接在同一物理介质上,每个设备直接连接在通常所指的主干电缆上,主干电缆连接所有网络设备并与其他网络相连。由于总线型结构连接简单,增加和删除节点较为灵活,因此国内企业所建的网络系统大多都采用总线型拓扑结构。但是总线型拓扑结构也存在以下安全缺陷:

(1) 故障诊断困难。虽然总线型结构简单,可靠性高,但故障检测却很困难。因为总线型结构的网络不是集中控制,故障检测需要在整个网络上的各个站点进行,必须断开再连接设备以确定故障是否由某一连接引起,而且由于一束电缆连接着所有设备电缆,故障的排除也较为困难。

(2) 故障隔离困难。对总线型拓扑,如故障发生在某个站点,则只需将该站点从网络上除掉;如故障发生在传输介质上,则整段总线要被切断。

(3) 中继器配置问题。中继器具有单方向的传输能力,即由一条链路上接收数据后不加缓冲地以同样的速率沿另一条链路传输出去,使得网络上的数据以一定方向沿着网络链路传输。在总线的干线基础上扩充,可采用中继器重新配置,包括电缆长度的剪裁、终端器的调整等。中继器的配置不当会造成网络丢包率的显著增高。

(4) 终端必须是智能的。总线上一般不设有控制网络的设备,每个节点按竞争方式发送数据,难免会给总线上的信息带来冲突,因而连接在总线上的站点要有介质访问控制功能,这就要求终端必须具备智能控制数据发送的功能。

2) 星型拓扑结构

星型拓扑结构是由中央节点和通过点到点链路连接到中央节点的各站点组成的。星型拓扑如同电话网一样,将所有设备连接到一个中心点上,中央节点设备常被称为转接器、集中器或中继器。星型拓扑结构主要有如下缺陷:

(1) 电缆的安装和维护复杂。因为每个站点直接和中央节点相连,需要大量的电缆,其安装、维护等都存在复杂度高的问题。

(2) 扩展困难。要增加新的网点,就要增加到中央节点的连接,这需要事先设置好大量的冗余电缆。

(3) 对中央节点的依赖性太大。如果中央节点出现故障,则会成为致命性的事故,可能会导致大面积的网络瘫痪。

除此之外,星型拓扑结构网络的另一大隐患是:大量的数据处理要靠中央节点来完成,因而会造成中央节点负荷过重,结构较复杂,容易出现"瓶颈"现象,系统可靠性较差。

3) 环型拓扑结构

环型拓扑结构的网络由一些中继器和连接中继器的点到点链路组成一个闭合环。每个中继器与两条链路连接,每个站点都通过一个中继器连接到网络上,数据以分组的形式发送。由于多个设备共享一个环路,因此需对网络进行控制。环型拓扑结构主要有如下缺陷:

(1) 节点的故障将会引起全网的故障。在环上传输的数据通过了接在环上的每一个节点,如果环上某一节点出现故障,将会引起全网的故障。

(2) 诊断故障困难。因为某一节点故障会引起全网不工作,因此难以诊断故障,需要对每个节点进行检测。

(3) 不易重新配置网络。扩充环的配置较困难，同样要关掉一部分已接入网的节点也不容易。

(4) 环型拓扑结构影响访问控制协议。环上每个节点接到数据后，要负责将之发送到环上，这意味着要考虑访问控制协议。节点发送数据前，必须确保传输介质对它是可用的。

5. 网络协议与网络服务漏洞

网络协议漏洞是造成信息系统安全的普遍因素之一，也是信息安全防范的重点。互联网上比较常见的网络协议与网络服务漏洞有：

(1) Finger 漏洞。在 TCP/IP 协议中，Finger 命令只需一个 IP 地址便可以提供许多关于主机的信息，比如谁正在登录、登录时间、登录地点等。对于一个训练有素的网络黑客来讲，Finger 命令无疑是其进入目标主机的一把利器。因为若知道网络用户名，也就等于入侵成功了一半。

(2) 匿名 FTP。匿名 FTP 是因特网服务商的一项重要的服务，它允许任何网络用户通过 FTP 访问系统上的软件。而不正确的配置将严重威胁系统的安全性。FTP 虽然是一个合法的账户，但它不应该具有可工作的控制台。因此，它在主机的口令文件中的账户信息应是 ftp:*:400:400:Anonymous Ftp:/home/ftp:/bin/false，还应该保证 FTP 的主目录权限为 0555，~ftp/bin、~ftp/etc 的权限是 111，~ftp/etc/* 的权限是 0444，/usr/spool/mail/ftp 的权限是 0400。任何以 FTP 登录到系统的用户都不应该具有创建文件和目录的权限，因为黑客完全可以在一个具有写权限的目录内设置一个"特洛伊木马"，静静地等待用户或网络管理员上钩。

(3) 远程登录。在大型网络环境下，远程登录可以给用户带来很大的方便，但在方便的背后却潜藏着口令泄露的安全危机。在网络上运行诸如 rlogin、rcprexec 等远程命令时，由于要跨越一些网络的传输口令，而 TCP/IP 对所传输的信息又不进行加密，所以，网络黑客只要针对目标主机的 IP 包运行"嗅探器"程序就可以获取目标口令。目前黑客所用的针对 rlogin 等登录命令的"嗅探器"程序在 24 小时之内便可以捕捉到千余条口令。因此，远程登录将给网络黑客提供便利的入侵机会，给网络安全和信息保密带来很大威胁。

(4) 电子邮件。电子邮件是当今网络上使用最多的一项服务，因此，通过电子邮件来攻击目标系统是网络黑客们的拿手好戏。曾经名噪一时的莫里斯"蠕虫"病毒，正是利用了电子邮件的漏洞在因特网上疯狂传播。对于国内网络用户，尤其是商业用户，最担心的莫过于电子邮件的安全性和保密性。实际上，网络黑客最简单的偷窃电子邮件的手段就是偷取网络用户的用户密码。电子邮件给网络所带来的另一个安全问题是 E-mail 病毒。上述莫里斯"蠕虫"病毒正是利用 E-mail 来进行广泛传播的。目前，除"蠕虫"病毒之外，电子邮件所附带的文档如 Lotus、Excel 电子数据表文件，特别是 Microsoft 的 Word 文件等都可能带有病毒。比如，人们发现了一种利用电子邮件传播的计算机 Word 宏病毒，它首先感染病毒源机的所有 Word 文档，并在计算机上查找使用者的电子邮件通讯录，随机地选取三个地址自动发出三封电子邮件，到达目标主机后检查计算机是否被传染，若未感染，则侵入计算机以同样方式感染计算机并传播病毒。

1.3.2　信息系统安全漏洞及其防范措施

信息系统的漏洞防范工作需要针对具体的问题制定有针对性的防范措施。针对上节归纳的不同类型的安全威胁行为，本节分别从操作系统、数据库和网络协议三个方面阐述具体的威胁行为及其应对措施。

1. 操作系统的安全漏洞与防范

操作系统是硬件和应用程序之间的接口程序，它是整个网络信息系统的核心控制软件，系统的安全体现在整个操作系统之中。对一个设计上不够安全的操作系统，事后采用增加安全特性或打补丁的办法是一项很艰巨的任务，特别是对引进的国外操作系统，在没有详细技术资料的情况下，其安全维护工作更加复杂。

操作系统的主要功能包括进程控制和调度、信息处理、存储器管理、文件管理、输入/输出(I/O)管理、资源管理、时间管理等。操作系统的安全是深层次的安全，主要的安全功能包括存储器保护(限定存储区和地址重定位，保护存储的信息)、文件保护(保护用户和系统文件，防止非授权用户访问)、访问控制和用户认证(识别请求访问的用户权限和身份)。操作系统的安全漏洞主要有：

(1) 输入/输出非法访问：在某些操作系统中，一旦 I/O 操作被检查通过之后，该操作系统就继续执行下去而不再检查，从而造成后续操作的非法访问。某些操作系统使用公共的系统缓冲区，任何用户都可以搜索这个缓冲区，如果此缓冲区没有严格的安全措施，那么其中的机密信息(用户的认证数据、身份识别号、口令等)就有可能被泄露。

(2) 访问控制混乱：安全访问强调隔离和保护措施，但是资源共享则要求公开和开放。这是一对矛盾，如果在设计操作系统时没有处理好这两者之间的关系，那么就可能会出现因为界限不清造成操作系统的安全问题。

(3) 不完全的中介：完全的中介必须检查每次访问请求以进行适当的审批，而某些操作系统会省略必要的安全保护，比如仅检查一次访问或没有全面实施保护机制。

(4) 操作系统陷门：某些操作系统为了安装其他公司的软件包而保留了一种特殊的管理程序功能。尽管此管理功能的调用需要以特权方式进行，但是并未受到严密的监控，缺乏必要的认证和访问权的限制，有可能被用于安全访问控制，从而形成操作系统陷门。

为了建立安全的操作系统，首先必须构造操作系统的安全模型(单级安全模型、多级安全模型、系统流模型等)和不同的实施方法；其次，应该采用诸如隔离、核化(最小特权等)和环结构(开放设计和完全中介)等安全科学的操作系统设计方法；再者，还需要建立和完善操作系统的评估标准、评价方法和质量测试。

2. 数据库的安全漏洞与防范

数据库是从操作系统的文件系统基础上派生出来的用于存储大量数据的管理系统。数据库的全部数据都记录在存储介质上，并由数据库管理系统(DBMS)统一管理。DBMS 为用户及应用程序提供统一的访问数据的方法，并且对数据库进行组织和管理，以及对数据库进行维护和恢复。数据库系统的安全策略部分由操作系统来完成，部分由强化 DBMS 自身安全措施来完成。数据库系统存放的数据往往比计算机系统本身的价值大得多，必须加以特别保护。

从操作系统的角度看，DBMS 是一种应用程序，而数据库是一种数据文件。为了防止数据库中的数据受到物理破坏，应当对数据库系统采取定期备份所有文件的方法来保护系统的完整性。DBMS 是在操作系统的基础之上运行的应用程序，一般由多个用户共享。因此，不能允许它具有任何通向操作系统的可信路径。DBMS 必须具有独立的用户身份鉴别机制，以便构成一种双重保护。有时还可以对使用数据库的时间或地点加以限制，甚至要求用户只能在指定时间指定终端上对数据库系统进行指定的操作。

有些数据库将原始数据以明文形式存储，这是不符合安全规则的。实际上，高明的入侵者可以从计算机系统的内存中导出所需的信息，或者采用某种方式入侵系统，从系统的后备存储器上窃取数据或篡改数据。因此，数据库应该对存储数据进行加密保护。数据的生命周期一般较长，密钥的保存时间也相应较长，因此，数据库的加密应该采用独特的加密方法和密钥管理方法。

3. 网络协议的安全漏洞与防范

协议是两个或多个参与者为完成某种任务或功能而采取的一系列有序步骤。在网络信息系统中，协议使得彼此不了解的双方能够相互配合并保证公平性。协议可以为通信者建立、维护和解除通信联系，实现不同的网络设备互连。协议的基本特点是：预先建立(在使用前事先设计好)、相互约定(协议的所有参加者要约定按顺序执行的步骤)、无歧义(不应使参加者由于误解而不能执行其步骤)、完备(对每一种可能发生的情况都有预防措施)。

通信网的运行机制基于通信协议。不同节点之间的信息交换按照事先约定的固定机制，通过协议数据单元来完成。对每个节点来说，通信只是对接收到的一系列协议数据单元产生响应，而对从网上收到信息的真实性无法提供保证。高速信息网在技术上是以传统电信网为基础，通过改造传输协议发展而来的，因此，各种传输协议之间的不一致性也会大大影响信息的安全质量。

TCP/IP 协议是 20 世纪 90 年代以来发展非常迅速的网络协议。目前，TCP/IP 协议在 Internet 上是主流的网络通信协议。正是由于它的广泛使用性，使得 TCP/IP 的任何安全漏洞都会产生巨大的影响。尽管 TCP/IP 协议在网络方面取得了巨大的成功，但也暴露出它的不足之处。TCP/IP 协议在设计初期并没有考虑到安全性问题，而且用户和网络管理员没有足够的精力专注于网络安全控制，加上操作系统和应用程序越来越复杂，开发人员不可能测试出所有的安全漏洞，因此连接到网络上的计算机系统就可能受到外界的恶意攻击。TCP/IP 协议在提供便利的资源共享的背后，是既令黑客心动，又让网络安全专家头痛的一个又一个的漏洞和缺陷：脆弱的认证机制、容易被窃听或监视、易受欺骗、有缺陷的 LAN 服务、复杂的设置和控制、基于主机的安全难以扩展、明文形式的 IP 地址等。

为了尽可能地解决 TCP/IP 的安全问题，Internet 的技术管理机构 IETF(Internet 工程任务组)研究了新版本 IP 协议，即 IPv6。目前，IPv6 已经在逐步推广，其 IP 协议地址长度由现在的 32 位扩展到 128 位，并增加了安全机制，重点从鉴别和保密两个方面制定了一系列标准，以支持在物联网、智能终端和云计算等众多新型环境中的应用。此外，国际上一些公司还相继提出了许多安全协议，并在电子商务、在线办公、无线网络服务等网络环境中应用，如表 1.1 所示。

表 1.1 网络安全协议及其功能

安全协议	网 络 功 能
SSL/TLS	TCP/IP 协议族的安全套接层协议
HTTPS	安全超文本传输协议，是对 HTTP 的一种扩展，在应用层上工作，可允许用户在任何报文上进行数字签名
SET	安全电子支付协议
IKP	Internet 密钥控制支付协议

1.3.3　信息安全问题的根源

从信息安全技术上讲，造成信息安全问题的根源可以从硬件系统安全、软件组件安全、网络通信协议安全和信息安全管理四个方面寻找。

1. 硬件系统

信息系统硬件组件的安全隐患多来源于设计，这些问题主要表现为物理安全方面的问题。由于这种问题是固有的，一般除在管理上强化人工弥补措施外，采用软件程序的方法见效不大，因此在自制硬件和选购硬件时应尽可能减少或消除这类安全隐患。

2. 软件组件

软件组件的安全隐患来源于软件工程中的问题。软件组件可分为操作平台软件、应用平台软件和应用业务软件。这三类软件以层次结构构成软件组件体系。操作平台软件处于基础层，它维系着系统组件运行的平台，因此平台软件的任何风险都可能直接危及或被转移到应用平台软件。应用平台软件处于中间层次，它是在操作平台支撑下用于支持和管理应用业务的软件。一方面，应用平台软件可能受到来自操作平台软件风险的影响；另一方面，应用平台软件的任何风险可直接危及或传递给应用业务软件。因此，应用平台软件的安全特性至关重要，在提供自身安全保护的同时，应用平台软件还必须为应用软件提供必要的安全服务功能。应用业务软件处于顶层，直接与用户或实体打交道。应用业务软件的任何风险都直接表现为信息系统的风险，因此其安全功能的完整性以及自身安全等级必须大于系统安全的最小需求。

3. 网络通信协议

出现安全问题最多的还是基于 TCP/IP 协议栈的因特网及其通信协议。人们在享受因特网技术给全球信息共享带来的方便和灵活性的同时，必须认识到，因特网及其通信协议在开放网络环境下，其安全隐患也是全方位存在的。概括起来，因特网网络体系存在着如下几种致命的安全隐患。

1) 缺乏对用户身份的鉴别

由于 TCP/IP 协议使用 IP 地址作为网络节点的唯一标识，而 IP 地址的使用和管理又存在着很多问题，因而可导致两种主要的安全隐患：首先，IP 地址是由 InterNIC 分发的，其数据包的源地址很容易被发现，且 IP 地址隐含了所使用的子网掩码，攻击者据此可以画

出目标网络的拓扑，因此使用标准 IP 地址的网络拓扑对因特网来说是暴露的；其次，IP
地址很容易被伪造和更改，且 TCP/IP 协议没有对 IP 包中源地址真实性的鉴别机制和保密
机制，因此因特网上任一主机都可以产生带有任意源 IP 地址的 IP 包，从而假冒另一个主
机进行地址欺骗。

2) 缺乏对路由协议的鉴别认证

TCP/IP 在 IP 层上缺乏对路由协议的安全认证机制，因而对路由信息缺乏鉴别与保护。
因此，可以通过因特网利用路由信息修改网络传输路径，误导网络分组传输。TCP/IP 协议
规定了 TCP/UDP 是基于 IP 协议上的传输协议，TCP 分段和 UDP 数据报是封装在 IP 包中
在网上传输的，除可能面临 IP 层所遇到的安全威胁外，TCP/UDP 实现连接过程中还存在
安全隐患。

首先，建立一个完整的 TCP 连接，需要经历"三次握手"过程。在客户机/服务器模
式的"三次握手"过程中，假如客户的 IP 地址是假的或是不可达的，那么 TCP 不能完成
本次连接所需的"三次握手"，使 TCP 连接处于"半开"状态，攻击者利用这一弱点可实
施如 TCP SYN 泛洪攻击的"拒绝服务"攻击。

其次，TCP 提供可靠连接仅仅是通过初始序列号和鉴别机制来实现的，一个合法的
TCP 连接都有一个客户机/服务器双方共享的唯一序列号作为标识和鉴别。初始序列号一般
由随机数发生器产生，但很多操作系统(如 UNIX)在实现 TCP 连接初始序列号的方法中，
所产生的序列号并不是真正随机的，而是一个具有一定规律、可猜测或计算的数字。对攻
击者来说，猜出了初始序列号并掌握了目标 IP 地址之后，就可以对目标实施 IP Spoofing
攻击，而 IP Spoofing 攻击很难被检测且网络破坏性极大。

在 TCP/IP 协议层结构中，应用层位于最顶部，因此下层的安全缺陷必然导致应用层
的安全出现漏洞甚至崩溃；而各种应用层服务协议(如 Finger、FTP、Telnet、DNS、SNMP
等)本身也存在许多安全隐患，这些隐患涉及鉴别、访问控制、完整性和机密性等多个方面，
极易引起针对基于 TCP/IP 应用服务协议网络攻击。

4. 信息安全管理

从信息安全管理上讲，造成信息安全问题的根源可以归结为内部操作不当、内部管理
不严和来自外部的人为威胁等 3 个主要方面。

1) 内部操作不当

信息系统内部工作人员操作不当，特别是系统管理员和安全管理员出现管理配置的操
作失误，可能造成重大的安全事故。

2) 内部管理不严

信息系统内部缺乏健全的管理制度或制度执行不力，容易给内部工作人员违规和犯
罪留下可乘之机。其中以系统管理员和安全管理员的恶意违规和犯罪造成的危害最大，
例如：内部人员私自安装上网设备，则可以绕过系统安全管理的控制点；内部人员利用
隧道技术与外部人员实施内外勾结的犯罪，也是防火墙和监控系统难以防范的。此外，
内部工作人员的恶意违规(例如采用禁止服务的攻击形式)可以造成网络拥塞、无序运行
甚至网络瘫痪。

3) 来自外部的人为威胁

来自外部的威胁指从外部对信息系统进行威胁和攻击，包括对信息系统的主动攻击和被动攻击。主动攻击是以多种手段组合，有选择性地破坏系统和数据的安全性、有效性和完整性；被动攻击是在不影响系统和网络的情况下，对数据的存储和传输过程进行截获、窃取、破译和篡改，从而破坏数据的可用性和完整性。

思　考　题

1. 信息系统安全的基本含义是什么？
2. 信息系统面临哪些常见的安全威胁？
3. 导致软件漏洞的原因是什么？软件漏洞有哪些常见的存在形式？
4. 信息系统安全的体系结构由哪些部件组成？

第2章　信息安全数学基础

信息安全各类具体的技术离不开数学理论的支撑，尤其是信息安全协议中的主流安全算法都是构建在可靠的数学问题之上的。为了更全面深入地学习和理解信息安全，必须掌握一定的数论、近世代数和计算复杂性理论知识。

2.1　数　论　基　础

数论研究数的规律，特别是整数的性质。它既是最古老的数学分支，又是一个始终活跃的领域。近几十年来，数论在计算机科学、组合数学、代数编码、密码学、计算方法、信号处理等领域得到了广泛的应用。本章介绍初等数论的基础知识，它们在密码学和信息安全中有非常重要的应用。

2.1.1　整除

定义 2-1　设 a 和 b 是整数，$b \neq 0$，如果存在整数 c，使得 $a = bc$，则称为 b 整除 a，记作 $b|a$，并且称 b 是 a 的一个因子，而 a 为 b 的倍数。如果不存在整数 c，使得 $a = bc$，则称 b 不整除 a，记作 $b \nmid a$。

定义 2-2　一个大于 1 的整数，如果其正因子只有 1 和它本身，则称此数为素数；否则为合数。

为了判定某个给定的数 N 是否为素数，可以用小于 $\sqrt{N}$ 的所有素数试除，如果均不能整除，则 N 为素数；否则，只要存在一个素数能整除 N，则 N 为合数。这种方法被称为 Eratosthenes 筛法，它由古埃及数学家 Eratosthenes 发明，是最古老的素数检测方法。

定理 2-1(带余除法)　设 $a, b \in Z$，$b > 0$，则存在唯一确定的整数 q 和 r，使得

$$a = qb + r, \quad 0 \leqslant r < b \tag{2-1}$$

证明　先证存在性。考虑整数序列 $\cdots, -3b, -2b, -b, 0, b, 2b, 3b, \cdots$，它们将实数轴分成长度为 b 的一系列区间，而 a 必定落在其中的一个区间上。因此，存在一个整数 q，使得

$$qb \leqslant a < (q+1)b$$

令 $r = a - qb$，则有

$$a = qb + r, \quad 0 \leqslant r < b$$

再证唯一性。如果分别有 q_1、r_1 和 q_2、r_2 满足式(2-1)，则

$$a = q_1 b + r_1, \quad 0 \leqslant r_1 < b$$
$$a = q_2 b + r_2, \quad 0 \leqslant r_2 < b$$

两式相减，有

$$(q_1 - q_2)b = -(r_1 - r_2)$$

当 $q_1 \neq q_2$ 时，上式左边的绝对值大于等于 b，而右边的绝对值小于 b，这是不可能的。于是必有 $q_1 = q_2$，$r_1 = r_2$。证毕。

定理 2-2 (算术基本定理)　任一大于 1 的整数 a 能表示成素数的乘积，即

$$a = p_1^{\alpha_1} p_2^{\alpha_2} \cdots p_t^{\alpha_t}$$

其中 p_i 为素数，$a_i \geq 0$，并且当不考虑 p_i 的排列顺序时，这种表示方法是唯一的。

定义 2-3　设 a 和 b 是不全为零的整数，a 和 b 的最大公因数是指满足下述条件的整数 d：

(1) d 为 a 和 b 的公因数，即 $d \mid a$ 并且 $d \mid b$；

(2) d 为 a 和 b 的所有公因数中最大的，即对任意整数 c，如果 $c \mid a$，且 $c \mid b$，则 $c \leq d$。

此时记作 $d = \gcd(a, b)$ 或 $d = (a, b)$，这里 "gcd" 为英文 "greatest common divisor" 的缩写。

对任意整数 a、b，如果 $(a, b) = 1$，则称 a 与 b 互素。

定义 2-4　设 a 和 b 是两个非零整数，a 和 b 的最小公倍数是指满足下述条件的整数 m：

(1) m 为 a 和 b 的公倍数；

(2) 对于任意 a 和 b 的公倍数 c，有 $m \mid c$。

给定两个整数 a 和 b，将其分解为素数幂的乘积

$$a = p_1^{a_1} p_2^{a_2} \cdots p_m^{a_m}, \quad b = q_1^{b_1} q_2^{b_2} \cdots q_m^{b_m}$$

把 a 与 b 素因子分解中的公共部分取出来并相乘，就得到两个数的最大公因数。

2.1.2　同余

给定任意一个正整数 n 和任意整数 a，必存在整数 q 和 r 满足 $a = qn + r$。这里 r 是小于 n 的非负整数，称为 a 除以 n 的余数，记作 $r = a \bmod n$。如果 a 除以 n 的余数为 r，则记为 $n = r \bmod a$，此时也称 r 与 n 模 a 同余。

同余是一种二元关系，它具有如下性质：

(1) $a \equiv b \bmod n$，当且仅当 $n \mid (a - b)$；

(2) $a \bmod n = b \bmod n$，当且仅当 $a \equiv b \bmod n$；

(3) 对称性：$a \equiv b \bmod n$，当且仅当 $b \equiv a \bmod n$；

(4) 传递性：若 $a \equiv b \bmod n$ 且 $b \equiv c \bmod n$，则有 $a \equiv c \bmod n$。

模运算将所有整数映射到集合 $\{0, 1, 2, \cdots, n - 1\}$，该集合内的算术运算满足如下规律：

(1) $[(a \bmod n) + (b \bmod n)] \bmod n = (a + b) \bmod n$；

(2) $[(a \bmod n) - (b \bmod n)] \bmod n = (a - b) \bmod n$；

(3) $[(a \bmod n) \times (b \bmod n)] \bmod n = (a \times b) \bmod n$。

利用这些性质，通常可以使运算量大大减少。

例 2-1　计算 $2^{64} \bmod 1234$。

根据性质(3)，两个数相乘再取模，等于它们分别取模再相乘，这样可以使所有的中间结果都小于 1234，达到简化计算的目的。这个过程又叫模幂运算。

计算过程如下：

$$2^2 = 4 \bmod 1234$$
$$2^4 = 16 \bmod 1234$$
$$2^8 = 256 \bmod 1234$$
$$2^{16} = 65\ 536 = 134 \bmod 1234$$
$$2^{32} = 134^2 = 17\ 956 = 680 \bmod 1234$$
$$2^{64} = 680^2 = 462\ 400 = 884 \bmod 1234$$

总共只需计算 6 次乘法和 3 次除法即可。

定义 2-5　如果 $ab \equiv 1 \bmod n$，则称 a、b 互为模 n 的乘法逆元。

两个整数关于模 n 的乘法运算满足交换律、结合律、分配律及每一元素有逆元。

注：模乘运算不满足消去律，即如果 $ab = ac \bmod n$，则不一定有 $b \equiv c \bmod n$。

当且仅当 $\gcd(a, n) = 1$ 时，才有 $b \equiv c \bmod n$，所以，如果任意非零整数均存在模 n 的乘法逆元，则 n 必为素数。

2.1.3　欧几里得算法

给定两个正整数 a 和 b，假设 $a > b$，则它们的最大公约数满足如下关系：

$$\gcd(a, b) = \gcd(a - b, b) \tag{2-2}$$

例 2-2　根据式(2-2)，求 3586 与 258 的最大公约数，就相当于求 3328(= 3586 − 258) 与 258 的最大公约数，后者因为数字更小，显然比较容易计算。不断应用式(2-2)，最终得到 $\gcd(3586, 258)$，即

$$\gcd(3586, 258) = \gcd(3328, 258) = \gcd(3070, 258)$$
$$= \cdots$$
$$= \gcd(232, 258)$$
$$= \gcd(232, 26) = \gcd(26, 24) = \gcd(2, 24) = 2$$

实际上这是一系列除法的结果，

$$3586 = 13 \times 258 + 232$$
$$258 = 232 + 26$$
$$232 = 8 \times 26 + 24$$
$$26 = 24 + 2$$

这个过程称为辗转相除，它由古希腊数学家 Euclid 首先发现，又称为 Euclid 算法，可用以下定理来描述。

定理 2-3　设 a、b、r 是三个不完全为零的整数，如果

$$a = qb + r$$

则 $\gcd(a, b) = \gcd(b, r)$，其中 q 是整数。

辗转相除法的算法如下:

算法 2.1　辗转相除法:计算两个数的最大公因数。

> 输入:两个非负整数 a、b,且 $a \geq b$。
>
> 输出:$\gcd(a, b)$。
>
> $x \leftarrow a$,　$y \leftarrow b$
>
> if　$y = 0$,　　then　return　$x = (a, b)$
>
> else　$r = x \bmod y$;
>
> $x \leftarrow y$;
>
> $y \leftarrow r$

利用 Euclid 算法,不仅可以计算出两个数的最大公约数,还可以求乘法逆元。这是由于,求 $\gcd(a, b)$ 时要进行下列辗转相除运算:

$$a = q_1 b + r_1$$
$$b = q_2 r_1 + r_2$$
$$r_1 = q_3 r_2 + r_3$$
$$\cdots$$
$$r_{k-1} = q_{k+1} r_k + r_{k+1}$$

最后一步中的 r_{k+1} 能整除 r_k。此时 r_{k+1} 即为 a 和 b 的最大公因数。若从最后一个等式出发,将余数 r_{k+1} 表示为 r_{k-1} 与 $q_{k+1} r_k$,再将 r_k 用上一个等式表示,这样依次反推,最后必能将 r_{k+1} 表示为 a 与 b 的一种线性组合,即

$$r_{k+1} = ax + by$$

若 $\gcd(a, b) = 1$,则上式变为

$$ax + by = 1$$

从而 x 即为 $a \bmod b$ 的乘法逆元,而 y 即为 $b \bmod a$ 的乘法逆元。

这个过程又称为扩展的 Euclid 算法。

例 2-3　已知 28 与 81 互素,利用扩展的 Euclid 算法求 81 mod 28 的乘法逆元。

$$81 = 2 \times 28 + 25$$
$$28 = 1 \times 25 + 3$$
$$25 = 8 \times 3 + 1$$
$$1 = 25 - 8 \times 3$$
$$= 25 - 8 \times (28 - 25)$$
$$= (-8) \times 28 + 9 \times 25$$
$$= (-8) \times 28 + 9 \times (81 - 2 \times 28)$$
$$= 9 \times 81 + (-26) \times 28$$

因此,9 即为 81 mod 28 的乘法逆元,即

$$81 \times 9 \equiv 1 \bmod 28$$

扩展的 Euclid 算法程序如下：

算法 2.2　Extended Euclid

输入：两个非负整数 a、b，且 $a \geqslant b$。
输出：$\gcd(a, b)$，以及满足 $ax + by = \gcd(a, b)$ 的整数 x、y。
ExtendedEuclid(a, b)
{
　　　$(R, S, T) \leftarrow (a, 1, 0)$;
　　　$(R', S', T') \leftarrow (b, 0, 1)$;
　　　While ($R' \neq 0$) do{
　　　　　　$q = [R/R']$;
　　　　　　$(t1, t2, t3) \leftarrow (R - qR', S - qS', T - qT')$;
　　　　　　$(R, S, T) \leftarrow (R', S', T')$;
　　　　　　$(R', S', T') \leftarrow (t1, t2, t3)$;
　　　}
　　　Return R, S, T;
}

2.1.4　费马小定理与欧拉定理

定理 2-4 (费马小定理)　设 p 为素数，对任意整数 a，若 p 不整除 a，则

$$a^{p-1} \equiv 1 \bmod p$$

给上式两边同乘以 a，可得到费马定理的等价形式：

$$a^{p} \equiv a \bmod p$$

证明　首先证明，当 $1 \leqslant i \leqslant p - 1$ 时，素数 p 整除二项式系数

$$\binom{p}{i} = \frac{p!}{i!(p-i)!}$$

显然 p 整除分子。由于 $0 < i < p$，所以素数 p 不整除分母中两部分阶乘的所有因子，即 p 不能整除分母。

根据二项式定理，有

$$(x + y)^{p} = \sum_{0 \leqslant i \leqslant p} \binom{p}{i} x^{i} y^{p-i}$$

特别的，由于左边的系数是整数，所以右边也必须是整数。故所有二项式系数都是整数。

因此，当 $0 < i < p$ 时，二项式系数是整数并且其分式形式中的分子可以被 p 整除，而分母不能被 p 整除，所以，对分式 $\dfrac{p!}{i!(p-i)!}$ 约分之后，分子中肯定存在因 p。这就证明了

p 整除 $\begin{pmatrix} p \\ i \end{pmatrix}$。

下面通过对 x 进行归纳来证明费马定理。首先，显然 $1^p \equiv 1 \bmod p$，假设对某个特定的整数 x，存在 $x^p \equiv x \bmod p$，则

$$(x+1)^p = \sum_{0 \leqslant i \leqslant p} \begin{pmatrix} p \\ i \end{pmatrix} x^i 1^{p-i} = x^p + \sum_{0 < i < p} \begin{pmatrix} p \\ i \end{pmatrix} x^i + 1$$

等式右边的中间部分的所有系数整除 p，因此

$$(x+1)^p \equiv x^p + 0 + 1 \equiv x + 1 \bmod p$$

这就证明了费马定理。这个结果又被称为费马小定理，它已有 350 多年的历史，是初等数论中的一个基本结论。

例 2-4　$p = 23$，$a = 2$，则由费马定理直接可得 $2^{22} \equiv 1 \bmod 23$。

定义 2-6　设 n 为正整数，欧拉函数 $\varphi(n)$ 定义为满足条件 $0 < b < n$ 且 $\gcd(b, n) = 1$ 的整数 b 的个数。

$\varphi(n)$ 有如下性质：

(1) 若 n 为素数，则 $\varphi(n) = n - 1$；

(2) 若 $n = 2^k$，k 为正整数，则 $\varphi(n) = 2^{k-1}$；

(3) 若 $n = pq$ 且 $\gcd(p, q) = 1$，则 $\varphi(n) = (p-1)(q-1)$；

(4) 若 $n = p_1^{a_1} p_2^{a_2} \cdots p_t^{a_t}$，$p_i$ 为素数，其中 $1 \leqslant i \leqslant t$，则 $\varphi(n) = p_1^{a_1-1} p_2^{a_2-1} \cdots p_t^{a_t-1} (p_1-1) (p_2-1) \cdots (q-1)$。

定理 2-5（欧拉定理）　对任意整数 a、n，当 $\gcd(a, n) = 1$ 时，有 $a^{\varphi(n)} \equiv 1 \bmod n$。

证明　设小于 n 且与 n 互素的正整数集合为 $\{x_1, x_2, \cdots, x_{\varphi(n)}\}$，由于 $\gcd(a, n) = 1$，$\gcd(x_i, n) = 1$，故对 $1 \leqslant i \leqslant \varphi(n)$，$ax_i$ 仍与 n 互素。因此 $ax_1, ax_2, \cdots, ax_{\varphi(n)}$ 构成 $\varphi(n)$ 个与 n 互素的数，且两两不同余。这是因为，若有 x_i、x_j，使得 $ax_i \equiv ax_j \bmod n$，则由于 $\gcd(a, n) = 1$，可消去 a，从而 $x_i \equiv x_j \bmod n$。

因此，$\{ax_1, ax_2, \cdots, ax_{\varphi(n)}\}$ 与 $\{x_1, x_2, \cdots, x_{\varphi(n)}\}$ 在 $\bmod n$ 的条件下是两个相同的集合，分别计算两个集合中各元素的乘积，有

$$ax_1 ax_2 \cdots ax_{\varphi(n)} \equiv x_1 x_2 \cdots x_{\varphi(n)} \bmod n$$

由于 $x_1 x_2 \cdots x_{\varphi(n)}$ 与 n 互素，故 $a^{\varphi(n)} \equiv 1 \bmod n$。

推论 2-1　$a^{\varphi(n)+1} \equiv a \bmod n$。

当 n 为素数时，欧拉定理等同于费马小定理，因此，费马小定理可以看作是欧拉定理的特殊情形。

2.1.5　中国剩余定理

中国剩余定理是解一次同余方程组最有效的算法。我国古代的《孙子算经》中记载了这样一道题："今有物不知其数，三三数之剩 2，五五数之剩 3，七七数之剩 2，问物几何？"这个问题可列方程组求解：设该物有 x 个，则

$$\begin{cases} x \equiv 2 \bmod 3 \\ x \equiv 3 \bmod 5 \\ x \equiv 2 \bmod 7 \end{cases} \tag{2-3}$$

孙子设计了一套算法，用以求解此方程组。

首先，写出一次同余方程组的一般形式：

$$\begin{cases} x \equiv a_1 \bmod m_1 \\ x \equiv a_2 \bmod m_2 \\ \vdots \\ x \equiv a_k \bmod m_k \end{cases}$$

如果对任意 $1 \leq i, j \leq k$, $i \neq j$, 有 $\gcd(m_i, m_j) = 1$, 即 m_1, m_2, $\cdots$, m_k 两两互素，则有如下算法：

(1) 计算 $M = m_1 m_2 \cdots m_k$ 及 $M_i = M / m_i$;

(2) 求出各 M_i 模 m_i 的逆，即求 M_i^{-1}, 满足 $M_i M_i^{-1} \equiv 1 \bmod m_i$;

(3) 计算 $x \equiv M_1 M_1^{-1} a_1 + \cdots + M_k M_k^{-1} a_k \bmod M$, x 即为方程组的一个解。

这个算法就是中国剩余定理，又称孙子定理。

下面利用孙子定理求解方程组(2-3)。

计算 $M = 3 \times 5 \times 7$, $M_1 = 35$, $M_2 = 21$, $M_3 = 15$, 再求出 $M_1^{-1} = 2$, $M_2^{-1} = 1$, $M_3^{-1} = 1$, 最后求得

$$x = 35 \times 2 \times 2 + 21 \times 3 + 15 \times 2 \bmod 105 \equiv 23 \bmod 105$$

例 2-5　求相邻的 4 个整数，依次可被 2^2、3^2、5^2、7^2 整除。

解　设四个整数为 $x - 1$、x、$x + 1$、$x + 2$，则有

$$\begin{cases} x \equiv 1 \bmod 4 \\ x \equiv 0 \bmod 9 \\ x \equiv -1 \bmod 25 \\ x \equiv -2 \bmod 49 \end{cases}$$

计算

$M = 4 \times 9 \times 25 \times 49$

$M_1 = 9 \times 25 \times 49$, $M_2 = 4 \times 25 \times 49$, $M_3 = 4 \times 9 \times 49$, $M_4 = 4 \times 9 \times 25$

$M_1^{-1} = 1$, $M_2^{-1} = 7$, $M_3^{-1} = 9$, $M_4^{-1} = 30$

最终求得 $x \equiv 29349 \bmod 44100$。

2.1.6　素性检测

所谓素性检测，是指判定一个给定的整数是否为素数。这是数学中一个基本而古老的问题。最古老的素性检测方法是古代埃及的 Eratosthenes 筛法，若待检测整数为 n, 则用所

有小于 n 的平方根的素数去试除，用此法找出 n 的所有因子，如果这些素数均不能整除 n，则 n 为素数。显然这种方法效率是比较低的。

在现代密码学中，许多公钥密码体制都需要使用大素数来构造。对于素数的分布人们虽然提出了种种猜想，但仍未找到一种确定的方法来生成素数。为了得到大素数，一般做法是先随机生成一个大整数，再判定其是否为素数，这就更加凸显了素性检测的意义。

以下先介绍关于素数的一些基本结论。

定理 2-6　素数有无穷多个。

证明　用反证法。假设只有有限多个素数，设 $p_1, p_2, \cdots, p_n$ 是全部的素数，考虑数 $N = p_1 p_2 \cdots p_n + 1$，因为 $N > 1$，且由算术基本定理，N 可以分解为素数的乘积，故一定存在素数 p 整除 N。由于 $p_1, p_2, \cdots, p_n$ 是全部的素数，故必有 $p = p_i$ 对某个 $1 \leqslant i \leqslant n$ 成立，从而 p 整除 $N - p_1 p_2 \cdots p_n = 1$，显然这是不成立的，因此假设也不成立。所以素数有无穷多个。

定理 2-7(素数定理)　令 $\pi(x)$ 表示比 x 小的素数的个数，则 $\lim\limits_{x \to +\infty} \pi(x) = \dfrac{x}{\ln x}$。

素数定理是数论中一个著名的结论，它是在 1896 年由 Hadamard 和 la Valleé-Poussin 分别独立证明的。根据该定理，如果在 0 到 x 之间随机选取一个整数，则其为素数的概率约为 $1/\ln x$，因此，生成"可能为素数"的大整数是可行的。

根据费马小定理，如果 p 为素数，则对任意 a，$p \nmid a$，有

$$a^{p-1} \equiv 1 \bmod p \tag{2-4}$$

费马小定理给出了判别一个给定整数是否为合数的充分条件：如果对某个 p，式(2-4)不成立，则 p 为合数。但如果某个 p 满足上式，则仍有可能是合数。当 p 不是素数，而式(2-4)仍然成立时，称 p 为关于基底 a 的伪素数。

虽然费马小定理没有直接给出素性检测的有效算法，但是许多素性检验的算法都是从它发展出来的。特别地，如果增加条件，则可以得到判定素数的结果。19 世纪，卢卡斯得到了下面的素性判别定理。

定理 2-8　设正整数 $n > 2$，$n - 1 = p_1^{a_1} \cdots p_t^{a_t}$，$a_j \geqslant 1$，$j = 1, 2, \cdots, t$，$p_1, p_2, \cdots, p_t$ 是不同的素数，如果有整数 $a > 1$，使得

$$a^{n-1} \equiv 1 \pmod{n}, \ 且\ a^{\frac{n-1}{p_i}} \equiv a \pmod{n}, \ i = 1, 2, \cdots, t$$

则 n 是素数。

1975 年，莱梅等对卢卡斯的结果稍加推广，得到了以下定理。

定理 2-9　设正整数 $n > 2$，如果对 $n - 1$ 的每一个素因子 p，存在一个整数 $a = a(p) > 1$，使得

$$a^{n-1} \equiv 1 \pmod{n}, \ 且\ a^{\frac{n-1}{p}} \not\equiv 1 \pmod{n}$$

则 n 是素数。

以上两个定理可以作为素性检测的确定算法,但判定时必须对 $n-1$ 进行分解,当 n 较大时,分解 $n-1$ 需要付出庞大的计算开销。

在实际应用中,人们更倾向使用素性判定的概率算法。概率算法可分为两种:一种偏"是"(yes-biased),被称为 Monte Carlo 算法,对于这种算法,回答为"是"时总是正确的,回答为"否"时有可能不正确;另一种偏"否"(no-biased),被称为 Las Vegas 算法,这种算法回答为"是"时有可能不正确,回答为"否"时总是正确的。

下面介绍一种常用的素性检测方法——Miller-Rabin 算法,也是 NIST 的 DSS 协议中推荐算法的简化版,该算法易实现,且已被广泛使用。

设待检测的整数为 n,Miller-Rabin 算法包括如下步骤:

(1) 计算 2 整除 $n-1$ 的次数 b (即 2^b 是能整除 $n-1$ 的 2 的最大幂),然后计算 m,使得 $n = 1 + 2^b m$。

(2) 设置循环次数 t,然后对 i 从 1 到 t 循环执行如下操作:

① 选择小于 n 的随机数 a。

② 计算 $z = a^m \bmod p$。

③ 如果 $z \neq 1$ 且 $z \neq sn - 1$,则执行如下循环,否则转④。

```
j = 0;
while (j < b) and (z!=i-1){
    z=z² mod n;
    if (z==1) return 0;        //n 为合数时返回 0
    else j++;
}
```

如果 $z \neq n - 1$,则返回"n 为合数"。

④ 返回"n 为素数"。

Miller-Rabin 算法是一个多项式时间算法,其时间复杂度为 $O((\log n)^3)$。

2.2　近世代数基础

2.2.1　群

1. 概念

定义 2-7　给定一集合 $G = \{a,\ b,\ \cdots\}$ 和该集合上的运算"$*$",满足下列条件的代数系统 $\langle G, * \rangle$ 称为群,G 中元素个数 $|G|$ 称为群 G 的阶。

(1) 封闭性:若 a、$b \in G$,则存在 c,使 $a*b = c$。

(2) 结合律:对任意 a、b、$c \in G$,有 $(a*b)*c = a*(b*c)$。

(3) 存在唯一单位元:存在 $e \in G$,对任意 $a \in G$,有 $a*e = e*a = a$。

(4) 存在逆元:对任意 $a \in G$,存在 $b \in G$,使 $a*b = b*a = e$,则称 b 为 a 的逆元,表示为 $b = a^{-1}$。

如果 G 关于运算"$*$"还满足交换律，即对任意 a、$b \in G$，有 $a*b = b*a$，则称 $\langle G, *\rangle$ 为可交换群，也叫阿贝尔(Abel)群。

例 2-6　整数集合 Z 对普通加法构成的代数系 $(Z, +)$，结合律成立，有单位元 0，任意一个元素 x 的逆元是 $-x$，所以 $(Z, +)$ 是群。类似地，$(Q, +)$、$(R, +)$、$(C, +)$ 也是群。

对普通乘法"$\cdot$"来说，$(Z, \cdot)$ 不是群，因为除 1 和 -1 外，其他元素均无逆元。

例 2-7　设 $\omega = a_1 a_2 \cdots a_n$ 是一个 n 位二进制数码，称为一个码字。S 是由所有这样的码字构成的集合，在 S 中定义二元运算+：$\omega_1 = a_1 \cdots a_n$，$\omega_2 = b_1 \cdots b_n$，$\omega_1 + \omega_2 = c_1 \cdots c_n$，其中 $c_i \equiv (a_i + b_i) \bmod 2$，$i = 1, 2, \cdots, n$，则 $(S, +)$ 是一个群。

例 2-8　设 P 为素数，$G = \{1, 2, \cdots, p-1\}$，则 G 关于模 P 乘法构成阿贝尔群。

给定一个群 G，对任意 $a \in G$ 和自然数 n，有 $a^n = \overbrace{a \cdots a}^{n}$。

2. 群的性质

(1) 单位元 e 是唯一的。

(2) 设 a、b、$c \in G$，若 $ab = ac$，则 $b = c$；若 $ab = cb$，则 $a = c$。

(3) 群中每一元素只有唯一的一个逆元。

定义 2-8　设 G 为群，对任意 $a \in G$，使 $(a)^n = (aa \cdots a) = e$ 成立的最小正整数 n 称为元素 a 的阶。

定理 2-10　若群 G 是有限群，则 G 中每一元素的阶都是有限的。

3. 子群、陪集和 Lagrange 定理

定义 2-9　设 $\langle G, *\rangle$ 是一个群，H 是 G 的一个子集，如果 $\langle H, *\rangle$ 也构成一个群，则称 H 是 G 的一个子群。

例 2-9　偶数加群是整数加群的子群。

例 2-10　设 m 为整数，用 Z_m 表示 m 的所有倍数构成的集合，则 Z_m 关于整数的加法运算构成一个群，并且这个群是整数群的子群。

定义 2-10　设 H 是 G 的子群，$g \in G$，称 gH 为 H 的一个左陪集。

例 2-11　$m = 5$，$Z_5 = \{0, 5, -5, 10, \cdots\}$，$Z_5$ 为 Z 的加法子群。

取 $g = 1 \in Z$，则 $g + G = \{1, 6, -4, 11, \cdots\}$

取 $g = 2 \in Z$，则 $g + G = \{2, 7, -3, 12, \cdots\}$

取 $g = 3 \in Z$，则 $g + G = \{3, 8, -2, 13, \cdots\}$

取 $g = 4 \in Z$，则 $g + G = \{4, 9, -1, 14, \cdots\}$

如果将所有陪集的集合记作 R_5，用 $\bar{i}$ $(0 \leqslant i \leqslant 4)$ 表示一个陪集，则 $R_5 = \{\bar{0}, \bar{1}, \bar{2}, \bar{3}, \bar{4}\}$，$\bar{i}$ 代表了除以 5 余数为 i 的所有整数，称为一个等价类。

陪集有以下性质：

(1) 陪集中的元素个数都相同。

(2) 两个陪集或者相等，或者不相交。

(3) 群 G 中的元素可以按子群 H 划分为等价类，设等价类的个数为 d，则 $d|H| = |G|$。

定理 2-11(Lagrange)　若 $\langle H, *\rangle$ 是 $\langle G, *\rangle$ 的子群，设 G 的阶为 n，H 的阶为 m，则有 $m|n$。

2.2.2 环与域

定义 2-11 设 F 是至少含有两个元素的集合，F 中定义了两种运算"+"和"·"，如果代数系统 $\langle F, +, \cdot \rangle$ 满足以下 3 个条件，则称其为环。

(1) R 关于加法构成交换群；

(2) 乘法满足封闭性；

(3) 乘法满足结合律；

(4) 分配律：对于任意 a、b、$c \in \mathbf{R}$，$a \cdot (b + c) = a \cdot b + a \cdot c$ 和 $(a + b) \cdot c = a \cdot c + b \cdot c$ 总成立。

例 2-12 实数上所有 n 阶方阵关于矩阵的加法和乘法构成一个环。

例 2-13 系数为实数的所有多项式关于多项式加法和乘法构成环。

定义 2-12 如果环中乘法满足交换律，则称为可交换环。

例 2-14 全体偶数集合关于整数加法和乘法构成交换环。

定义 2-13 如果交换环还满足以下性质，则称其为整环。

(1) 乘法单位元：$\mathbf{R}$ 中存在元素 1，使得对于任意 $a \in \mathbf{R}$，有 $a1 = 1a = a$ 成立；

(2) 无零因子：如果存在 a、$b \in \mathbf{R}$，且 $ab = 0$，则必有 $a = 0$ 或 $b = 0$。

定义 2-14 设 F 是至少含有两个元素的集合，F 中定义了两种运算"+"和"·"，如果代数系统 $\langle F, +, \cdot \rangle$ 满足以下 3 个条件，则称其为域。

(1) F 是一个整环；

(2) 有乘法逆元：对于任意 $a \in F$，存在 $a^{-1} \in F$，使得 $a \cdot a^{-1} = a^{-1} \cdot a = 1$ 成立。

例 2-15 实数的全体、复数的全体关于通常的加法、乘法都构成域，分别称为实数域和复数域。

例 2-16 若 P 是素数，则 $F = \{0, 1, \cdots, p-1\}$ 关于模 P 加法和模 P 乘法构成域。

2.3 计算复杂性理论简介

计算复杂性理论是理论计算机科学中可计算理论的分支，它使用数学方法对计算中所需的各种资源耗费作定量的分析，并研究各类问题之间在计算复杂程度上的相互关系和基本性质，是算法分析的理论基础。

我们在用计算机解决问题时，总要耗费时间和存储空间等资源。资源的耗费量可以表示为问题规模的函数，称为问题对该资源需求的复杂度。计算复杂性理论主要研究分析复杂度函数随问题大小而增长的阶，探讨它们对于不同的计算模型在一定意义下的无关性；根据复杂度的阶对被计算的问题分类；研究各种不同资源耗费之间的关系；估计一些基本问题的资源耗费情况的上、下界；等等。

计算复杂性理论中常常用到计算模型、问题、算法、时间复杂性等概念。

1. 计算模型

为了对计算作深入的研究，需要定义一些抽象的机器，一般将这些机器称为计算模型。

单带图灵机是一种最基本的计算模型，此外还有多带图灵机、随机存取机等串行计算模型和向量机等并行计算模型。

2. 问题

问题是指需要回答的一般性提问，或者可以看作是要在计算机上求解的对象。通常一个问题含若干个参数或未给定具体取值的自由变量。

问题的描述包括两方面内容：

(1) 所有参数的一般性描述；

(2) 陈述答案或解必须满足的性质。

如果对问题中的所有未知参数指定了具体的值，就得到了该问题的一个实例。

例 2-17 巡回售货员(Traveling Salesman，TS)问题。售货员在若干个城市推销货物，已知城市间的距离，求经过所有城市的一条最短路线。

参数：城市集合为 $C = \{C_1, C_2, \cdots, C_n\}$，$C$ 中每两个城市之间的距离为 $d(C_i, C_j)$，$i, j \in \{1, 2, \cdots, n\}$。

解 这些城市的一个排列次序为 $\langle C_{\pi(1)}, C_{\pi(2)}, \cdots, C_{\pi(n)} \rangle$，使得

$$\left[\sum_{i=1}^{n-1} d(C_{\pi(i)}, C_{\pi(i+1)}) \right] + d(C_{\pi(n)}, C_{\pi(1)})$$

最小。其中 π 为 $\{1, 2, \cdots, n\}$ 上的置换。

3. 算法

算法是求解某个问题的一系列步骤，也可以理解为求解问题的通用程序。算法的准确性和效率是衡量算法性能的两个重要指标。此外，算法的性能还受运行范围、经济性等因素的影响。算法的效率用算法在执行中所耗费的计算机资源来度量，包括时间、存储量和通信量等。

时间需求常常是决定一个具体算法是否足够高效的主要因素，因此算法的价值可以统一地用时间需求来衡量。算法的时间需求用一个函数 $T(n)$ 表示，其自变量 n 是问题实例的"规模"，它表示为了描述该实例所需要输入的数据总量。问题实例的规模通常用一种形式化的方式来确定，将问题看作是事先确定的一种编码方案，该编码方案将问题的实例映射到描述它们的字符串，其中的符号取自一个有穷的字符集，则问题实例的规模即为字符串的长度。

例 2-18 巡回售货员问题的一个实例。假设共有 4 个城市，城市集合为 $\{C_1, C_2, C_3, C_4\}$，城市间的距离如图 2.1 所示。

设字母表为 $\{C, [,], /, 0, 1, 2, 3, 4, 5, 6, 7, 8, 9\}$，则该实例对应的一种字符串是 $C[1]C[2]C[3]C[4]//10/9/5/9/6/3$，其规模为 30。

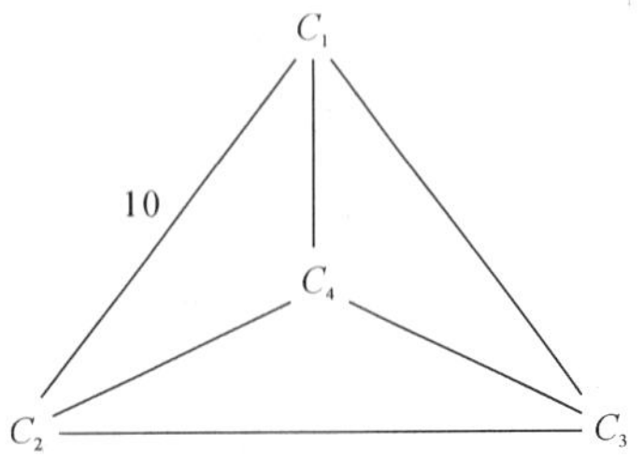

图 2.1 巡回售货员问题实例

用上述方法确定问题实例的规模显然非常麻烦。问题实例的描述实际上是一种编码方式，对同一个问题实例，不同的描述方法得出的规模也不同，但它们总可以看作是问题实例输入数据长度的一个函数。因此，在实际中人们会采用简化方法，将该问题实例输入的数据个数当作其规模。对于例 2-18 中巡回售货员问题的实例，

其规模即为城市的个数 4。

如果一个算法能解答一个问题的所有实例，就说这个算法能解答这个问题。对某个问题而言，如果至少存在一个算法可以解答这个问题，就说这个问题是可解的(Resolvable)，否则称这个问题为不可解的(Unresolvable)。

4. 时间复杂性

算法的时间复杂性是问题实例规模 n 的函数。对每个可能的问题实例，时间复杂性函数给出用该算法解这种规模的问题实例所需要的最长时间。

时间复杂性函数与问题的编码方案和决定着算法执行时间的计算模型有关。不同的算法具有不同的时间复杂性，根据时间复杂性可以将算法分为多项式时间算法(Polynomial Time Algorithm)和指数时间算法(Exponential Time Algorithm)。

我们用符号"O"来表示函数的数量级。对于函数 $f(x)$，如果存在常数 c 和 n_0，使得对于所有的 $n \geq n_0$，都有 $|f(n)| \leq c|g(n)|$，其中 $g(n)$ 是一个函数，则认为 $f(n) = O(g(n))$。例如，设 $f(n) = 2n^2 + 7n + 3$，如果取 $g(n) = n^2$，$c = 3$，$n_0 = 8$，则当 $n \geq n_0$ 时，$|f(n)| \leq c|g(n)|$，故 $f(n) = O(n^2)$。令算法的输入长度为 n，则多项式时间算法是指时间复杂性函数为 $O(p(n))$ 的算法，其中 $p(n)$ 为 n 的多项式，设 $p(n) = a_t n^t + a_{t-1} n^{t-1} + \cdots + a_1 n + a_0$，$t \in Z^+$，则算法的时间复杂性为 $O(n^t)$，这里只保留最高次项，低次项和常数项都可忽略不计。

狭义的指数时间算法是指时间复杂性为 $O(a^{h(n)})$ 的算法，其中 a 为常量，$h(n)$ 是一个多项式，广义的指数时间算法则指除了多项式时间算法之外的所有其他算法，比如时间复杂性为 $O(n^{\log n})$ 或 $O(e^{\sqrt{n \ln n}})$ 的算法。

随着问题实例规模 n 的增大，指数时间算法所耗费的时间将呈指数速度递增，而多项式时间算法可以将解决问题的时间控制在合理的范围之内，所以多项式时间算法被认为是"好"的算法。表 2.1 给出了不同类型算法在相同计算条件下的运行时间。事实上，大多数指数时间算法只是穷举搜索法的变种，而多项式时间算法通常只有在对问题的结构有了某些比较深入的了解之后才能构造出来。如果一个问题不存在多项式时间求解算法，则认为这个问题是"难解的"。

表 2.1　不同类型算法的运行时间(假设计算机执行一条指令的时间为 1 μs)

算法类别		复杂性	n=10^6 时的运算次数	实际运行时间
多项式时间算法	常数	$O(1)$	1	1 μs
	线性	$O(n)$	10^6	1 s
	二次	$O(n^2)$	10^{12}	11.6 天
	三次	$O(n^3)$	10^{18}	32 000 年
指数时间算法		$O(2^n)$	$10^{301\ 030}$	$3 \times 10^{301\ 016}$ 年

注：尽管指数时间算法在问题实例规模较大时会耗费难以想象的时间，但有些指数时间算法在实际中是非常有用的，这是因为时间复杂性的定义是一种最坏情况的度量，算法的时间复杂性为 2^n 仅仅表示至少有一个规模为 n 的问题实例需要这么多时间，而大多数问题实例可能需要的时间极少。比如解决线性规划问题的单纯形法虽然是指数时间算法，但在实际中它很有用处。类似的例子还有解决背包问题的分支界限法等。

对于算法设计人员来说，如果能找出各种问题相互间的联系，便可以为设计算法提供有用的信息。证明两个问题相关的基本方法是给出一个构造性变换，把第一个问题的任一实例映射到第二个问题的一个等价的实例，即把第一个问题"归约"为第二个问题，从而可以把解第二个问题的任何算法转变成解第一个问题的相应的算法。这种"归约"方法已经成为证明公钥密码安全性的基本手段。

思　考　题

1. 计算 $25^{59} \bmod 63$。

2. 计算 37 mod 1590 的乘法逆元。

3. 利用费马定理计算 $7^{24} \bmod 17$。

4. 求以下整数的欧拉函数：28，562，729，1591。

5. 利用中国剩余定理求解：

$$\begin{cases} x \equiv 1 \bmod 4 \\ x \equiv 2 \bmod 3 \\ x \equiv 3 \bmod 5 \end{cases}$$

6. 设一个群的每个元素的平方都等于单位元，证明这个群是可交换群。

7. 令 G 是由一切数对 (a, b) 所构成的集合，a、b 为有理数，且 $a \neq 0$，则 G 对于乘法 $(a_1, b_1)(a_2, b_2) = (a_1 a_2, a_2 b_1 + b_2)$ 是否构成群，为什么？

8. 设 $G = \{2^m 3^n \,|\, m, n \in Z\}$，证明：$G$ 关于数的乘法构成群。

9. 设 G 为群，证明：

(1) G 中满足对任意 $a \in G$，$ae = a$ 的元素 e 是唯一确定的；

(2) 对任意 $a \in G$，G 中适合条件 $aa^{-1} = e$ 的元素 a^{-1} 是由 a 唯一确定的。

10. 设 $A = (Z_3)$ 是整数上的 3 阶方阵，证明 A 关于矩阵的加法和乘法构成环。

11. 设 $a(x) = x^7 + x^4 + x^2 + x + 1$，$b(x) = x^5 + x^2 + x + 1$ 为 $Z_2[x]$ 上的两个多项式，求 $\gcd(a(x), b(x))$，并将其表示成 $a(x)$ 和 $b(x)$ 的以 $Z_2[x]$ 中多项式为系数的线性组合。

*12. 对任意整数 n，集合 $Z_n^* = \{x_i \,|\, 0 < x_i < n, (x_i, n) = 1\}$ 称为模 n 的既约剩余系，设整数 a 与 n 互素，证明：$a Z_n^*$ 仍为模 n 的既约剩余系。

*13. 求满足 $\varphi(n) = 24$ 的全部正整数 n。

*14. 证明：若 $2^n - 1$ 为素数，则 n 一定是素数。

*15. 设 G 为群，H 是 G 的一个子群，$a \in G$，证明：$Ha^{-1} = \{x^{-1} : x \in aH\}$。

注：带"*"的为高阶题，供学有余力的学生选做。

第3章 密码学基础

密码学是信息安全的基础,当前几乎所有的安全机制都使用某种密码算法和协议来提供基本的安全防护。因此,密码学是信息安全中最基础和最底层的部分。

3.1 密码体制概述

密码起源于战争,最初的主要用途是战争中的安全通信。密码的发展大体上分为两个阶段,即古典密码和现代密码,两者的分界线是一篇论文,即 1949 年仙农(Shannon)发表的《保密系统的通信理论》。在这篇文章中,仙农用数学方法研究保密通信过程,证明了密码系统理论保密性的深刻结论,为密码系统的设计与分析提供了科学的思路和手段,这篇文章的发表是密码史上的里程碑事件,它标志着现代密码学的诞生。

现代密码使用数学方法对消息进行变换,这称为加密,加密时使用的参数叫做密钥,密码体制的定义如下。

定义 3-1 密码体制是一个五元组(M, C, K, E, D),其中 M 是所有可能明文的有限集(明文空间),C 是所有可能密文的有限集(密文空间),K 是一切可能密钥构成的有限集(密钥空间),E 和 D 分别是加密算法集和解密算法集,且对任意 $k \in K$,存在加密算法 $e_k \in E$ 和相应的解密算法 $d_k \in D$,使得 $e_k: M \to C$ 和 $d_k: C \to M$ 满足 $d_k(e_k(x)) = x$,其中 $x \in M$。

不论是古典密码还是现代密码,其加密手段归结起来主要有两种,即代替和置换。代替是指把明文中的符号替换为其他符号,置换是指打乱明文符号的排列顺序。古典密码的加密算法往往就是单独一个代替或置换,比如凯撒密码、多表代替、天书密码等;现代密码则使用了更复杂的方式构造,但本质上仍可视为代替和置换或二者的组合。

按照密钥的使用方式,密码体制可以分为两大类:对称密码和公钥密码。对称密码在加密和解密时使用相同或相近的密钥,各参与方必须通过秘密信道共享密钥;公钥密码则选择完全不同的加密密钥和解密密钥,并且可以将加密密钥公开,解密密钥保密,这样就避免了建立秘密信道来传递密钥。

3.2 对称密码

按照加密方式不同,对称密码可分为序列密码和分组密码。序列密码的加密方式是把明文和密钥对应起来,逐位进行加密。分组密码则是将明文分组,然后逐组加密。这两种密码有着截然不同的设计思想和实现方式。

3.2.1 序列密码

1. 序列密码的原理

序列密码又称流密码(stream cipher)，其加密方式是用密钥序列 $z = z_1 z_2 \cdots$ 的第 i 个符号加密明文序列 $m = m_1 m_2 \cdots$ 的第 i 个符号，即

$$E_z(m) = E_{z_1}(m_1) E_{z_2}(m_2) \cdots$$

其中密钥序列是通信双方事先通过秘密信道传输的。

序列密码对加密算法没有特别要求，一般采用加法(模 2 加)来加密，但是对密钥要求很高，要求密钥序列具有随机性。仙农证明，一个理论上安全的密码，密钥必须使用真正的随机数，这就是密码系统的理论保密性。

如果密钥是真正的随机数，就构成了一种特殊的密码，即一次一密。仙农还证明了一次一密是唯一一种符合理论保密性的密码体制。但是一次一密要求密钥与明文长度相同，这样长的密钥在产生、传递、使用和管理过程中会面临许多困难，因此，一次一密并非序列密码的主流。实际中应用的序列密码通常只需要在秘密信道上传递一个密钥种子，然后用种子生成一串伪随机的密钥。而生成伪随机密钥的方法就成为序列密码研究中的核心问题。

2. 密钥序列的随机性

随机性是一种主观感觉，为了定量衡量随机性，必须使用严谨的数学方法。一般采用 3 个参数来衡量随机性，即周期、游程和自相关函数。

定义 3-2　序列 $\{x_n\}$ 的周期定义为对任意 $i \in \mathbf{Z}^+$，满足 $x_i = x_{i+p}$ 的最小正整数 p。

周期是衡量序列随机性的一个重要指标，随机性强的序列应该具有较长的周期。衡量随机性的另外两个指标是游程和自相关函数，其严格定义如下：

定义 3-3　在序列 $\{x_n\}$ 中，若有 $x_{t-1} \neq x_t = x_{t+1} = \cdots = x_{t+l-1} \neq x_{t+l}$，则称 $\{x_t, x_{t+1}, \cdots, x_t x_{t+l-1}\}$ 是一个长为 l 的游程。

定义 3-4　设序列 $\{x_n\}$ 的周期为 p，定义周期自相关函数为

$$R(j) = \frac{A - D}{p}, \quad j = 1, 2, \cdots$$

其中，$A = |\{0 \leq i < p; a_i = a_{i+j}\}|$，$D = |\{0 \leq i < p; a_i \neq a_{i+j}\}|$。

若 $p \mid j$，则 $R(j)$ 为同相自相关函数，此时 $A = p$，$D = 0$，故 $R(j) = 1$；若 $p \nmid j$，则 $R(j)$ 为异相自相关函数。

美国数学家 Golomb 对于二元序列的随机性提出了三条假设，即

(1) 若序列的周期为偶数，则在一个周期内，0、1 的个数相等；若周期为奇数，则在一个周期内，0、1 的个数相差 1。

(2) 在一个周期内，长度为 l 的游程数占游程总数的 $1/2^l$，且对于任意长度，0 游程与 1 游程个数相等。

(3) 所有的异相自相关函数值相等。

长期以来人们一直用这三条假设来衡量序列的随机性，满足这些假设的序列被视为具

有较强的随机性，称为伪随机序列(Pseudo-random Sequence)。

真正的随机数只能利用自然界中的物理过程产生，而伪随机序列可以利用算法生成，这样的算法被称为伪随机数发生器：输入一个短的随机数"种子"，算法输出一串伪随机序列。常用的伪随机数发生器包括线性同余发生器和线性反馈移位寄存器等，利用一些加密算法也能生成伪随机序列。

伪随机数发生器可看作是一个有限状态自动机，由输出符号集 Γ、状态集 Δ、状态转移函数 f、输出函数 g 和初始状态 σ_0 所组成，如图 3.1 所示。

移位寄存器就是一种典型的有限状态自动机，它由一系列存储单元和反馈逻辑(又称反馈函数)组成，存储单元的数量称为移位寄存器的级数。图 3.2 所示为一个 n 级反馈移位寄存器。n 个存储单元中存储的 n 个比特 $(a_i a_{i+1} \cdots a_{i+n-1})$ 称为移位寄存器的状态，$(a_0 a_1 \cdots a_{n-1})$ 为初始状态。在第 j 个时钟脉冲到来时，根据当前状态利用反馈逻辑计算出一个反馈值，所有数据向右移动一位，同时产生一个输出，状态则由 $(a_j a_{j+1} \cdots a_{j+n-1})$ 变为 $(a_{j+1} a_{j+2} \cdots a_{j+n})$。

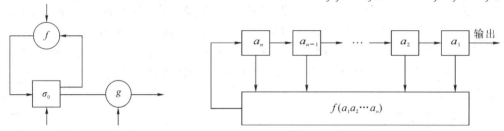

图 3.1　伪随机数发生器　　　　　　图 3.2　n 级反馈移位寄存器

给定当前状态和反馈函数，可以唯一确定输出和下一时刻的状态。通常，反馈函数是一个 n 元布尔函数。根据反馈函数，可将移位寄存器分为线性和非线性两种。当级数为 n 时，线性移位寄存器的输出序列周期最大可以达到 $2^n - 1$，这样的序列被称为 n 级 m 序列。

3. 序列密码系统

序列密码系统的核心是密钥流生成器，密钥流生成器由驱动部分和非线性组合部分组成。驱动部分通常是若干个能输出最大周期序列(即 m 序列)的线性反馈移位寄存器，它控制生成器的状态。非线性组合部分利用驱动部分的输出计算得到满足要求的密钥序列，如图 3.3 所示。

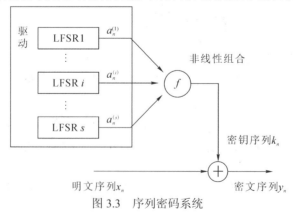

图 3.3　序列密码系统

4. 序列密码的应用

序列密码是一种方便快捷的加密方法，它特别适用于对运算速度要求较高或资源受限的场合, 如移动通信。许多序列密码在现实中得到了广泛应用, 如 ZUC、A5、RC4、SNOW 等。

　　ZUC 密码(即祖冲之算法)是移动通信 3GPP 机密性算法 EEA3 和完整性算法 EIA3 的核心, 其亦是中国自主设计的加密算法。

　　2009 年 5 月, ZUC 算法获得了 3GPP 安全算法组 SA 立项, 正式申请参加 3GPP LTE 第三套机密性和完整性算法标准的竞选工作。经过包括 3GPP SAGE 内部评估、两个学术团体的外部评估以及公开评估在内的 3 个阶段的安全评估工作后, ZUC 算法于 2011 年 9 月正式被 3GPP SA 通过, 成为 3GPP LTE 第三套加密标准核心算法。ZUC 算法是中国第一个成为国际密码标准的密码算法。ZUC 标准化的成功, 是中国在商用密码算法领域取得的一次重大突破, 体现了中国商用密码应用的开放性和商用密码设计的高能力, 极大地增加了中国在国际通信安全应用领域的影响力, 无论是对中国在国际商用密码标准化方面的工作, 还是对商用密码的密码设计来说都有深远的影响。

　　ZUC 密码结构包含 3 层(如图 3.4 所示): 上层为线性反馈移位寄存器 LFSR, 中层为比特重组 BR, 下层为非线性函数 F。

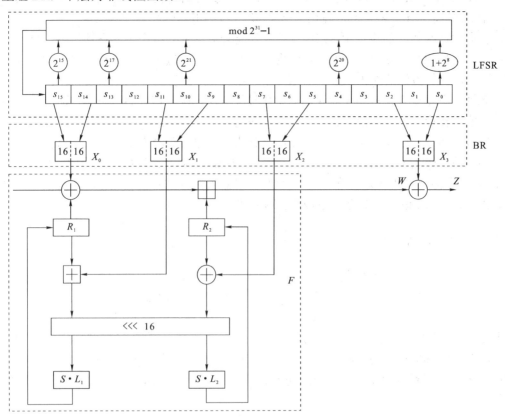

图 3.4　ZUC 算法结构

　　算法在运行时, 首先要经过初始化, 即密钥装入过程。该过程将 128 比特的初始密钥 k 和 128 比特的初始向量扩展为 16 个 31 比特字作为 LFSR 寄存器变量 $s_0, s_1, \cdots, s_{15}$ 的初始状态。

　　ZUC 的 LFSR 是一个 16 级移位寄存器, 其特征多项式

$$f(x) = x^{16} - (2^{15}x^{15} + 2^{17}x^{13} + 2^{21}x^{10} + 2^{20}x^4 + (2^8 + 1)) \mod 2^{31} - 1$$

是素域 $GF(2^{31} - 1)$ 上的本原多项式。

ZUC 算法的 LFSR 设计首次采用素域 $GF(2^{31} - 1)$ 上的 m 序列。该类序列周期长、统计特性好，且在特征为 2 的有限域上是非线性的，具有线性结构弱、比特关系符合率低等优点，因而采用 $GF(2^{31} - 1)$ 上的 LFSR 设计的 ZUC 算法具有天然的强抵抗二元域上密码攻击方法的能力，譬如二元域上的代数攻击、区分分析和相关攻击等。此外，由于素域 $GF(2^{31} - 1)$ 上的乘法可以快速实现，ZUC 算法 LFSR 在设计时充分考虑到安全和效率两方面的问题，在达到高安全目标的同时可以非常高效地用软硬件实现。

第二层比特重组 BR 为中间过渡层。BR 从 LFSR 的寄存器变量 s_0、s_2、s_5、s_7、s_9、s_{11}、s_{14}、s_{15} 中抽取 128 位组成 4 个 32 位的字 X_0、X_1、X_2、X_3，并输入到非线性变换中。比特重组采用半合并技术，实现 LFSR 数据单元到非线性函数 F 和密钥输出的数据转换，其主要目的是破坏 LFSR 在素域上 $GF(2^{31} - 1)$ 上的线性结构。比特重组与下层的非线性函数 F 相结合之后，可使得一些在素域 $GF(2^{31} - 1)$ 上的密码攻击方法变得非常困难。

ZUC 算法下层为非线性函数 F，它包含 2 个 32 比特记忆单元变量 R_1、R_2，F 的输入为 3 个 32 比特字 X_0、X_1、X_2，输出为一个 32 比特字 W。

在非线性函数 F 的设计上，ZUC 算法设计充分借鉴了分组密码的设计技巧，采用 S 盒和高扩散特性的线性变换 L，使得非线性函数 F 具有高的抵抗区分分析、快速相关攻击和猜测确定攻击等方法的能力。

此外，非线性函数 F 的 S 盒采用结构化设计方法，在具有好的密码学性质的同时降低了硬件实现代价，具有实现面积小、功耗低等特点。

经过上述 3 层结构的综合运用，ZUC 算法具有非常高的安全强度，能够抵抗目前常见的各种流密码攻击方法。除 ZUC-256 外，中国已经有多个密码标准成为国际标准。2017年 10 月，在德国柏林召开的第 55 次 ISO/IEC 信息安全分技术委员会(SC27)会议上一致通过我国 SM2 与 SM9 数字签名算法成为国际标准。

3.2.2　分组密码

分组密码是对称密码学的一个重要分支，在保证信息的机密性中起着重要作用。1977年，美国国家标准局 NBS 公布了著名的数据加密标准 DES(Data Encryption Standard)，对其研究和应用极大地促进了分组密码理论的发展。1997 年美国国家标准技术研究所 NIST 发起了一场推选用于保护敏感联邦信息的对称密码算法的活动，即 AES(Advanced Encryption Standard)计划，Rijndael 算法于 2000 年被确立为高级加密标准 AES，在该计划中，密码学界对分组密码的设计与分析理论进行了广泛而深入的研究，分组密码理论日趋完善。

1. 加密方式与算法结构

与序列密码对明文逐位加密的方式不同，分组密码是将明文划分成长度固定的组，各组分别在密钥控制下进行变换，得到长度固定的密文。假设一个明文分组中有 m 比特，加密后的密文分组为 n 比特。若 $m > n$，则称该分组密码为有数据压缩的分组密码；若 $m < n$，则称该分组密码为有数据扩展的分组密码；当 $m = n$ 时，则称该分组密码为等长的分组密码。在不做特别说明的情况下，分组密码都是指等长的分组密码。一个分组长度为 n、密

钥长度为 t 的等长分组密码，可以看作是在 2^t 个密钥控制下从 $GF(2^n)$ 到 $GF(2^n)$ 的置换。分组密码对一组明文进行变换，每当选定一个密钥时，该密码算法就能迅速地从置换子集中选定一个置换以得到相应的密文。根据密码设计的 Kerckhoffs 准则，一个密码体制的安全性应该全部依赖于密钥的安全性，也就是说，加密函数 $E(\cdot, k)$ 和解密函数 $D(\cdot, k)$ 是易于计算的，但要从方程 $y = E(x, k)$ 或 $x = D(y, k)$ 中解出 k 应该是困难的。为了将密钥作用到算法中并且不容易恢复，密码算法要足够复杂，以满足算法的安全性。分组密码的安全性原则主要基于仙农提出的混乱原则和扩散原则。

混乱原则：密码算法应使得明文、密文和密钥三者之间的依赖关系相当复杂，以至于这种依赖性对密码分析者来说是无法利用的。

扩散原则：密码算法应该使得明文和密钥的每一比特影响密文的许多比特，从而便于隐蔽明文的统计特性。该原则强调输入的微小改变将导致输出的多位变化，因此扩散又被形象地称为雪崩效应。

为了充分实现混乱和扩散，使密码算法足够复杂，分组密码采用迭代的方法完成加解密。迭代是将加密函数 f 在密钥的控制下进行多次运算，每一次迭代称作一轮，函数 f 称作轮函数。这样做可以使一个较易分析和实现的简单函数经过多次迭代后成为一个复杂的密码算法，既能达到充分的安全性，又易于实现。

在迭代型分组密码中，各轮所使用的密钥称为轮密钥，每一轮的输入为上一轮的输出和本轮的子密钥。轮密钥由一个较短的种子密钥经过密钥生成算法产生，这样可以使通过秘密信道传输的密钥量减小，提高安全性。密钥生成算法与加密算法一样，也是公开的。

一个分组密码通常由加密算法、解密算法和密钥扩展算法 3 个部分组成，解密算法是加密算法的逆算法。设计迭代分组密码的重点为设计加密算法和密钥扩展算法。在设计加密算法时，首先要选取一个算法结构，这是分组密码的整体特征。常见的两种算法结构是 Feistel 结构和 SPN 结构。

1) Feistel 结构

Feistel 结构是 20 世纪 70 年代美国 IBM 公司的 Horst Feistel 在设计 Lucifer 密码(DES 算法的前身)时提出的一种结构，后因 DES 算法而流行。Feistel 结构在分组密码的设计中起着非常重要的作用，至今许多著名的分组密码都采用这种结构，如日本快速数据加密算法 FEAL、欧洲新的分组密码标准 Camellia 等。

Feistel 结构的一轮加密过程如图 3.5 所示。

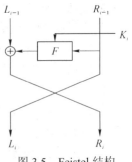

图 3.5 Feistel 结构

在 Feistel 结构中，设数据长度为 $2w$ 比特，迭代 r 轮，其加密流程可以分为 3 个步骤：

步骤 1 将 $2w$ 比特明文 P 分为左右两部分，即 $P = L_0R_0$，L_0 和 R_0 分别为 w 比特。

步骤 2 对 L_0 和 R_0 进行 r 轮相同的迭代，迭代规则如下：

$$\begin{cases} L_i = R_{i-1} \\ R_i = L_{i-1} \oplus F(R_{i-1}, K_i) \end{cases} \quad i = 1, 2, \cdots, r$$

这里 F 为轮函数，输入为上一轮的右半部分 R_{i-1} 和本轮的密钥 K_i，轮密钥 $K_1, K_2, \cdots, K_r$

由种子密钥通过密钥扩展算法生成。

步骤 3　输出密文 $C = R_rL_r$。

简言之，Feistel 结构是将一组明文分为两半，每一轮只对其中的一半进行某种变换，然后将两半交换，以便于在下一次迭代中没有变化的一半也得到改变。值得注意的是，为了使加密算法可以同时用于解密，也就是具有加解密一致性，加密算法的最后一轮会略去"左右变换"。

容易验证：如果将轮密钥 $K_1, K_2, \cdots, K_r$ 的顺序调整为 $K_r, K_{r-1}, \cdots, K_1$，然后将 $C = R_rL_r$ 作为加密算法的明文输入，那么输出的密文为 $P = L_0R_0$，即将密钥按照反序来使用对密文进行加密，可得到最初的明文。加解密的一致性是 Feistel 结构密码的一大优点，然而付出的代价是算法需要两轮才能改变输入的每一个比特，数据的扩散效率较低。

2) SPN 结构

SPN(Substitute-Permutation Network)结构是另一种著名的算法结构，它因被美国高级加密标准 Rijndael 算法采用而流行。SPN 结构是对仙农混乱扩散原则的直接实现，如图 3-6 所示。

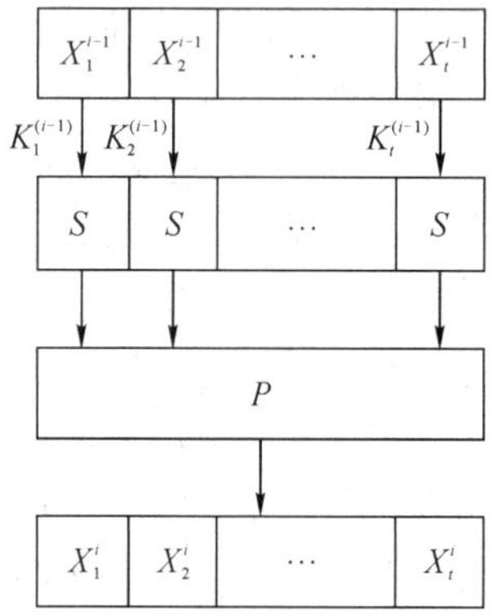

在 SPN 加密结构中，设数据长度为 n 比特，迭代 r 轮，其加密流程可以分为 3 步骤：

步骤 1　给定输入明文 X，把明文分成 t 个相同长度的字块，字块的长度通常是计算机字的字长，即 4、8、16、32 bit 等，记为

$$X = (X_1, X_2, \cdots, X_t) = (X_1^{(0)}, X_2^{(0)}, \cdots, X_t^{(0)})$$

图 3.6　一轮 SPN 加密结构

步骤 2　进行 r 轮完全相同的迭代，将密钥和数据相融合：

$$(X_1^{(i)}, X_2^{(i)}, \cdots, X_t^{(i)}) = P(S(X_1^{(i-1)}, K_1^{(i-1)}), S(X_2^{(i-1)}, K_2^{(i-1)}), \cdots, S(X_t^{(i-1)}, K_t^{(i-1)}))$$

这里 S 为作用于各字块的非线性可逆变换，通常称为 S 盒，P 是一个作用于整个分组的线性变换，通常称为 P 变换。$K_1^{(i-1)}$，$K_2^{(i-1)}$，$\cdots$，$K_t^{(i-1)}$ $(1 \le i \le r)$ 是由种子密钥通过密钥扩展算法生成的各轮的子密钥。

步骤 3　输出密文 $C = (X_1^{(r)}, X_2^{(r)}, \cdots, X_t^{(r)})$。

SPN 结构通过轮流使用 S 变换和 P 变换来实现混乱和扩散，S 主要起混乱的作用，P 主要起扩散的作用。SPN 结构的优点在于当明确了组件 S 和 P 的某些密码指标后，设计者能估计 SPN 结构的密码抵抗差分攻击和线性攻击的能力。与 Feistel 结构相比，SPN 结构可以得到更快的扩散，但是 SPN 结构通常不具备加解密一致性。为了兼顾实现效率，一般来说，SPN 结构密码算法的迭代轮数比 Feistel 结构密码算法的迭代轮数要少。

除了 Feistel 结构和 SPN 结构以外，比较常用的算法结构还有 Lai-Massey 结构和广义 Feistel 结构。Lai-Massey 结构的代表算法是 IDEA 和 FOX 等。广义 Feistel 结构也称为非平衡的 Feistel 结构，代表算法有我国无线局域网标准推荐的分组密码算法 SMS4 等。

2. 数据加密标准 DES

20 世纪六七十年代，随着计算机在通信网络中的应用，对信息处理设备标准化的要求也越来越迫切，加密产品作为信息安全的核心，自然也有标准化需求。

1973 年，NBS(美国国家标准局)发布了公开征集标准密码算法的请求。1974 年，IBM(商

用电器公司)向 NBS 提交了 Luciffer 算法。NSA(国家安全局)组织专家对该算法进行了鉴定,使其成为 DES 的基础。

1975 年 NBS 公布了 Luciffer 算法,并说明要以它作为联邦信息加密标准,征求各方意见。1976 年,DES 被采纳作为联邦标准,并授权在非机密的政府通信中使用。DES 在金融界崭露头角,随后得到了广泛应用。

DES 是 Feistel 结构密码,明文分组长度是 64 bit,密文分组长度也是 64 bit。加密过程要经过 16 轮迭代。种子密钥长度为 64 bit,但其中有 8 bit 奇偶校验位,因此有效密钥长度是 56 bit,密钥扩展算法生成 16 个 48 bit 的子密钥,在 16 轮迭代中使用。解密与加密采用相同的算法,并且所使用的密钥也相同,只是各个子密钥的使用顺序不同。

DES 算法的全部细节都是公开的,其安全性完全依赖于密钥的保密。

DES 算法包括初始置换 IP、16 轮迭代、逆初始置换 IP^{-1} 以及密钥扩展算法,加密流程如图 3.7 所示。

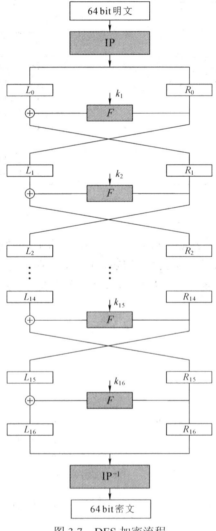

图 3.7　DES 加密流程

1) 初始置换 IP

将 64 bit 的明文重新排列，而后分成左右两块，每块 32 bit。IP 置换表如图 3.8 所示。通过对这张置换表进行观察，可以发现，IP 中相邻两列元素位置号数相差为 8，前 32 个元素均为偶数号码，后 32 个元素均为奇数号码，这样的置换相当于将原明文各字节按列写出，各列比特经过偶采样和奇采样置换后，再对各行进行逆序排列，阵中元素按行读出便构成置换的输出。

2) 逆初始置换 IP^{-1}

在 16 轮迭代之后，左右两段合并为 64 bit，进行逆初始置换 IP^{-1}，输出 64 bit 密文，如图 3.9 所示，输出为阵中元素按行读出的结果。

IP 和 IP^{-1} 的输入与输出是已知的一一对应关系，它们的作用在于打乱原来输入的 ASCII 码字划分，并将原来明文的校验位 $p_8, p_{16}, \cdots, p_{64}$ 变为 IP 输出的一个字节。

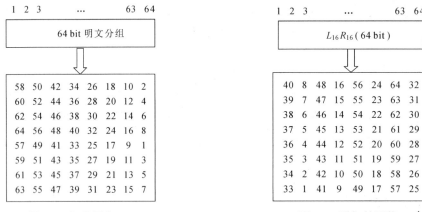

图 3.8　初始置换 IP　　　　　　　　　　图 3.9　逆初始置换 IP^{-1}

3) 轮函数 F

轮函数 F 是 DES 算法的核心部分。将经过 IP 置换后的数据分成 32 bit 的左右两块，记为 L_0 和 R_0，将其迭代 16 轮，迭代采用 Feistel 结构。在每轮迭代时，右边的部分要依次经过选择扩展运算 E、子密钥加、选择压缩运算 S 和置换 P，这些变换合称为轮函数 F，如图 3.10 所示。

选择扩展运算(也称为 E 盒)的目的是将输入的右边 32 bit 扩展为 48 bit，其变换表由图 3.11 给出。

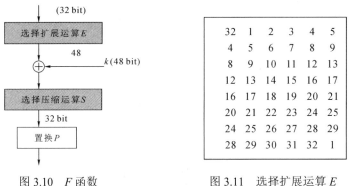

图 3.10　F 函数　　　　　　　　　　图 3.11　选择扩展运算 E

E 盒输出的 48 bit 与 48 bit 的轮密钥按位模 2 加,然后经过选择压缩运算(也称为 S 盒),得到 32 bit 的输出。S 盒是 DES 算法中唯一的非线性部件,它是一个查表运算,见表 3.1。S 盒共有 8 张非线性的代替表,每张表的输入为 6 bit,输出为 4 bit。在查表之前,将输入的 48 bit 分为 8 组,每组 6 bit,分别进入 8 个 S 盒进行运算。

表 3.1 DES 中的 8 个 S 盒

0	1	2	3	4	5	6	7	8	9	10	11	12	13	14	15	
14	4	13	1	2	15	11	8	3	10	6	12	5	9	0	7	
0	15	7	4	14	2	13	1	10	6	12	11	9	5	3	8	S_1
4	1	14	8	13	6	2	11	15	12	9	7	3	10	5	0	
15	12	8	2	4	9	1	7	5	11	3	14	10	0	6	13	
15	1	8	14	6	11	3	4	9	7	2	13	12	0	5	10	
3	13	4	7	15	2	8	14	12	0	1	10	6	9	11	5	S_2
0	14	7	11	10	4	13	1	5	8	12	6	9	3	2	15	
13	8	10	1	3	15	4	2	11	6	7	12	0	5	14	9	
10	0	9	14	6	3	15	5	1	13	12	7	11	4	2	8	
13	7	0	9	3	4	6	10	2	8	5	14	12	11	15	1	S_3
13	6	4	9	8	15	3	0	11	1	2	12	5	10	14	7	
1	10	13	0	6	9	8	7	4	15	14	3	11	5	2	12	
7	13	14	3	0	6	9	10	1	2	8	5	11	12	4	15	
13	8	11	5	6	15	0	3	4	7	2	12	1	10	14	9	S_4
10	6	9	0	12	11	7	13	15	1	3	14	5	2	8	4	
3	15	0	6	10	1	13	8	9	4	5	11	12	7	2	14	
2	12	4	1	7	10	11	6	8	5	3	15	13	0	14	9	
14	11	2	12	4	7	13	1	5	0	15	10	3	9	8	6	S_5
4	2	1	11	10	13	7	8	15	9	12	5	6	3	0	14	
11	8	12	7	1	14	2	13	6	15	0	9	10	4	5	3	
12	1	10	15	9	2	6	8	0	13	3	4	14	7	5	11	
10	15	4	2	7	12	9	5	6	1	13	14	0	11	3	8	S_6
9	14	15	5	2	8	12	3	7	0	4	10	1	13	11	6	
4	3	2	12	9	5	15	10	11	14	1	7	6	0	8	13	
4	11	2	14	15	0	8	13	3	12	9	7	5	10	6	1	
13	0	11	7	4	9	1	10	14	3	5	12	2	15	8	6	S_7
1	4	11	13	12	3	7	14	10	15	6	8	0	5	9	2	
6	11	13	8	1	4	10	7	9	5	0	15	14	2	3	12	
13	2	8	4	6	15	11	1	10	9	3	14	5	0	12	7	
1	15	13	8	10	3	7	4	12	5	6	11	0	14	9	2	S_8
1	11	4	1	9	12	14	2	0	6	10	13	15	3	5	8	
2	1	14	7	4	10	8	13	15	12	9	0	3	5	6	11	

查表运算规则为：假设输入的 6 bit 为 $b_1\,b_2\,b_3\,b_4\,b_5\,b_6$，则 $b_1\,b_6$ 构成一个两位的二进制数，用于指示表中的行，中间 4 个 bit $b_2\,b_3\,b_4\,b_5$ 构成的二进制数用于指示列，位于选中的行和列上的数作为这张代替表的输出。例如，对于 S_1，设输入为 010001，则应选第 1(01) 行、第 8(1000) 列上的数，即 10，因此输出为 1010。

置换 P 是一个 32 bit 的换位运算，对 $S_1 \sim S_8$ 输出的 32 bit 数据进行换位，如图 3.12 所示。

16	7	20	21
29	12	28	17
1	15	23	26
5	18	31	10
2	8	24	14
32	27	3	9
19	13	30	6
22	11	4	25

图 3.12   置换 P

4) 密钥生成算法

64 bit 初始密钥经过置换选择 PC-1、循环移位运算、置换选择 PC-2，产生 16 轮迭代所用的子密钥 K_i，如图 3.13 所示。初始密钥的第 8、16、24、32、40、48、56、64 bit 是奇偶校验位，其余 56 bit 为有效位，置换选择 PC-1(见图 3.14)的目的是从 64 位中选出 56 bit 有效位，PC-1 输出的 56 bit 被分为两组，每组 28 bit，分别进入 C 寄存器和 D 寄存器中，并进行循环左移，左移的位数由表 3.2 给出。每次移位后，将 C 和 D 中的原存数送入置换选择 PC-2，如图 3.15 所示。PC-2 将 C 中第 9、18、22、25 bit 和 D 中第 7、9、15、26 bit 删去，将其余数字置换位置，输出 48 bit，作为轮密钥。

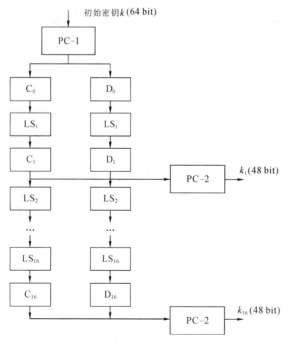

57	49	41	33	25	17	9
1	58	50	42	34	26	18
10	2	59	51	43	35	27
19	11	3	60	52	44	36
63	55	47	39	31	23	15
7	62	54	46	38	30	22
14	6	61	53	45	37	29
21	13	5	28	20	12	4

图 3.13   子密钥生成算法   图 3.14   置换选择 PC-1

$$
\begin{array}{cccccccc}
14 & 17 & 11 & 24 & 1 & 5 & 3 & 28 \\
15 & 6 & 21 & 10 & 23 & 19 & 12 & 4 \\
26 & 8 & 16 & 7 & 27 & 20 & 13 & 2 \\
41 & 52 & 31 & 37 & 47 & 55 & 30 & 40 \\
51 & 45 & 33 & 48 & 44 & 49 & 39 & 56 \\
34 & 53 & 46 & 42 & 50 & 36 & 29 & 32
\end{array}
$$

图 3.15　置换选择 PC-2

表 3.2　移 位 次 数 表

子密钥序号	1	2	3	4	5	6	7	8	9	10	11	12	13	14	15	16
循环左移位数	1	1	2	2	2	2	2	2	1	2	2	2	2	2	2	1

综上所述，用数学语言描述 DES 算法的加解密过程如下：

令 m 和 c 分别表示 64 bit 明文和 64 bit 密文，IP 表示初始置换，k_i 表示第 i 次迭代所用的子密钥，L_i、R_i 分别表示第 i 次迭代时左边和右边的 32 bit，f 表示每次迭代时对右边所做的变换，$\oplus$ 表示逐位模 2 加。

加密过程为

$$L_0 R_0 \leftarrow \text{IP}(m)$$

$$L_i \leftarrow R_{i-1}, \quad i = 1, \ 2, \ \cdots, \ 16 \tag{1}$$

$$R_i \leftarrow L_{i-1} \oplus f(R_{i-1}, k_i), \quad i = 1, \ 2, \ \cdots, \ 16 \tag{2}$$

$$c \leftarrow \text{IP}^{-1}(R_{16} L_{16})$$

这里式(1)和式(2)要经过 16 次迭代，它们构成 DES 的轮函数，记作 T_i。

DES 的加密过程是可逆的，解密过程与加密过程类似，只是密钥的使用顺序相反，由 k_{16} 至 k_1 依次使用。

解密过程为

$$R_{16} L_{16} \leftarrow \text{IP}(m)$$

$$R_{i-1} \leftarrow L_i, \quad i = 16, \ 15, \ \cdots, \ 1$$

$$L_{i-1} \leftarrow R_i \oplus f(L_{i-1}, k_i), \quad i = 16, \ 15, \ \cdots, \ 1$$

$$c \leftarrow \text{IP}^{-1}(R_0 L_0)$$

利用复合运算，也可将加密过程写为

$$c = E(m) = \text{IP}^{-1} \circ T_{16} \circ T_{15} \circ \cdots \circ T_1 \circ \text{IP}(m)$$

解密过程为

$$m = D(c) = \text{IP}^{-1} \circ T_1 \circ T_2 \circ \cdots \circ T_{16} \circ \text{IP}(c)$$

DES 的出现对于密码学的发展具有非常重大的意义，它是第一个将算法细节完全公开的密码体制，算法的安全性完全依赖于密钥，满足密码设计的 Kerckhoff 准则。从被采纳作为标准到今天，在 40 余年的时间里，DES 经受了来自全世界密码学家用各种方法进行的攻击，也出现了一些数学上有效的攻击方法，如差分分析、线性分析等，但迄今为止除了穷举密钥以外，真正便于操作的攻击方法尚未出现，因此可以说 DES 是密码设计的精品。鉴于 56 bit 的密钥太短，目前 DES 正逐渐退出商用密码领域，取而代之的是高级加密标准 AES。

3. 高级加密标准 AES

1997 年，美国国家标准技术研究所(NIST)发起了征集高级加密标准 AES(Advanced Encryption Standard)的活动，目的是确定应用于 21 世纪的数据加密标准，以替代原有的加密标准 DES。对 AES 的基本要求是比三重 DES 快且至少与三重 DES 一样安全，数据分组长度为 128 bit，密钥长度为 128bit、192bit 和 256bit。

经过几轮的筛选和评估后，最终选定比利时密码学家 Joan Daemen 和 Vincent Rijmen 设计的 Rijndael 算法作为新的加密标准。

Rijndael 的主要特征如下：

(1) Rijndael 是迭代型分组密码，数据分组长度和密钥长度都可变，并可独立地指定为 128 bit、192 bit 或 256 bit。随着分组长度不同，迭代圈数也不同，如果用 N_b 和 N_k 分别表示明文长度和密钥长度，r 表示轮数，则它们之间的关系为

$$r = \max\left\{\frac{N_b}{32}, \frac{N_k}{32}\right\} + 6$$

本节只介绍分组长度和密钥长度均为 128 bit 的 10 轮 AES 算法，即标准的 AES 算法。其他分组长度和密钥长度的 AES 算法只是迭代轮数和密钥扩展算法不同。

(2) Rijndael 中的所有运算都是针对字节的，因此可将数据分组表示成以字节为单位的数组。

(3) 与 DES 不同，Rijndael 没有采用 Feistel 结构，而是采用 SPN 结构，这种结构在抗差分分析和线性分析方面颇具优势。

Rijndael 的密码变换都是面向字节的运算，首先将输入的明文分组划分为 16 个字节，并且把字节数据块按 $a_{00}a_{10}a_{20}a_{30}a_{01}a_{11}a_{21}a_{31}a_{02}a_{12}a_{22}a_{32}a_{03}a_{13}a_{23}a_{33}$ 顺序映射为状态字节矩阵，在加密操作结束时，密文按照相同的顺序从状态中抽取，映射的状态矩阵为

$$\begin{bmatrix} a_{00} & a_{01} & a_{02} & a_{03} \\ a_{10} & a_{11} & a_{12} & a_{13} \\ a_{20} & a_{21} & a_{22} & a_{23} \\ a_{30} & a_{31} & a_{32} & a_{33} \end{bmatrix}$$

加密流程如下：

步骤 1　由密钥扩展算法将 128 bit 的种子密钥扩展为 11 个 128 bit 的轮密钥 $K_0, K_1, \cdots, K_{10}$，每一个轮密钥同样被表示成与明文状态矩阵大小相同的矩阵。

步骤 2　密钥白化：将明文状态矩阵与第一个轮密钥 K_0 异或加运算。

步骤 3　执行 9 轮完全相同的轮变换。

步骤 4　执行最后一轮轮变换，前面 9 轮中都有的列混合运算在此轮中省去。

步骤 5　将步骤 4 中的输出结果按照顺序抽取出来形成密文。

Rijndael 密码的轮函数分为 4 步，即字节代替、行移位、列混合和子密钥加，这些运算是实现混乱和扩散的关键。

1) 字节代替(SubBytes)

字节代替是算法中唯一的非线性运算，代替表(S 盒)是可逆的，且由两个变换构成。首先把字节的值在 GF(2^8)中取乘法逆元，此时 GF(2^8)的生成多项式是 $m(x) = x^8 + x^4 + x^3 + 1$，0 映射到其自身；然后将得到的字节值经过如下定义的一个仿射变换：

$$\begin{bmatrix} y_0 \\ y_1 \\ y_2 \\ y_3 \\ y_4 \\ y_5 \\ y_6 \\ y_7 \end{bmatrix} = \begin{bmatrix} 1 & 0 & 0 & 0 & 1 & 1 & 1 & 1 \\ 1 & 1 & 0 & 0 & 0 & 1 & 1 & 1 \\ 1 & 1 & 1 & 0 & 0 & 0 & 1 & 1 \\ 1 & 1 & 1 & 1 & 0 & 0 & 0 & 1 \\ 1 & 1 & 1 & 1 & 1 & 0 & 0 & 0 \\ 0 & 1 & 1 & 1 & 1 & 1 & 0 & 0 \\ 0 & 0 & 1 & 1 & 1 & 1 & 1 & 0 \\ 0 & 0 & 0 & 1 & 1 & 1 & 1 & 1 \end{bmatrix} \begin{bmatrix} x_0 \\ x_1 \\ x_2 \\ x_3 \\ x_4 \\ x_5 \\ x_6 \\ x_8 \end{bmatrix} + \begin{bmatrix} 1 \\ 1 \\ 0 \\ 0 \\ 0 \\ 1 \\ 1 \\ 0 \end{bmatrix}$$

字节代替又称为 S 盒变换，实际加密过程通常是通过查表运算获取字节代替的运算结果，如表 3.3 所示。

表 3.3 AES 加密算法的 S 盒

	0	1	2	3	4	5	6	7	8	9	a	b	c	d	e	f
0	63	7c	77	7b	f2	6b	6f	c5	30	01	67	2b	fe	d7	ab	76
1	ca	82	c9	7d	fa	59	47	f0	ad	d4	a2	af	9c	a4	72	c0
2	b7	fd	93	26	36	3f	f7	cc	34	a5	e5	f1	71	d8	31	15
3	04	c7	23	c3	18	96	05	9a	07	12	80	e2	eb	27	b2	75
4	09	83	2c	1a	1b	6e	5a	a0	52	3b	d6	b3	29	e3	2f	84
5	53	d1	00	ed	20	fc	61	5b	6a	cd	be	39	4a	4c	58	cf
6	d0	ef	aa	fb	43	4d	33	85	45	f9	02	7f	50	3c	9f	a8
7	51	a3	40	8f	92	9d	38	f5	bc	b6	da	21	10	ff	f3	d2
8	cd	0c	13	ec	5f	97	44	17	c4	e7	7e	3d	64	5d	19	73
9	60	81	4f	dc	22	2a	90	88	46	ee	b8	14	de	5e	0b	db
a	e0	32	3a	0a	49	06	24	5c	c2	d3	ac	62	91	95	e4	79
b	e7	c8	37	6d	8d	d5	4e	a9	6c	56	f4	ea	65	7a	ae	08
c	ba	78	25	2e	1c	a6	b4	c6	e8	dd	74	1f	4b	bd	8b	8a
d	70	3e	b5	66	48	03	f6	0e	61	35	57	b9	86	c1	1d	9e
e	e1	f8	98	11	69	d9	8e	94	9b	1e	87	e9	ce	55	28	df
f	8c	a1	89	0d	bf	e6	42	68	41	99	2d	0f	b0	54	bb	16

2) 行移位(ShiftRow)

行移位将状态行移位不同的位移量，第 0 行不移动，第 1 行循环右移 1 个字节，第 2 行循环右移 2 个字节，第 3 行循环右移 3 个字节，即

$$\begin{bmatrix} a_{00} & a_{01} & a_{02} & a_{03} \\ a_{10} & a_{11} & a_{12} & a_{13} \\ a_{20} & a_{21} & a_{22} & a_{23} \\ a_{30} & a_{31} & a_{32} & a_{33} \end{bmatrix} \rightarrow \begin{bmatrix} a_{00} & a_{01} & a_{02} & a_{03} \\ a_{11} & a_{12} & a_{13} & a_{10} \\ a_{22} & a_{23} & a_{20} & a_{21} \\ a_{33} & a_{30} & a_{31} & a_{32} \end{bmatrix}$$

3) 列混合(MixColumn)

列混合将状态的每一列视为 $GF(2^8)$ 上的一个次数不超过 3 的多项式，比如第一列对应的多项式为 $a_{30}x^3 + a_{20}x^2 + a_{10}x + a_{00}$，将它与一个固定的多项式 $c(x)$ 模 $M(x) = x^4 + 1$ 乘，其中

$$c(x) = "03"x^3 + "01"x^2 + "01"x + "02"$$

通过简单的计算，可以将列混合运算表示为如下的矩阵形式，由此可知列混合运算也是一个线性变换。

$$\begin{bmatrix} a_{00} & a_{01} & a_{02} & a_{03} \\ a_{10} & a_{11} & a_{12} & a_{13} \\ a_{20} & a_{21} & a_{22} & a_{23} \\ a_{30} & a_{31} & a_{32} & a_{33} \end{bmatrix} \rightarrow \begin{bmatrix} b_{00} & b_{01} & b_{02} & b_{03} \\ b_{10} & b_{11} & b_{12} & b_{13} \\ b_{20} & b_{21} & b_{22} & b_{23} \\ b_{30} & b_{31} & b_{32} & b_{33} \end{bmatrix}$$

$$\begin{bmatrix} b_{0j} \\ b_{1j} \\ b_{2j} \\ b_{3j} \end{bmatrix} = \begin{bmatrix} 02 & 03 & 01 & 01 \\ 01 & 02 & 03 & 01 \\ 01 & 01 & 02 & 03 \\ 03 & 01 & 01 & 02 \end{bmatrix} \begin{bmatrix} a_{0j} \\ a_{1j} \\ a_{2j} \\ a_{3j} \end{bmatrix}$$

其中，$b_j, a_j \in GF(2^8)$，$j = 0, 1, 2, 3$。

4) 子密钥加(AddRoundKey)

子密钥加将子密钥与各个状态按位模 2 加即可。

由于 Rijndael 算法是 SPN 结构的分组密码，所以它的解密算法是加密算法的逆运算，这时轮密钥的使用顺序是 $K_{10}, K_9, \cdots, K_1$，解密流程的每一步都是加密流程相应步骤的逆运算。

除上述 4 个加密步骤之外，密钥扩展算法是 Rijindael 算法的另一个核心算法。在 Rijndael 中，种子密钥长度为 128 bit 时，$N_k = 4$，即有 4 个 32 bit 的密钥字，相应的种子密钥长度为 192 bit 和 256 bit，分别对应着 $N_k = 6$ 和 $N_k = 8$。$N_k \leqslant 6$ 和 $N_k > 6$ 时的密钥扩展算法是不同的，即对于 256 bit 的密钥，其扩展算法与 128 bit 和 192 bit 有所区别，但差别不大。$N_k \leqslant 6$ 时密钥扩展算法 C 语言的代码如下：

```
For i=0 to 3
    W(i)=(K(4i), K(4i+1), K(4i+2), K(4i+3))
For i=Nk to Nb(Nr+1)
    Temp=W(i-1)
    If i mod Nk=0
```

Temp=SubByte(RotByte(Temp)) $\oplus$ RC(i/N$_k$)

W(i)=W(i-N$_k$) $\oplus$ Temp

这里 SubByte 是返回 4 字节字的一个函数，返回的 4 字节字中的每个字节是 S 盒作用到输入字中相应位置处的字节而得到的结果。函数 RotByte 用于循环左移一个字节。RC(i/N$_k$)是圈常数，与 N$_k$ 无关，定义如下：

RC(j) = (R(j), "00", "00", "00")

R(j)是 GF(2^8)中的元素，定义如下：

R(1) = 1，R(j) = x · R(j-1)

4. 国产密码算法 SMS4

SMS4 密码是我国第一个商用分组密码标准，于 2006 年 2 月公布，是中国无线局域网安全标准推荐使用的分组密码算法。

SMS4 算法的分组长度和密钥长度均为 128 bit，加密算法采用 32 轮的非平衡 Feistel 结构，算法将轮函数迭代 32 轮，之后加上一个反序变换，目的是使加密和解密保持一致，解密只需将加密密钥逆序使用。

如图 3.16 所示，在 SMS4 的加密过程中，128 bit 的明文和密文均使用 4 个 32 bit 的字来表示，明文记为(X_0, X_1, X_2, X_3)，密文记为(Y_0, Y_1, Y_2, Y_3)，假设 32 bit 的中间变量为 X_i (4≤i≤35)，则加密流程如下：

(1) X_{i+4} = F(X_i, X_{i+1}, X_{i+2}, X_{i+3}, rk_i) = $X_i \oplus T(X_{i+1} \oplus X_{i+2} \oplus X_{i+3} \oplus rk_i)$, i = 0, 1, …, 31;

(2) (Y_0, Y_1, Y_2, Y_3) = R(X_{32}, X_{33}, X_{34}, X_{35}) = (X_{35}, X_{34}, X_{33}, X_{32})。

其中，F 是轮函数，T 是合成变换，rk_i 是第 i + 1 轮轮密钥，R 是反序变换。

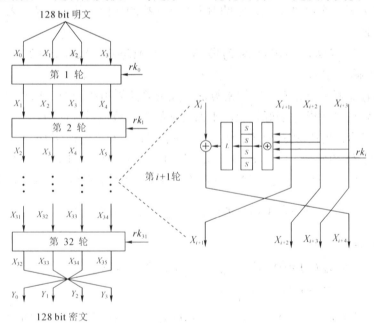

图 3.16 SMS4 加密算法流程图

合成置换 T 是将 32 bit 映射为 32 bit 的可逆变换，由非线性变换 τ 和线性变换 L 复合而成，即首先用 τ 变换作用于 32 bit 输入，其结果再用 L 变换作用，记为 T(·) = L(τ(·))。

τ 变换由 4 个并行的 S 盒组成，每个 S 盒是一个 8 bit 的代替，可以通过查表实现，见表 3.4。若输入记为 $A = (a_0, a_1, a_2, a_3)$，则输出为 $B = (S(a_0), S(a_1), S(a_2), S(a_3))$。

表 3.4　SMS4 加密算法的 S 盒

	0	1	2	3	4	5	6	7	8	9	a	b	c	d	e	f
0	d6	90	e9	fe	cc	e1	3d	b7	16	b6	14	c2	28	fb	2c	05
1	2b	67	9a	76	2a	be	04	c3	aa	44	13	26	49	86	06	99
2	9c	42	50	f4	91	ef	98	7a	33	54	0b	43	ed	cf	ac	62
3	e4	B3	1c	a9	c9	08	e8	95	80	df	94	fa	75	8f	3f	a6
4	47	07	a7	fc	f3	73	17	ba	83	59	3c	19	e6	85	4f	a8
5	68	6b	81	b2	71	64	da	8b	f8	eb	0f	4b	70	56	9d	35
6	1e	24	0e	5e	63	58	d1	a2	25	22	7c	3b	01	21	78	87
7	d4	00	46	57	9f	d3	27	52	4c	36	02	e7	a0	c4	c8	9e
8	ea	bf	8a	d2	40	c7	38	b5	a3	f7	f2	ce	f9	61	15	a1
9	e0	ae	5d	a4	9b	34	1a	55	ad	93	32	30	f5	8c	b1	e3
a	1d	f6	e2	2e	82	66	ca	60	c0	29	23	ab	0d	53	4e	6f
b	d5	db	37	45	de	fd	8e	2f	03	ff	6a	72	6d	6c	5b	51
c	8d	1b	af	92	bb	dd	bc	7f	11	d9	5c	41	1f	10	5a	d8
d	0a	c1	31	88	a5	cd	7b	bd	2d	74	d0	12	b8	e5	b4	b0
e	89	69	97	4a	0c	96	77	7e	65	b9	f1	09	c5	6e	c6	84
f	18	f0	7d	ec	3a	dc	4d	20	79	ee	5f	3e	d7	cb	39	48

线性变换 L 是一个线性变换，它的输入是 τ 变换的输出，即上述 B。若线性变换 L 的输出记为 C，则

$$C = L(B) = B \oplus (B \lll 2) \oplus (B \lll 10) \oplus (B \lll 18) \oplus (B \lll 24)$$

其中"$\lll$"为循环左移。

SMS4 具有加解密一致性，即解密算法与加密算法采用相同的结构和轮函数，唯一的不同在于轮密钥的使用顺序刚好相反。下面对加解密一致性进行证明。

设加密时轮密钥使用顺序为 $(rk_0, rk_1, \cdots, rk_{30}, rk_{31})$，定义变换 $T_k(a, b, c, d) = (b, c, d, a \oplus T(b \oplus c \oplus d \oplus k))$ 和变换 $\sigma(a, b, c, d) = (d, c, b, a)$。容易验证 σ^2 和 $\sigma \circ T_k \circ \sigma \circ T_k$ 都是恒等变换，因此 $T_k^{-1} = \sigma \circ T_k \circ \sigma$。于是，32 轮完整 SMS4 算法的加密流程可以表示为以下变换：

$$Y = E_K(X) = \sigma \circ T_{rk_{31}} \circ T_{rk_{30}} \circ \cdots \circ T_{rk_1} \circ T_{rk_0}(X)$$

从而解密流程为

$$X = E_K^{-1}(Y) = (\sigma \circ T_{rk_{31}} \circ T_{rk_{30}} \circ \cdots \circ T_{rk_1} \circ T_{rk_0})^{-1}(Y)$$
$$= (T_{rk_0}^{-1} \circ T_{rk_1}^{-1} \circ \cdots \circ T_{rk_{30}}^{-1} \circ T_{rk_{31}}^{-1} \circ \sigma^{-1})(Y)$$
$$= (\sigma \circ T_{rk_0} \circ \sigma \circ \sigma \circ T_{rk_1} \circ \sigma \cdots \circ \sigma \circ T_{rk_{30}} \circ \sigma \circ \sigma \circ T_{rk_{31}} \circ \sigma \circ \sigma^{-1})(Y)$$
$$= (\sigma \circ T_{rk_0} \circ T_{rk_1} \circ \cdots \circ T_{rk_{30}} \circ T_{rk_{31}})(Y)$$

由上式可知，解密轮密钥的使用顺序为 $(rk_{31}, rk_{30}, \cdots, rk_1, rk_0)$。

SMS4 的密钥扩展算法将 128 bit 的种子密钥扩展生成 32 个轮密钥，首先将 128 bit 的种子密钥 MK 分为 4 个 32 bit 字，记为 (MK_0, MK_1, MK_2, MK_3)。给定系统参数 FK 和固定参数 CK，它们均由 4 个 32 bit 字构成，记为 $FK = (FK_0, FK_1, FK_2, FK_3)$，$CK = (CK_0, CK_1, CK_2, CK_3)$，则按照如下算法生成轮密钥：

(1) $(K_0, K_1, K_2, K_3) = (MK_0 \oplus FK_0, MK_1 \oplus FK_1, MK_2 \oplus FK_2, MK_3 \oplus FK_3)$；

(2) $rk_i = K_{i+4} = K_i \oplus T'(K_{i+1} \oplus K_{i+2} \oplus K_{i+3} \oplus CK_i)$，$i = 0, 1, \cdots, 31$。

变换 T' 与加密算法轮函数中的合成置换 T 基本相同，只是将其中的线性变换 L 换成 L'：

$$L': L'(B) = B \oplus (B <<< 13) \oplus (B <<< 23)$$

即

$$T(\cdot) = L'(\tau(\cdot))$$

系统参数为

$$FK = (FK_0, FK_1, FK_2, FK_3) = (\text{a3b1bac6, 56aa3350, 677d9197, b27022dc})$$

固定参数为

$$CK_i = (ck_{i,0}, ck_{i,1}, ck_{i,2}, ck_{i,3}), \qquad ck_{i,j} = (4i + j) \times 7 \bmod 256$$

固定参数 CK_i 的具体取值参见表 3.5。

表 3.5 SMS4 算法中固定参数 CK_i 的取值

00070e15	1c232a31	383f464d	545b6269
70777e85	8c939aa1	a8afb6bd	c4cbd2d9
e0e7eef5	fc030a11	181f262d	343b4249
50575e65	6c737a81	888f969d	a4abb2b9
c0c7ced5	dce3eaf1	f8ff060d	141b2229
30373e45	4c535a61	686f767d	848b9299
a0a7aeb5	bcc3cad1	d8dfe6ed	f4fb0209
10171e25	2c333a41	484f565d	646b7279

由于 SMS4 算法的重要性，在发布之初它就引起了广泛关注，尤其对 SMS4 算法的安全性评价是一个研究热点。经过几年的研究，人们发现 SMS4 算法可以抗差分分析和线性分析，也对不可能差分分析等方法免疫，因此可以认为，它具有较好的抗破解能力。

3.3 公钥密码

3.3.1 公钥密码的原理

使用对称密码体制进行保密通信时，通信双方要事先通过秘密的信道传递密钥，而秘密信道是不易建立和维护的。很久以来，密钥分发的问题一直困扰着密码系统的设计者和使用者。

对称密码还有一个缺点，那就是密钥量太大。在有 n 个用户的通信网络中，每个用户要想和其他 $n-1$ 个用户进行通信，必须使用 $n-1$ 个密钥，而系统中的总密钥量将达到 $C_n^2 = \dfrac{n(n-1)}{2}$。这样大的密钥量，在保存、传递、使用和销毁各个环节中都会有不安全因素存在。

此外，在一些需要验证消息的真实性和消息发送方身份的场合，比如在签署合同时，交易双方必须提供签名作为法律依据，以保证合同的有效性，而在进行电子交易时，必须由手写签名的数字形式即数字签名来确认身份，这是单钥密码无法做到的。

为了避免事先秘密地传递密钥，人们设想能否构造一种新的密码，不用事先传递密钥也能实现加密和解密。在单钥密码中，之所以要传递密钥，是因为加密和解密使用的密钥相同，那么，如果加密和解密使用的密钥不同，并且在不暴露解密密钥的情况下将加密密钥公开，这样就可以避免事先传递密钥的不便。网络中的每一个用户都可以将其加密密钥放在一本公用号码簿里，从而使系统中任何一个用户都能给其他用户发送一份只有指定接收者才能解密的密文。这就是公钥密码的基本思想。1976 年，Diffie 和 Hellman 发表论文《密码学的新方向》，首先提出了这种思想。在 Diffie 和 Hellman 的设想中，用户 Alice 有一对加密密钥 e_A 和解密密钥 d_A，将 e_A 公开，d_A 保密，若 Bob 要给 Alice 发送加密信息，则他需要在公开的目录中查出 Alice 的公开密钥 e_A，用它加密，Alice 收到密文后，用自己手中的解密密钥 d_A 解密，由于别人不知道 d_A，即使截获了密文，也是无法恢复明文的。

在公钥密码中，要求由公开的加密密钥推导出解密密钥在计算上是困难的。因此，在构造公钥密码体制时，通常要借助于一些困难问题。公钥密码中经常使用的困难问题包括分解大整数问题、离散对数问题、椭圆曲线离散对数问题等。

3.3.2 Diffie-Hellman 密钥交换

Diffie 和 Hellman 在论文《密码学的新方向》中只提出了公钥密码的思想，并没有构造出一种切实可行的公钥加密算法，但他们给出了一种通信双方无须事先传递密钥也能利用单钥密码体制进行保密通信的方法，这就是 Diffie-Hellman 密钥交换协议，简称 D-H 协议。通过该协议，通信双方可以建立一个秘密的密钥，即一次会话中使用的会话密钥。该协议充分体现了公钥密码的思想，其安全性基于离散对数问题。

Alice 和 Bob 利用对称密码体制进行保密通信时，为了协商一个共用的会话密钥，需要进行以下操作：

(1) 选择大素数 p 及模 p 的本原根 g，将其公开；

(2) A 随机选择整数 x_A，计算 $y_A = g^{x_A}$，将 y_A 传给 B；

(3) B 随机选择整数 x_B，计算 $y_B = g^{x_B}$，将 y_B 传给 A；

(4) A 计算 $y_B^{x_A} = g^{x_B x_A}$，B 计算 $y_A^{x_B} = g^{x_A x_B}$，易知两者是相等的，从而可将 $k = g^{x_A x_B}$ 作为双方的通信密钥。

该协议的安全性是基于这样一个假设，即已知 $g^{x_A x_B}$ 和 g^{x_A}，求 x_B 是困难的。Diffie 和 Hellman 假设此问题等价于离散对数问题。

3.3.3 RSA 密码

1977 年，麻省理工学院的三位数学家 Ron Rivest、Adi Shamir 和 Len Adleman 成功设计了一个公钥密码算法，该算法根据其设计者的名字命名为 RSA。在其后的几十年内，RSA 成为世界上应用最为广泛的公钥密码体制。

在 RSA 系统中，每个用户有公开的加密密钥 n、e 和保密的解密密钥 d，这些密钥通过以下步骤确定：

(1) 用户选择两个大素数 p、q，计算 $n = pq$ 以及 n 的欧拉函数值 $\varphi(n) = (p-1)(q-1)$；

(2) 选择随机数 e，要求 $1 < e < \varphi(n)$，且 $\gcd(e, \varphi(n)) = 1$；

(3) 求出 e 模 $\varphi(n)$ 的逆 d，即满足 $ed \equiv 1 \bmod \varphi(n)$；

(4) 将 n、e 公开，d 保密。

加密时，首先要将明文编码成为十进制数字，再分为小于 n 的组。设 m 为一组明文，要向用户 Alice 发送加密后的 m 时，利用 Alice 的公开密钥 n_A、e_A，计算

$$c = E(m) = m^{e_A} \bmod n_A$$

求出的整数 c 即为密文。

Alice 收到 c 后，利用自己的解密密钥 d_A，计算 $D(c) = c^{d_A} \bmod n_A$，由欧拉定理，这里计算出的 $D(c)$ 恰好等于加密前的明文 m。事实上，由于 $e_A d_A \equiv 1 \bmod \varphi(n_A)$，从而 $\varphi(n_A) | e_A d_A - 1$，设 $e_A d_A = t \cdot \varphi(n_A) + 1$，$t$ 为整数，当 $(m, \varphi(n_A)) = 1$ 时，有 $m^{\varphi(n_A)} \equiv 1 \bmod n_A$，所以

$$D(c) = m^{e_A d_A} = m^{t \cdot \varphi(n_A)+1} \equiv \left(m^{\varphi(n_A)}\right)^t \cdot m \equiv m \bmod n_A$$

这里对于每一个明文分组 m，要求其与模数 n 互素，否则解密时可能得不到正确的明文。那么，对明文的这种限制是否使这种密码算法不实用呢？显然，符合条件的明文数目为 $\varphi(n) = (p-1)(q-1)$，任选一组明文，与 n 互素的概率为

$$P_{(m,n)=1} = \frac{\varphi(n)}{n} = 1 - \frac{1}{p} - \frac{1}{q} + \frac{1}{pq}$$

当 p、q 很大时，这个概率接近 1。这说明绝大多数明文都可以加密。对于不能正常加密的明文分组，可以选择适当的编码方式，将其转换为与 n 互素的整数。

例 3-1 RSA 密码的实例。

选 $p = 53$，$q = 41$，$n = pq = 2173$，$\varphi(n) = 2080$，选择 $e = 31$，计算 $d = 671$，将 n、e 公开，d 保密。设明文 m 为 374，对其加密，得到密文

$$c = m^e \equiv 446 \bmod 2173$$

解密时，计算 $c^d = 374 \bmod 2173$，恢复出明文 374。

3.3.4 数字签名

数字签名是实现认证的重要工具。它是通过在消息上附加一些能体现发方身份的信息来实现的。

一个好的数字签名算法应满足以下要求：

(1) 签名易被确认或证实，但不能伪造；

(2) 签名者不能否认自己的签名。

为了实现签名的目的，消息的发方必须向收方提供足够的非保密信息，以便使其验证签名，但又不能泄露用于产生签名的秘密信息，以防止他人伪造签名。任何一种签名算法都必须包含这两种信息。

一个签名算法包括两部分：签名过程和验证过程。

利用 RSA 进行数字签名时，签名者用自己的秘密密钥对消息操作，得到签名信息，验证者用公开密钥进行验证，过程如下：

设用户 Alice 的公开密钥为 n_A、e_A，秘密密钥为 d_A，消息为 m。

签名算法为

$$s \equiv m^{d_A} \bmod n_A$$

验证算法为

$$m \equiv s^{e_A} \bmod n_A$$

这与加密解密的过程刚好相反。

这是只签名不加密的情形，任何人截获到签过名的信息 s 之后，都可以用 Alice 的公开密钥恢复消息 m。

若 Alice 要发送一条机密信息给 Bob 并签名，则需要运算两次：Alice 先计算 $s \equiv m^{d_A} \bmod n_A$，对消息签名；再计算 $c \equiv s^{e_B} \bmod n_B$，用 Bob 的公开密钥进行加密。最后将 c 发送给 Bob。Bob 收到 c 后，先解密，计算 $s \equiv c^{d_B} \bmod n_B$；再验证 Alice 的签名，计算 $m' \equiv s^{e_A} \bmod n_A$，若得到的结果 m' 是有意义的明文，则说明该信息确实来自 Alice。

整个过程为

$$m \xrightarrow{\ n_A\ } s \xrightarrow{\ n_B\ } c \xrightarrow{\ n_B\ } s \xrightarrow{\ n_A\ } m$$

其中，$0 \leqslant s \leqslant n$，$0 \leqslant c \leqslant n_B$。

如果 $n_A > n_B$，则当 $n_B \leqslant s \leqslant n_A$ 时，解密的结果为

$$s' \equiv c^{d_A} \bmod n_B$$

由于 $s' < n_B$，故 $s' \neq s$，从而影响验证过程。

而当 $n_A \leqslant n_B$ 时，不会出现上述问题。

当 $n_A > n_B$ 时，对签名结果 s 做一些处理，比如可将其分解为比 n_B 小的块，再逐块加密即可。

思　考　题

1. 简述对于密码系统的四种攻击。

2. 衡量随机性的基本假设有哪些？

3. 设序列的一个周期为 0011101001100，计算该序列的自相关函数。

4. 简述分组密码的设计准则。

5. 在分组密码的 Feistel 结构中，对于函数 f 的可逆性有何种要求？为什么？

6. 证明 DES 解密与加密过程的互逆性。

7. 简述 AES 的一轮加密流程。

8. 相比于对称密码，公钥密码有哪些优点？

9. 在 RSA 密码中，设接收方公钥为 $n = 35$, $e = 5$, 收到的密文为 $c = 10$, 试求明文 m。

10. Diffie-Hellman 密钥交换主要解决了什么问题？

11. 构造一个 ElGamal 签名的实例。

第4章　身份认证技术

在互联网世界中，身份认证技术是确认操作者身份的有效解决方法之一。计算机作为信息的主要载体，只能识别用户的数字身份，所有对用户的授权和管理也是基于这样的数字身份完成的。如何保证这样的数字身份就是合法的操作者，即如何将二者通过技术手段正确地对应起来，就是身份认证技术要解决的核心问题。作为防护信息系统安全的第一道关口，身份认证技术有着举足轻重的作用。

4.1　身　份　认　证

1. 基本概念

身份认证是网络空间安全的第一道防线，对确保信息系统安全和网络安全起着至关重要的作用。身份认证(Authentication)是主体审查客体身份的过程，从而确定该客体是否具有对某种资源的访问和使用权限。这里的主体和客体，可能是用户、主机、应用程序或者进程。

各种信息系统和上层应用只有通过身份认证后，才能让用户合法地访问，以此为基础确定用户的权限，对系统资源进行访问和使用。如果身份认证系统失效，那么整个信息系统将会暴露于危险之中，其他的安全措施将无法发挥任何作用。

2. 身份认证的一般方法

身份认证的本质是被验证者客体具有一些特殊的信息，这些特殊信息是验证方主体认可的证据，同时又是其他任何第三方都无法伪造的。信息安全中的身份认证通常通过将这些证据信息与实体身份绑定来实现。

身份认证的一般方法有以下 3 种：

(1) 所知道的：根据用户所知道的信息(what you know)来证明用户的身份。一个典型的例子是口令认证。比如登录操作系统，通常要输入正确的口令。

(2) 所拥有的：根据用户所拥有的东西(what you have)来证明用户的身份。典型的例子有 ATM 银行卡或智能卡等。

(3) 本身的特征：直接根据用户独一无二的体态特征(who you are)来证明用户的身份，例如人的指纹、笔迹、DNA、视网膜及身体的特殊标志等。

4.2　基于口令的身份认证技术

口令认证俗称密码认证，它是计算机系统和网络系统中应用最早、最广泛的一种身份认证方式。

4.2.1　基本口令认证协议

证明者和验证者共享一对相同的口令(sk,vk)，其中 sk 由证明者存放，vk 由验证者存放。如表 4.1 所示，验证者通常使用数据库以明文的方式存放 vk。

表 4.1　验证者存放的明文口令

Alice	vk_A
Bob	vk_B
…	…

基本口令认证协议如图 4.1 所示，当证明者(用户)申请验证时，向验证者(服务器)发送密钥 sk；验证者收到后，比较 sk 与 vk 是否相等。如果相等，则说明验证成功；否则，验证失败。这是最简单、易于理解的一种口令认证协议。

图 4.1　基本口令协议

基本口令认证协议存在以下安全隐患：

(1) 弱口令问题。弱口令即容易被猜测到或被破解工具破解的口令。假如用户要设置 8 个字符的口令，每个字符有 256 种选择，那么该口令有 $256^8 = 2^{64}$ 种可能。看起来，口令的选择范围非常大，应该是足够安全的。但是，人们并不会真正地随机选择口令，反而通常选择易于记忆的字符串。比如用户会倾向选择 12345678 作为口令，而不愿意选择 4#002!a[8 这样难以记忆的字符串。因此，聪明的攻击者会选择建立用户的口令字典，用更少的代价达到攻击的目的。

弱口令通常与生日信息、连续字母、连续数字、常见短语等信息相关。当然空口令也属于弱口令。图 4.2 列出了 CSDN 网站泄露密码数量最多的前 15 个弱口令，最多依次为 123456789、12345678、11111111、dearbook、00000000 等。可以看出，大部分用户口令都是简单的数字组合和英文单词，比较容易被人猜测。

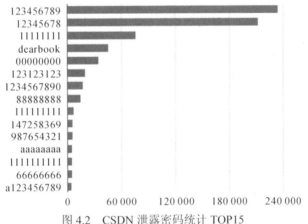

图 4.2　CSDN 泄露密码统计 TOP15

一些设备和软件经常有默认口令，也经常被视为弱口令。例如：家里购买的无线路由器、智能家电设备，在开始使用时需要登录账号联入网络，经常使用到的用户名和口令均为 admin；数据库管理软件 phpmyadmin 常见的用户名是 root，口令通常为 root、root123、123456 等。

　　(2) 口令以明文的方式存放于服务器之中，一旦被攻破，则所有口令将泄露。验证者保存着证明者的大量口令，一旦存储的服务器被攻破，证明者所有的口令都将丢失。这样的例子屡有发生。2011 年 12 月 21 日，国内程序员社区 CSDN 的安全系统遭到黑客攻击，CSDN 数据库中的 600 万用户的登录名及密码遭到泄露。2011 年 12 月 25 日，天涯社区 4000 万用户资料泄露，账号、密码都以明文保存，该资料已经在网上传播。天涯社区自称是 "全球最具影响力的中文论坛"，创办于 1999 年。2011 年，天涯社区注册用户已超过 6000 万，在国内社区型网站中颇具人气，而此次泄露的用户数量达到总数的 60%以上。2018 年 8 月 28 日，暗网上流传着一张 "黑客出售华住酒店集团客户数据" 的截图。截图显示，一位黑客在暗网中文论坛中以 8 个比特币或 520 门罗币(约 37 万元人民币)的标价出售华住旗下所有酒店的数据，共有 140 GB 约 5 亿条数据信息。这批数据涉及华住集团旗下的汉庭、美爵、禧玥、漫心、诺富特、美居、CitiGo、桔子、全季、星程、宜必思、怡莱、海友等酒店，数据截止到 2018 年 8 月 14 日。据截图显示，此次被兜售的酒店数据共有三部分：第一部分为华住官网注册资料，包括用户的姓名、手机号、邮箱、身份证号、登录密码等，数据规模共 52 GB，大约有 1.23 亿条记录；第二部分是酒店入住登记身份信息，包括住客的姓名、身份证号、家庭住址、生日、内部 ID 号，共 22 GB，约 1.3 亿人身份信息；第三部分是酒店开房记录，包括内部 ID 号、同房间关联号、姓名、卡号、手机号、邮箱、入住时间、离开时间、酒店 ID 号、房间号、消费金额等，共 66 GB，约 2.4 亿条记录。

　　(3) 口令必须秘密保存。证明者和验证者都不能将密钥泄露给其他人，否则他人即可登录通过验证者的验证，从而认证成功。同时，sk 在传输过程中易遭受窃听攻击，从而使得口令泄露。

4.2.2　改进的口令认证

1. 基于哈希函数的口令认证

　　针对弱口令和服务器明文存放的问题，一个理想的解决方案是使用单向函数。1974 年，Purdy 提出将密码以单向函数 $y = H(x)$ 转换后，以加密的方式将密码与账户资料存放在一个验证表中，如图 4.3 所示。

图 4.3　采用单向函数的口令协议

单向函数 $y = H(x)$ 满足以下条件：

(1) 给定 x，计算 y 是容易的；

(2) 给定 y，很难找到另外一个口令 x'，使得 $y = H(x')$。

最常使用的单向函数是散列函数，如 MD5、SHA1、SHA2、SHA3、SM3 等。

证明者存放着口令的单向函数值，如表 4.2 所示。当证明者(用户)申请验证时，向验证者(服务器)发送密钥 sk；验证者收到后，先计算 H(sk)，将该值与存储的 vk 相比较。如果相等，则说明验证成功；否则，验证失败。

表 4.2　验证者存放的口令单向计算值

Alice	$H(\text{sk}_A)$
Bob	$H(\text{sk}_B)$
...	...

这种认证方式解决了明文存放问题，但仍然存在离线字典攻击问题。

假设攻击者从服务器获得了某个口令的单向计算值 vk = H(pw)。针对该口令破解时，攻击者通常选择用户常用的口令，构建字典文件，逐个计算每个口令的单向值，并与要破译的口令单向值比对，直到找到相等值。例如，使用著名的口令破译软件 John the ripper，破解 7 位字母组成的口令，通过 360 000 000 次猜测，在几秒时间内就能恢复 23%的口令。2016 年，一个名为 CrackStation 的黑客小组释放了包含 15 亿个口令的字典文件。实验表明人类使用过的近一半口令出现在该文件中，几乎能破解 50%的口令。如果单向函数使用的是 SHA256，则现在的 GPU 只需要不到 1 分钟的时间就能破解口令。

假如攻击者拿到了全部口令的单向计算值文件 F，并要破解用户的口令，那么攻击者也会构建字典文件，对于每个字典中的口令 w，计算单向值 $H(w)$，接着判断它是否在文件 F 之内。2012 年，著名的社交网站 LinkedIn 遭遇黑客攻击，当时总计 167 370 910 个账户的数据副本被黑客组织 LeakedSource 所获得。LeakedSource 方面确认称，这些密码利用 SHA1 算法进行散列处理，在 72 小时内破解了 90%的密码内容。

2. 加盐口令认证

为了阻止字典攻击，一个可行的方法是加盐(Salt)。盐就是 n 比特的随机值。当计算口令的单向值时，不只是对口令进行单向操作，而是计算 $H(\text{pw}, S)$，这里 S 就是盐。这样就增加了单向值的不确定性，避免了口令的不随机性。

根据盐值是否公开，加盐认证可分为两种：公开加盐和秘密加盐。

公开加盐时，盐被存储于服务器端，而用户并没有意识到盐的使用。如表 4.3 所示，当用户注册口令时，服务器端随机选择一串随机值，并存储盐 S。

表 4.3　验证者存放的口令单向计算值

用户名	盐　值	验证值 vk
Alice	S_A	$H(\text{sk}_A, S_A)$
Bob	S_B	$H(\text{sk}_B, S_B)$
...		...

如图 4.4 所示，当证明者(用户)Alice 申请验证时，向验证者(服务器)发送密钥 sk_A；验证者收到后，先找到盐值 S_A，计算 $H(\text{sk}_A, S_A)$，将该值与存储的 vk 相比较。如果相等，则

说明验证成功；否则，验证失败。

图 4.4　采用单向函数的口令协议

为了增加破译的难度，可以选择一个短随机值，称之为秘密盐值(secret salt 或 pepper)。通常秘密盐值从较小的空间内选取，长度较短。它并不存储于服务器端的口令文件中，而只是在计算单向函数值时使用，如表 4.4 所示。

表 4.4　验证者存放的口令单向计算值

用户名	盐　值	验证值 vk
Alice	S_A	$H(sk_A, S_A, peper_A)$
Bob	S_B	$H(sk_B, S_B, peper_B)$
...		...

当证明者(用户)Alice 申请验证时，向验证者(服务器)发送密钥 sk_A；验证者收到后，先找到盐值 S_A，随机选择可能的盐值 $peper_i$，计算 $H(sk_A, S_A, peper_i)$，将该值与存储的 vk 相比较；如果不相等，则再选取新的值 $peper_j$，重新计算 $H(sk_A, S_A, peper_j)$；直到找到一个合适的值 $peper_k$，使得计算值与存储值相等，说明验证成功。如果将所有的 peper 都验证计算完毕，仍然找不到两者相等的值，则说明验证失败。

秘密盐值的典型选择空间是 $\{0, 1\}^{12}$，通常会将验证效率降为原来的 $1/4096(1/2^{12})$。一般来说，它将耗费 $1/100$ s，并不会被用户察觉，也没有增加用户所记忆口令的复杂度。但对于攻击者来说，它将攻击难度提高了 4096 倍。

另一个有效保护弱口令的方法是使用慢速哈希函数。通常对口令进行哈希计算时，使用的是 SHA256。它是一个快速哈希函数，使得攻击者进行字典攻击容易成功。试想，如果服务器使用慢速哈希函数，则其耗时将比 SHA256 增加 10 000 倍。这对于用户来说，增加了 $1/100$ s，基本上感觉不出来。但是对于攻击者来说，整个字典攻击的难度将增加 10 000 倍。

如何构造一个慢速哈希函数呢？一个简单的想法是输入哈希函数若干次，直到其效率变得很低。可以定义 $H^{(d)}(x) := H(H(H(\cdots(x)\cdots)))$，即输入 x 进行哈希 d 次后的结果。如果 $d = 10\,000$，那么 $H^{(d)}(x)$ 的耗时将比 $H(x)$ 增加 10 000 倍。但是它在现实中并不实用，因为 $H^{(d)}(x)$ 将比 $H(x)$ 更易被破解。

一个广泛使用的构造慢速哈希函数的方法是 PBKDF2。PBKDF2 是 RSA 实验室公钥密码标准(PKCS)系列的一个密钥导出函数。该标准推荐盐的长度至少为 64 位。如果使用 PBKDF2，并且有人获得你的口令数据并试图运行破解工具，那么他们只能每秒执行数万次猜测，而不能每秒执行数百万次或数十亿次猜测。

$PBKDF2_F(pw, salt, d)$ 可定义为一个 (P, χ, χ) 上的函数，其中 P 表示口令的选取空间，$\chi := \{0, 1\}^n$。其计算过程如算法 4.1 所示，其中 pw 表示口令，salt 表示盐，F 表示伪随机函数 PRF，d 表示迭代次数。伪随机函数通常选择哈希函数或加密函数充当。

算法 4.1　PBKDF2 算法

1. $x_0 \leftarrow F(\text{pw}, \text{salt})$
2. for　$i = 1, 2, \cdots, d-1$
　　$x_i \leftarrow F(\text{pw}, x_{i-1})$
3. Output: $y \leftarrow x_0 \oplus x_1 \oplus \cdots \oplus x_{d-1} \in \chi$

可以看出，PBKDF2 将伪随机函数与一个盐值一起应用到输入口令中，并多次重复该过程以产生派生密钥，然后在随后的操作中将其用作密码。增加的计算工作使得密码破解变得更加困难，并且被称为密钥拉伸。添加到密码中的盐减少了使用预计算哈希(彩虹表)进行攻击的能力，并且意味着攻击者对多个密码必须单独测试，而不是同时进行。

在实际应用中，PBKDF2 经常使用 HMAC-SHA256 作为伪随机函数 PRF。迭代次数 d 根据具体应用的需要或者硬件速度来决定。例如：苹果手机操作系统 iOS10 的密钥备份使用了 PBKDF2 函数，其 d 设置为 1 千万；Windows 10 操作系统中，数据保护 API(DPAPI) 使用 HMAC-SHA512 作为伪随机函数，其 d 设置为 8000。随着硬件速度的增加，PBKDF2 中的参数规模将随着时间的推移而增加。

4.2.3　一次性口令认证

以上的口令认证易遭受重放攻击。重放攻击(Replay Attacks)也称为新鲜攻击，即攻击者通过重放消息或消息片段达到对目标主机进行欺骗的行为。

重放攻击可以由发送者发起，也可以由拦截并重发该数据的敌方进行。攻击者利用网络监听或者其他方式盗取认证凭据，之后再把它重新发给认证服务器。重放攻击在任何网络通信过程中都可能发生，是计算机世界黑客常用的攻击方式之一。

假设 A 向 B 认证自己，B 要求 A 提供账户和密码作为身份信息。但是，C 截获了两人的通信内容，并记下账户和密码。在 A 和 B 完成通信后，C 联系了 B，假装自己是 A，当 B 要求 C 提供账户和密码时，C 将 A 的账户和密码发出，B 就可以认为和自己通信的人是 A。实践中使用一次性口令的方式防范重放攻击，一次性口令协议一般基于哈希函数或时间因素而设计。

1. 基于哈希函数的一次性口令认证(HOTP)

基于哈希函数的一次性口令认证是安全性较弱的一次性口令认证协议，其口令生成可表示为 $F(k, i)$，其中 F 是定义在 (K, Z_N) 上的伪随机函数，N 为大整数，通常取值为 2^{128}。F 用于每次成功认证后更新口令。

基于哈希函数的一次性口令认证可以描述为：

(1) 准备阶段：系统选取随机数 $k \leftarrow K$，输出 sk: $= (k, 0)$ 和 vk: $= (k, 0)$。这里 sk 是证明者的秘密口令，vk 是验证者的秘密口令，这两个值不得被第三方知道。

(2) 认证阶段：证明者拥有秘密口令 sk $= (k, i)$，计算 r: $= F(k, i)$，将之发送给验证者；接着令 sk $\leftarrow (k, i+1)$。

(3) 证明者拥有秘密口令 vk $= (k, i)$，当收到来自证明者的 r 后，验证 r 与自己计算的 $F'(k, i)$ 是否相等。如果相等，则表明认证通过，同时更新 vk $\leftarrow (k, i+1)$；如果不相等，则拒绝该认证。

这里 sk 和 vk 必须保持私密性，N 的选择应该足够大，确保 i 的取值不能包括 N。基于哈希函数的一次性口令认证通常选择 HMAC-SHA256 作为伪随机函数，其输出被压缩为固定的长度。

基于哈希函数的一次性口令认证可运用于汽车智能钥匙系统。伪随机函数用到的秘密 k 分别存储于车钥匙和汽车上。每次用户按下车钥匙按键时，迭代次数 i 自动增加 1，将自动打包运算的一次性口令及迭代次数 i 一起发送给汽车。汽车本身有自己的迭代次数，可以验证收到的数据，以判断车钥匙是否合法。这里，汽车必须确保收到的迭代次数 i 大于自身保存的迭代值。

基于哈希函数的一次性口令认证还可用于用户远程登录服务器。用户手持一个安全令牌，如网易将军令(见图 4.5)。该令牌有一个 6 位的一次性口令，通常要求输入到网页上，用于与服务器之间进行验证。用户下一次认证时，按下令牌上的按钮，迭代值 i 将自动增加 1，并自动更新 6 位一次性口令。

图 4.5　网易将军令

基于哈希函数的一次性口令认证应用于用户远程登录服务器时有两个问题。一是用户和服务器必须同步维持迭代次数。每次认证中，如果不要求用户都发送迭代次数，那么该迭代次数必须保存在用户和服务器上，并且能够同步。二是一次性口令在有效期内存在重放攻击的威胁。假如该一次性口令的有效期是一个月，并且用户认证不频繁，攻击者有可能通过窃听等手段获得该口令，那么在一个月内即可登录服务器，直到用户下次登录为止。

2. 基于时间的一次性口令认证

基于时间的一次性口令认证(Time-based One-time Password，TOTP)与基于哈希函数的一次性口令认证思路类似，区别在于迭代次数 i 每隔一小段时间更新一次。这意味着每个一次性口令只在短期内有效，不管有没有使用过，都自动更新。如图 4.6 所示，RSA 动态令牌无按钮，每隔 30 s 更新一次口令。

图 4.6　基于时间的一次性口令认证应用

当用户向远程服务器认证时，服务器使用当前时间来决定迭代次数 i，然后验证 $r := F(k, i)$ 的正确性。为了避免时钟延迟的影响，服务器会接受多个口令作为合法的验证信息，如 $\{F(k, (i-c)), \cdots, F(k, (i+c))\}$，其中 c 取值比较小，如 $c = 5$。

如图 4.6 所示，RSA 动态令牌是使用基于时间的一次性口令认证的硬件设备。它在出厂阶段加装了秘密的伪随机函数 PRF，并且根据它计算出一个 6 位的一次性口令。服务端则拥有相同的伪随机函数 PRF 值。两者都可以根据时间不断产生新的一次性口令。该令牌内部配有电池，可支持设备使用几年。一旦电池耗尽，RSA 动态令牌将不能再使用。

4.2.4　S/Key 认证系统

基于时间的一次性口令认证系统需要验证的密钥 vk 私密地存储于服务器端。如果攻击者偷取了 vk，那么整个系统的安全性将不复存在。S/Key 认证系统解决了该问题。

存在函数 $H: X \to X$，对于整数 $j \in \mathbf{Z}^{>0}$，$H^{(j)}(x)$ 是函数 H 的 j 次迭代，即 $H^{(j)}(x) := H(H(H(\cdots(x)\cdots)))$ 表示函数 H 重复运算了 j 次。令 $H^{(0)}(x) := x$，则 S/Key 认证系统描述如下：

(1) 准备阶段：系统选取随机数 $k \xleftarrow{R} X$，输出 $\mathrm{sk} := (k, n)$ 和 $\mathrm{vk} := H^{(n+1)}(k)$。这里 sk 是证明者的秘密口令，vk 是验证者的秘密口令，也就是函数 H 对于输入 k 迭代了 $n+1$ 次。

(2) 认证阶段：证明者拥有秘密口令 $\mathrm{sk} := (k, n)$，计算 $t := H^{(i)}(k)$，将之发送给验证者，接着令 $\mathrm{sk} \leftarrow (k, i-1)$；验证者拥有秘密口令 $\mathrm{vk} := H^{(i+1)}(k)$，当收到来自证明者的 $t := H^{(i)}(k)$ 后，计算 $H(t)$ 与自己拥有的 $\mathrm{vk} := H^{(i+1)}(k)$ 是否相等，如果相等，则表明认证通过，同时更新 $\mathrm{vk} \leftarrow t$，否则将拒绝该认证。在第一次认证时，证明者将口令 $H^{(n)}(k)$ 发送给验证者；第二次认证时，证明者发送的是 $H^{(n-1)}(k)$；一直不断地使用，每个口令只用一次，直到 n 次后，所有口令用完。这个时候，需要更新 $(\mathrm{vk}, \mathrm{sk})$。在实际应用中，$n$ 的取值比较大，如 $n = 10^6$。S/Key 认证示意图如图 4.7 所示。

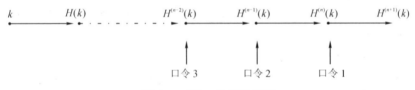

图 4.7　S/Key 认证示意图

在每次认证过程中，证明者 P 必须向验证者 V 发送 $t \in X$。由于 H 是单向函数，那么 X 必须足够大。在实际中，t 至少为 128 位，以确保 H 的安全性。128 位的二进制数转化为字符需要 22 位，这也使得用户难以记忆口令 t，因此不可能在使用 S/Key 系统时输入口令。

4.2.5　挑战应答认证

现实中，攻击者能力比较强大，可以通过架设钓鱼网站等手段冒充验证者，以等待证明者访问并主动发送认证的口令。这时攻击者即可与证明者多次交互，获取证明者的口令 sk。一旦拿到攻击者的合法口令，它就可以和真正的验证者 V 展开认证，并获取信任。前面所介绍的所有认证方式均不能抵挡上述攻击。

1. 基于 MAC 函数的挑战应答

令 $\tau = (S_{mac}, V_{mac})$ 是定义在 (K, M, T) 上的 MAC 函数，该挑战应答协议描述如下：

(1) 准备阶段：系统选取随机数 $k \xleftarrow{R} K$，输出 $sk := k$ 和 $vk := k$。这里 sk 是证明者的秘密口令，vk 是验证者的秘密口令，两者都需要保密。

(2) 认证阶段：验证者 V 拥有秘密口令 $vk := k$，选择一个随机数 $m \xleftarrow{R} M$，发送 m 给证明者 P；证明者拥有秘密口令 $sk := k$，待收到 m 后，计算 $t \xleftarrow{R} S_{mac}(k, m)$，并将 t 发送给 V。验证者计算 $V_{mac}(k, m, t)$。如果相等，则表明认证通过，同时更新 $vk \leftarrow t$；如果不相等，则拒绝该认证。

挑战应答认证的一个典型应用是智能卡 CRYPTOCard，如图 4.8 所示。当用户登录一个服务器时，服务器给该用户发送一个 8 位的挑战数，显示在登录页面。用户把这个挑战数输入智能卡，从而得到计算出的应答数。接着用户把应答数输入登录页面，那么服务器在收到该数后，就能判断用户是否合法了。这里的 MAC 函数通常是由 3DES 或 AES 构造的伪随机函数。

图 4.8　智能卡 CRYPTOCard 示意图

该挑战应答协议因使用了 MAC 函数，使得验证者的 vk 必须私密保存。但它也有自己的优势，即应答消息可以非常短。用户需要通过按键输入挑战数和应答数，如果输入过长，对用户来说是个沉重的负担。

2. 基于数字签名的挑战应答

令 $\tau = (G, S_{sig}, V_{sig})$ 是定义在 (M, T) 上的数字签名函数，该挑战应答协议描述如下：

(1) 准备阶段：系统生成数字签名的私钥 sk 和公钥 vk。这里 sk 由证明者秘密保存，vk 可以被公开。

(2) 认证阶段：验证者 V 选择一个随机数 $m \xleftarrow{R} M$，发送 m 给证明者 P；证明者拥有秘密口令 $sk := k$，待收到 m 后，计算 $t \xleftarrow{R} S_{sig}(k, m)$，并将 t 发送给 V。验证者计算 $V_{sig}(k, t, m)$，如果签名验证成功，则表明认证通过，否则拒绝该认证。

该挑战应答协议使用了数字签名函数，验证者的 vk 是数字签名的公钥，因此不需要私密保存。

4.3　基于智能卡的身份认证技术

智能卡是一种内置集成电路的芯片，具备存储功能和信息处理功能。智能卡能够安全存储口令、密钥、数字证书、生物特征等秘密信息，而且部分智能卡拥有处理器(CPU)、内存(RAM)，能够内置加密算法相关程序，完成加解密、签名、验签等操作，是高安全性身份认证技术的理想选择。根据应用类型，智能卡可分为接触式智能卡、非接触式智能卡和双界面智能卡。接触式智能卡是最早的应用形式，也是目前使用最多的智能卡。接触式智能卡的芯片封装在 PVC 卡片中，芯片外露，需与卡槽等读卡设备接触才可读写数据，如学校食堂用的饭卡等。非接触式智能卡的芯片内装有一根射频天线，通过天线在卡片和读卡器之间通信，如门禁卡、公交卡等。双界面智能卡是将接触式和非接触式智能卡合二为一的两用智能卡，典型的代表是银行卡，它有裸露的类似 SIM 手机卡的铜片和闪付标识，属于磁条卡、非接触式 IC 卡和接触式 IC 卡的混合卡。

基于智能卡的身份认证技术采用所拥有(what you have)的方式进行认证，将智能卡内置的信息作为独一无二的证据，起到了通行令牌的作用，具有保密程度高、可靠性强、携带方便等特点。

基于智能卡的身份认证技术主要有两种认证方式，一是基于挑战/应答的认证方式，二是基于数字证书的认证方式。现今智能卡的主流形式为 IC 卡、USB-KEY 等。

IC 卡是一种内置了集成电路芯片的卡片，芯片中存储了身份认证所需的用户身份信息。IC 卡由专门的厂商制造，是不可复制的硬件设备。用户在需要登录系统时将 IC 卡插入读卡器中读取其中存储的用户身份信息来检测用户身份是否合法。

USB-KEY 是一种基于 USB 接口的智能卡，集成了智能芯片和读/写控制器，并内置多种加密算法供用户在身份认证过程中进行选择。USB-KEY 可以对用户的身份信息进行加解密、签名或杂凑运算，减小客户端的运算量，并且由于其运算都在 USB-KEY 中进行，可有效地减小用户秘密信息的泄露。USB-KEY 使用双因素认证，当使用 USB-KEY 时，需要用户首先输入正确的 PIN 码后，才能进行登录系统等下一步操作。如果攻击者仅窃取用户的 USB-KEY 而不知道用户的 PIN 码，则是无法进行操作的；同样，如果用户的 PIN 码泄露，但 USB-KEY 仍在用户手中，则也不会对用户的信息安全造成威胁。USB-KEY 可以存储用户的数字证书、用户密钥等秘密信息，并只能通过指定的接口来实现数据的读写，从而大大降低用户秘密被窃取的可能性。

智能卡的优点是具有一定数据处理和存储能力，目前也被广泛应用于身份认证领域，但其仍然存在以下安全威胁：智能卡易被丢失，一旦智能卡丢失或被窃取，用户同样面临口令猜测攻击；智能卡存储的数据容易遭受旁路攻击或者能量攻击，并不是绝对安全的；智能卡存储和计算能力都有限，并不适合复杂度较高的算法。

4.4　基于生物特征的身份认证技术

基于生物特征的身份认证技术是指通过唯一的可测量的生物特征作为识别身份依据的身份认证技术。生物特征因其是人类特有的、唯一的、稳定的且不可复制的特性，成为一种相当安全、可靠和有效的身份认证方式。同时，生物特征具有不用记忆、不易被伪造或被窃取、随身"携带"及随时可用等优点，相对于口令认证和智能卡认证，它更加方便。

生物特征分为行为特征和身体特征，其中行为特征包括签名、语音、行走步态等，身体特征包括指纹、掌型、虹膜、视网膜、人体气味、脸型、血管纹理和 DNA 等。通常又将使用这些生物特征的识别技术分为次等生物识别技术、高等生物识别技术和深奥生物识别技术。次等生物识别技术包括掌型识别、脸型识别、签名识别和语音识别；高等生物识别技术包括指纹识别、虹膜识别和视网膜识别；深奥生物识别技术包括血管纹理识别、人体气味识别和 DNA 识别。其中指纹识别是现阶段最常使用的基于生物特征的身份识别技术。

尽管生物特征具有很多优点，其仍然存在以下缺陷：

(1) 生物特征具有模糊性。所谓模糊性，是指即使同一个人提取同一种生物特征，每次提取的生物特征也可能不完全相同。

(2) 生物特征不可再生且涉及用户隐私。生物特征具有唯一性，因为一旦原始生物信息丢失后就不能再生。同时生物特征涉及用户身体状况等隐私信息，原始生物特征的泄露可能导致用户健康隐私信息泄露，比如瞳孔扩大、虹膜萎缩可能是糖尿病的症状。

常见的生物特征认证技术有以下 3 种。

1. 指纹识别技术

指纹识别技术是现在用得最多的身份鉴别方式。随着技术的发展，在计算机、手机等电子设备上都具有了指纹识别采集器。指纹是指人的手指末端的纹路。人的指纹特征各有差别，指纹识别就是根据指纹的细节特征的不同来进行识别。指纹识别技术中，在两枚指纹中只要判断有相同特征点一致(根据不同的指纹识别算法以及使用的场合确定)，即可认为是相同指纹。指纹识别技术现在已经广泛应用于门禁、企业考勤等身份识别领域。

2. 虹膜识别技术

人眼的虹膜位于巩膜和瞳孔之间，和指纹一样，也包含了千差万别的纹理信息。虹膜特征也具有各异的形状、生理图案、外观颜色等特征，且也具有唯一、稳定及不可更改的优势，可用作身份鉴别。该技术虽起步较晚但应用越来越多。采用虹膜识别技术识别率较高，也比较方便，还能克服指纹磨损的缺点，并且能克服指纹识别存在的一些指纹特征被窃取或者采用指模冒充的问题。

3. 语音识别技术

语音识别是通过分析语音语调来进行识别，人的语音特征也是唯一的，例如语音频率也是比较普遍的生物特征识别的方法，特别适用于远程认证场景。但当前主要采用频谱分析等方法，识别率还不高，只能作为辅助的认证手段。

思 考 题

1. 什么是身份认证? 实现身份认证的一般方法有哪些?
2. 如何利用安全的哈希函数实现基于口令的身份认证?
3. 简要描述 S/Key 认证系统的实现过程。

第5章 公钥密码基础设施

公钥密码体制是目前应用最广泛的一种加密体制，在这一体制中，加密密钥与解密密钥不同，发送方利用接收方的公钥发送加密信息，接收方再用自己的私钥进行解密。公钥加密体制和数字签名技术既能保证信息的机密性，又能保证信息的完整性和不可抵赖性。公钥密码体制的应用需要一个可靠的平台来完成用户管理、密钥分发、仲裁和认证等一系列工作。公钥密码基础设施(Public Key Infrastructure，PKI)正是一个这样的平台。

5.1 PKI 概 述

5.1.1 PKI 的基本概念

1. PKI 的历史

PKI 是 20 世纪 80 年代由美国学者提出的概念，是信息安全基础设施的一个重要组成部分，数字证书认证中心(Certificate Authority，CA)、审核注册中心(Registration Authority，RA)、密钥管理中心(Key Manager，KM)等是组成 PKI 的关键组件。

PKI 是基于公钥密码理论和技术建立起来的安全体系，是提供信息安全服务的具有普适性的安全基础设施。该体系在统一的安全认证标准和规范基础上提供在线身份认证，是 CA 认证、数字证书、数字签名以及相关安全应用组件模块的集合。作为一种技术体系，PKI 从技术上解决网上身份认证、信息完整性和抗抵赖等安全问题，为网络应用提供可靠的安全保障。但 PKI 的建设除涉及技术层面的问题外，还涉及电子政务、电子商务以及国家信息化的整体发展战略等诸多问题。因此可以说，PKI 是国家信息化的基础设施，是相关技术、应用、组织、规范和法律法规的总和，是一个宏观体系。

近十年来，各国投入巨资实施 PKI 的建设和研究，PKI 的理论研究和应用取得了巨大的进展。美国为推进 PKI 在联邦政府范围内的应用，在 1996 年就成立了联邦 PKI 指导委员会，1999 年又成立了 PKI 论坛。2001 年，为推动亚洲地区电子认证的 PKI 标准化，中国、印度等国家牵头成立了"亚洲 PKI 论坛"，随后我国成立了"中国 PKI 论坛"。目前，PKI 的开发与建设已经成为我国信息化战略的重要组成部分。

2. PKI 技术的信任服务

PKI 是以公开密钥技术为基础，以数据的机密性、完整性和不可抵赖性为安全目的而构建的认证、授权、加密等硬件、软件的综合设施。

PKI 安全平台能够提供智能化的信任与有效授权服务。其中，信任服务主要是解决在茫茫网海中如何确认"你是你、我是我、他是他"的问题，PKI 是在网络上建立信任体系行之有效的技术。授权服务主要是解决在网络中"每个实体能干什么"的问题，通过 PKI 建立授权管理基础设施(Privilege Management Infrastructure, PMI)是在网络上建立有效授权的最佳选择。

目前，完善并正确实施的 PKI 系统是全面解决所有网络交易和通信安全问题的最佳途径。根据美国国家标准技术局的描述，在网络通信和网络交易中，特别是在电子政务和电子商务业务中，最需要的安全保证包括 4 个方面：身份标识和认证、保密或隐私、数据完整性和不可否认性。PKI 可以完全提供以上 4 个方面的保障，它所提供的服务主要包括以下 3 个方面。

1) 认证

在现实生活中，认证采用的方式通常是两个人事前进行协商，确定一个秘密，然后依据这个秘密进行相互认证。随着网络的扩大和用户的增加，事前协商秘密会变得非常复杂，特别是在电子政务中，经常会有新聘用的人员加入和老员工退休的情况。另外，在大规模的网络中，两两进行协商几乎是不可能的。通过一个密钥管理中心来协调也会有很大的困难，而且当网络规模巨大时，密钥管理中心甚至有可能成为网络通信的瓶颈。

PKI 通过证书进行认证，用公钥算法保证了认证的正确性。在这里，证书是一个可信的第三方证明。通过它，通信双方可以安全地进行相互认证，而不用担心对方是假冒的。

2) 支持密钥管理

通过加密证书，通信双方可以协商一个秘密，而这个秘密可以作为通信加密的密钥。在需要通信时，可以在认证的基础上协商一个密钥。在大规模的网络中，特别是在电子政务中，密钥恢复也是密钥管理的一个重要方面，政府不希望加密系统被犯罪分子窃取使用。当政府的个别职员背叛或利用加密系统进行反政府活动时，政府可以通过法定的手续解密其通信内容，保护政府的合法权益。PKI 能够通过良好的密钥恢复能力，提供可信的、可管理的密钥恢复机制。PKI 的普及应用能够保证在全社会范围内提供全面的密钥恢复与管理能力，保证网上活动的健康有序发展。

3) 完整性与不可否认性

完整性与不可否认性是 PKI 提供的最基本的服务。一般来说，完整性也可以通过双方协商一个秘密来解决，但一方有意抵赖时，这种完整性就无法接受第三方的仲裁。而 PKI 提供的完整性是可以通过第三方仲裁的，并且该完整性是通信双方都不可否认的。例如，小张发送一个合约给老李，老李可以要求小张进行数字签名，签名后的合约不仅老李可以验证其完整性，其他人也可以验证该合约确实是小张签发的。而所有的人，包括老李，都没有模仿小张签署这个合约的能力。"不可否认性"就是通过这样的 PKI 数字签名机制来提供服务的。当法律许可时，该"不可否认性"可以作为法律依据。正确使用 PKI 时，系统的安全性应该高于目前使用的纸面图章系统。完善的 PKI 系统通过非对称算法以及安全的应用设备，基本上解决了网络社会中的绝大部分安全问题(可用性除外)。

5.1.2　PKI 的作用与意义

1. PKI 的应用

1) 虚拟专用网络(VPN)

VPN 利用公用网络架设专用网络，为远程访问提供安全加密保护。通常，企业在架设 VPN 时都会利用防火墙和访问控制技术来提高安全性，这只解决了一部分问题，而一个现代的 VPN 所需要的安全保障包括认证性、机密性、完整性、不可否认性和易用性等，需要采用更完善的安全技术。

在实现上，VPN 的基本思想是采用秘密通信通道，用加密的方法来实现的，其具体协议一般有 3 种：PPTP(Point-to-Point Tunneling Protocol)、L2TP(Layer 2 Tunneling Protocol) 和 IPSec(Internet Protocol Security)。其中，PPTP 是点对点的协议，以拨号使用的 PPP 协议为基础，采用 PAP 或 CHAP 之类的加密算法，或者使用 Microsoft 的点对点加密算法；而 L2TP 是 L2FP(Layer 2 Forwarding Protocol)和 PPTP 的结合，依赖 PPP 协议建立拨号连接，加密的方法也类似于 PPTP，但这是一个两层的协议，可以支持非 IP 协议数据报的传输，如 ATM 或 X.25，因此也可以说 L2TP 是 PPTP 在实际应用环境中的推广。无论是 PPTP 还是 L2TP，它们对现代安全需求的支持都不够完善，应用范围也不够广泛。事实上，缺乏 PKI 技术所支持的数字证书，VPN 也就缺少了最重要的安全特性。简单地说，数字证书可以被认为是用户的护照，使得用户有权使用 VPN，证书还为用户的活动提供了审计机制。缺乏数字证书的 VPN 对认证、完整性和不可否认性的支持相对而言要差很多。基于 PKI 技术的 IPSec 协议已经成为架设 VPN 的基础，它可以为路由器之间、防火墙之间或者路由器和防火墙之间提供经过加密和认证的通信，其安全性比其他协议都完善得多。由于 IPSec 是 IP 层上的协议，因此很容易在全世界范围内形成一种规范，具有非常好的通用性，而且 IPSec 本身就支持 IPv6 协议。该协议会在 VPN 中扮演越来越重要的角色。

2) 安全电子邮件

电子邮件凭借其易用、低成本和高效，已经成为现代商业中的一种标准信息交换工具。随着 Internet 的发展，商业机构或政府机构都开始用电子邮件交换一些有商业价值的信息。但电子邮件存在一些安全方面的问题，包括：

(1) 消息和附件可以在不为通信双方所知的情况下被读取、篡改或截获。

(2) 没有办法可以确定一封电子邮件是否真的来自某人，也就是说，发信者的身份可能被人伪造。

前一个问题是安全，后一个问题是信任，正是由于安全和信任的缺乏使得公司、机构一般都不用电子邮件交换关键的商务信息。其实，电子邮件的安全需求也是机密性、完整性、认证性和不可否认性，而这些都可以利用 PKI 技术来获得。具体来说，利用数字证书和私钥，用户可以对他所发的邮件进行数字签名，这样就可以获得认证性、完整性和不可否认性。如果证书是由其所属公司或某一可信第三方颁发的，收到邮件的人就可以信任该邮件的来源；另一方面，在政策和法律允许的情况下，用加密的方法就可以保障信息的机密性。

目前发展很快的安全电子邮件协议是 S/MIME (The Secure Multipurpose Internet Mail Extension)。该协议允许发送加密和有签名的邮件，其实现依赖于 PKI 技术。

3) Web 安全

浏览 Web 页面是人们最常用的访问 Internet 的方式之一。一般的浏览也许并不会让人产生不妥的感觉，可是当你填写表单数据时，你有没有意识到你的私人敏感信息可能被一些居心叵测的人截获，而如果你或你的公司要通过 Web 进行一些商业交易，你又如何保证交易的安全呢？

一般来讲，Web 上的交易可能带来的安全问题有：

(1) 诈骗：网络上有许多欺骗用户的虚假网站，被形象地称为"钓鱼网站"。这些网站的页面与真实网站页面基本上一致，它们通常伪装成银行和电子商务网站，骗取用户填写个人资料和密码信息，获取用户的大量隐私信息，甚至造成财产损失。

(2) 泄露：当交易的信息在网上"赤裸裸"地传播时，窃听者可以很容易截取并提取其中的敏感信息。

(3) 篡改：截获了信息的人还可以替换其中某些域的值，如姓名、信用卡号甚至金额，以达到自己的攻击目的。

(4) 攻击：这里主要是指对 Web 服务器的攻击，例如著名的分布式拒绝服务(Distributed Denial Of Service，DDOS)攻击。攻击的发起者可能是心怀恶意的个人，也可能是同行的竞争者。

为了透明地解决 Web 的安全问题，最合适的入手点是浏览器。现在，流行的各种浏览器如 IE 浏览器、Chrome 浏览器、Firefox 浏览器和 Safari 浏览器等都支持安全套接层协议(Secure Sockets Layer，SSL)。SSL 是一个在传输层和应用层之间的安全通信层，在两个实体进行通信之前，先要建立 SSL 连接，以此实现对应用层透明的安全通信。利用 PKI 技术，服务器端和浏览器端分别由可信的第三方颁发数字证书，这样 SSL 协议使得双方可以通过数字证书确认对方的身份，在浏览器和服务器之间进行加密通信。需要注意的是，SSL 协议本身并不能提供对不可否认性的支持，这部分工作必须由数字证书完成。

4) 电子商务的应用

PKI 技术是解决电子商务安全问题的关键。综合 PKI 的各种应用，可以建立一个可信任和足够安全的网络。在这里，存在可信的认证中心，典型的如银行、政府或其他可信第三方。在通信中，利用数字证书可消除匿名带来的风险，利用加密技术可消除开放网络带来的风险，这样，商业交易就可以安全可靠地在网上进行。

2. PKI 技术的意义

(1) 通过 PKI 可以构建一个可管、可控、安全的互联网络。

众所周知，传统的互联网是一个无中心的、不可控的、"尽力而为"(Best-effort)的网络。但是，互联网由于其具有统一的网络层和传输层协议，适合全球互联，且线路利用率高，具有成本低、安装使用方便等优点，从它诞生的那一天起，互联网就显示出了强大的生命力，很快遍布全球。

在传统的互联网中，为了解决安全接入的问题，人们采取了"口令"等措施，但很容易被猜测攻击。近年来，伴随宽带互联网技术和大规模集成电路技术的飞速发展，公钥密码技术有了其用武之地，加密、解密的开销已不再是其应用的障碍。因此，国际电信联盟(ITU)、国际标准化组织(ISO)、国际电工委员会(IEC)、互联网任务工作组(IETF)等密切合作，制定了一系列有关 PKI 的技术标准，通过认证机制，建立证书服务系统，通过证书绑定每个网络实体的公钥，使网络的每个实体均可识别，从而有效地解决了网络上"你是谁"的问题，把宽带互联网在一定的安全域内变成了一个可控、可管、安全的网络。

(2) 通过 PKI 可以在互联网中构建一个完整的授权服务体系。

PKI 通过对数字证书进行扩展，在数字证书的基础上，给特定的网络实体签发属性证书，用以表征实体的角色和属性的权力，从而解决了在大规模的网络应用中"你能干什么"的授权问题。这一特点对实施电子政务十分有利。因为从一定意义上讲，电子政务就是把现实的政务通过网络模拟来实现。在传统的局域网中，虽然也可以按照不同的级别设置访问权限，但权限最高的往往不是这个部门的主要领导，而是网络的系统管理员，他什么都能看，什么都能改，这和政务现实是相左的，而利用 PKI 可以方便地构建授权服务系统，在需要保守秘密时，可以利用私钥的唯一性，保证有权限的人才能做某件事，其他人包括网络系统管理员也不能做未经授权的事；在需要大家都知道时，有关的人都能用公钥去验证某项批示是否确实出自某位领导之手，从而保证该批示真实可靠，确切无误。

(3) 通过 PKI 可以建设一个普适性好、安全性高的统一平台。

PKI 遵循了一套完整的国际技术标准，可以对物理层、网络层和应用层进行系统的安全结构设计，构建统一的安全域。同时，它采用了基于扩展 XML 标准的元素级细粒度安全机制，换言之，就是可以在元素级实现签名和加密等功能，而不像传统的"门卫式"安全系统，只要进了门，就可以一览无余。而且，底层的安全中间件在保证为上层用户提供丰富的安全操作接口功能的同时，又能屏蔽掉安全机制中的一些具体的实现细节，因此对防止非法用户的恶意攻击十分有利。此外，PKI 通过 Java 等技术提供了可跨平台移植的应用系统代码，通过 XML 等技术提供了可跨平台交换和移植的业务数据。在这样的一个 PKI 平台上，能够建立一站式服务的软件中间平台，十分有利于多种应用系统的整合，从而大大地提高平台的普适性、安全性和可移植性。

5.1.3　PKI 的发展

随着 PKI 技术应用的不断深入，PKI 技术本身也在不断发展与变化，近些年比较重要的变化有以下 3 个方面。

1. 属性证书

X.509 V4 增加了属性证书的概念。提起属性证书就不能不提起 PMI，PMI 授权技术的核心思想是以资源管理为核心，将对资源的访问控制权统一交由授权机构进行管理。

在 PKI 信任技术中，授权证书非常适合于细粒度的、基于角色的访问控制领域。X.509 数字证书原始的含义非常简单，即为某个人的身份提供不可更改的证据。但是，人们很快发现，在许多应用领域，比如电子政务、电子商务应用中，需要的信息远不止身份信息，尤其是当交易的双方在以前彼此没有任何关系的时候，关于一个人的权限或者属性信息远比其身份信息更为重要。为了使附加信息能够保存在证书中，在 X.509 V4 中引入了数字证书扩展项，这种证书扩展项可以保存任何类型的附加数据。随后，各个证书系统纷纷引入自己的专有证书扩展项，以满足各自应用的需求。

2. 漫游证书

证书应用的普及自然产生了证书的便携性需求，而到目前，能提供证书和其对应私钥移动性的实际解决方案只有两种。第一种是智能卡技术。在该技术中，公钥/私钥对存放在卡上，但这种方法存在缺陷，如易丢失和损坏，并且依赖读卡器(虽然带 USB 接口的智能钥匙不依赖读卡器，但成本太高)。第二种是将证书和私钥复制到一张 U 盘备用，但 U 盘不仅容易丢失和损坏，而且安全性也较差。

一个新的解决方案就是使用漫游证书，它通过第三方软件提供，只需在任何系统中正确地配置，该软件(或者插件)就可以允许用户访问自己的公钥/私钥对。它的基本原理是：将用户的证书和私钥放在一个安全的服务器上，当用户登录到一个本地系统时，从服务器安全地检索出公钥/私钥对，并将其放在本地系统的内存中以备后用。当用户完成工作并从本地系统注销后，该软件会自动删除存放在本地系统中的用户证书和私钥。

3. 无线 PKI(WPKI)

随着无线通信技术的广泛应用，无线通信领域的安全问题也引起了广泛的重视。将 PKI 技术直接应用于无线通信领域存在两方面的问题：其一是无线终端的资源(运算能力、存储能力、电源等)有限；其二是通信模式不同。为适应这些需求，人们引入了 WPKI(Wireless Public Key Infrastructure)。WPKI 是将 PKI 引入到无线网络环境中所形成的一套遵循既定标准的密钥及证书管理体系，内容涉及 WPKI 的运作方式、WPKI 如何与现行的 PKI 服务相结合等。

WPKI 在证书格式编码方面尽量减少常规证书所需的存储量，采用的机制有两种：其一是重新定义一种证书格式，以此减小 X.509 证书尺寸；其二是采用椭圆曲线密码算法(Elliptic Curves Cryptography，ECC)，以减小证书的尺寸，因为 ECC 密码算法的密钥长度比其他算法的密钥要短得多。WPKI 也在 IETF PKIX 证书中限制了数据区的尺寸。由于 WPKI 证书是 PKIX 证书的一个分支，所以还要考虑其与标准 PKI 之间的互通性。

5.2 PKI 的组成与功能

5.2.1 PKI 的体系结构和组成模块

PKI 是一个很广泛的概念，包括硬件、软件、人员、策略等要素和创建、管理、存储、分发及撤销等基于公钥密码的过程的集合。在实际应用中，PKI 主要包括 PKI 策略、认证机构(CA)、注册机构(RA)、证书发布系统和 PKI 应用系统等。PKI 的运行依赖于软硬件系统，同时又在 PKI 策略定义的规则下实现相关功能，为 PKI 应用系统提供服务。PKI 的结构层次如图 5.1 所示。

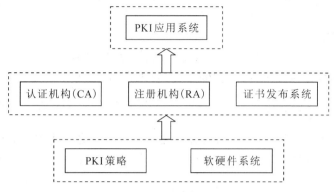

图 5.1　PKI 结构层次

一个 PKI 由以下五类部件组成：

· 认证机构(CA)：负责签发和撤销数字证书。

· 注册机构(RA)：负责建立公钥和证书持有人标识以及其他信息间的捆绑，并为这种捆绑提供保障。

· 证书发布系统：存储、发布数字证书，并提供证书撤销(吊销)列表(Certificate Revocation List，CRL)。

· 数字证书持有人：向 CA 申请证书，用密钥进行数字签名和文件解密。

· 客户：用可信 CA 的公钥来验证证书持有人的证书数字签名，判断证书的真伪；用数字证书持有人的证书来加密数据或验证数字签名。

在 RFC2459 文档中规定了 PKI 体系的结构框架和功能模块，一个标准的 PKI 应该具备以下功能模块。

1. PKI 策略

PKI 策略是一个包含如何在实践中增强和支持安全策略的一些操作过程的详细文档，它建立和定义了一个组织信息安全方面的指导方针，同时也定义了密码系统使用的处理方法和原则。它包括一个组织怎样处理密钥和有价值的信息，根据风险的级别定义安全控制的级别。一般情况下，在 PKI 中有两种类型的策略：一是证书策略，用于管理证书的使用，如可以确认某一 CA 是在 Internet 上的公有 CA，还是某一企业内部的私有 CA；另一个是 CPS(Certificate Practice Statement)，即证书业务声明。PKI 策略的内容一般包括：认证政策的制定、遵循的技术标准、各 CA 之间的上下级或同级关系、安全策略、安全程度、服务对象、管理原则和框架、认证规则、动作制度的制定、所涉及的各方面的法律关系以及技术的实现等。

一些商业 CA 需要独立的 CPS，典型的 CPS 包括 CA 如何建立和操作的定义，证书的产生、接受和撤销以及密钥如何生成、注册和确认，在什么地方存储，如何对用户生效等内容。CA 在确认用户的身份后才为用户签发证书，而 CA 对用户身份的确认则要遵循自己定义的规则，并通过这些规则来判定用户是否存在和有效。证书将用户的唯一名称与用户的公钥关联起来，但这种关联是否合法，却不属于 X.509 涉及的范畴。X.509 声明：凡是与语义或者信任相关的所有问题都依赖 CA 的 CPS，即关联的合法性取决于认证中心自己定义的 CPS 规则。显然，这种做法会导致各个认证中心对用户的确认方法和确认的严格程度上的差异。因此，建立统一的认证体系以及相关的规范就显得非常必要。

2. 认证中心(CA)

1) CA 的职责

CA 系统是一个由根 CA(Root CA,RCA)、下级 CA、RA 及用户所组成的复杂系统。

CA 是 PKI 的核心执行机构,是 PKI 的主要组成部分。CA 系统包括 CA 管理服务器、证书签发服务器、证书库备份管理、历史证书管理、证书目录服务、证书状态在线查询、时间戳服务系统、CA 审计系统、CA 交叉认证系统、Web 服务器和 CA 安全管理系统。

CA 的组织结构通常是树型结构,如图 5.2 所示。其最高层为唯一的根 CA,负责整个 CA 系统的信任管理;最末端由 RA 或用户组成;中间层为具体完成认证服务的中间 CA。

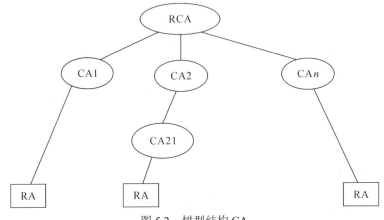

图 5.2 树型结构 CA

CA 的主要职责包括:

(1) 验证并标识证书申请者的身份。对证书申请者的身份信息、申请证书的目的等问题进行审查,确保与证书绑定的身份信息的正确性。

(2) 确保 CA 签名密钥的安全性。CA 的签名密钥要求具有较高的安全性,一般由硬件产生并存储于智能卡中,同时可保证私钥仅在智能卡上使用。

(3) 管理证书信息资料。CA 负责管理证书序号和 CA 标识,确保证书主体标识的唯一性,防止证书主体名字重复;在证书使用中确定并检查证书的有效期,保证不使用过期或已作废的证书,确保网上交易的安全;发布和维护 CRL 时,因某种原因证书要作废,就必须将其作为"黑名单"发布在 CRL 中,以供交易时在线查询,防止交易风险;对已签发证书的使用全过程进行监视跟踪,作全程日志记录,以备发生交易争端时提供公正依据,参与仲裁。

由此可见,CA 是保证电子商务、电子政务、网上银行、网上证券等交易的权威性、可信任性和公正性的第三方机构。

2) 注册机构(RA)

RA 是 PKI 信任体系的重要组成部分,是 CA 与用户对接的接口,也是 CA 信任范围的一种延伸。RA 接受用户的注册申请,获取并认证用户的身份,主要完成收集用户信息和确认用户身份的功能。RA 可以向其下属机构和最终用户颁发并管理用户的证书。因此,RA 可以设置在直接面对客户的业务部门。规模较小的 PKI 系统可以将注册管理的职能交由 CA 来完成,而不设立独立运行的 RA,但这并非要取消 PKI 的注册功能,而是将其合并到 CA 中。PKI 的国际标准推荐设立独立的 RA 来完成注册管理的任务,可以增强应用系统的安全性。

3) 证书和证书库

证书是数字证书或电子证书的简称，它是网上实体身份的证明。证书是由具备权威性、可信任性和公正性的第三方机构签发的，因此，它是权威性的电子文档。证书的结构和相关标准在下一小节介绍。

证书库是 CA 颁发证书和撤销证书的集中存放地，它像网上的"白页"一样，是网上的公共信息库，可供公众进行开放式查询。一般来说，查询的目的有两个：其一是想得到与之通信实体的公钥；其二是要验证通信对方的证书是否已进入"黑名单"。证书库支持分布式存放，即可以采用数据库镜像技术，将 CA 签发的证书中与本组织有关的证书和 CRL 存放到本地，以提高证书的查询效率，减轻目录查询的压力。

4) 密钥备份及恢复

密钥备份及恢复是密钥管理的主要内容。由于某些原因，用户可能将解密数据的密钥丢失，从而使已被加密的密文无法解开。为避免这种情况的发生，PKI 提供了密钥备份与密钥恢复机制：当用户证书生成时，加密密钥即被 CA 备份存储；当需要恢复时，用户只需向 CA 提出申请，CA 就会为用户自动进行恢复。

5) 密钥和证书的更新

一个证书的有效期是有限的，这种规定在理论上是基于当前非对称算法和密钥长度的可破译性分析，在实际应用中是由于长期使用同一个密钥有被破译的危险。因此，为了保证安全，证书和密钥必须有一定的更换频度。为此，PKI 对已发的证书必须有一个更换措施，这个过程称为"密钥更新或证书更新"。

证书更新一般由 PKI 系统自动完成，不需要用户干预，即在用户使用证书的过程中，PKI 也会自动到目录服务器中检查证书的有效期，在有效期结束之前，PKI/CA 会自动启动更新程序，生成一个新证书来代替旧证书。

6) 证书历史档案

经过一段时间的使用，每个用户更新证书后就会形成多个旧证书和至少一个当前新证书。这一系列旧证书和相应的私钥就组成了用户密钥和证书的历史档案。记录整个密钥历史是非常重要的。例如，某用户几年前用自己的公钥加密的数据或者其他人用自己的公钥加密的数据无法用现在的私钥解密，那么该用户就必须从他的密钥历史档案中查找到几年前的私钥来解密数据。

7) 客户端软件

为方便客户操作，需要在客户端安装相关软件，以实现数字签名、加密传输数据等功能。此外，客户端软件还负责在认证过程中查询证书和相关证书的撤销信息、进行证书路径处理、对特定文档提供时间戳请求等。

5.2.2　数字证书

1. 数字证书的概念

数字证书由 CA 签名并发放，是包含公钥拥有者和公钥相关信息的一种电子文件，它采用了一种特定的数据结构，可以用来证明数字证书持有者的真实身份。数字证书是 PKI 体系中最基本的元素，PKI 系统中所有的安全操作都是通过数字证书来实现的。数字证书的应用非常广泛，可以说只要用到由公钥密码所建立的安全体系，都要用到数字证书，如通过 TLS(Transportation Layer Security)协议来实现 Web 服务器的加密，通过 SET(Secure Electronic Transaction)协议来实现网上的安全支付等。

CA 不仅拥有发放数字证书的权力，还具有管理数字证书的功能，这些管理功能大体包括以下方面：

(1) 用户能够随时查询已经签发的数字证书；

(2) 用户能够随时查询已经撤销的数字证书；

(3) 出现一些特殊情况后，能够撤销签发的数字证书；

(4) 能够完成数字证书的备份。

2. X.509 证书标准

目前，使用最为广泛的数字证书标准为 X.509 标准。X.509 数字证书的发展经历了 4 个版本，目前最常用的是第三版和第四版。

如图 5.3 所示，一个基本数字证书包含以下内容(因截图原因，部分字段内容未在图 5.3 中显示)：

(1) 版本：用来表示使用的 X.509 版本号。

(2) 序列号：在 CA 的管理中用来区分证书，是唯一存在的。

(3) 签名算法：用来指定 CA 签发证书时所使用的签名算法。算法标识通常包括签名算法和哈希算法。

图 5.3 数字证书实例

(4) 颁发者：该证书的签发机构的名称。

(5) 有效期：证书的有效期限，包括两个时间，即证书的生效时间和过期时间。

(6) 使用者：证书持有人的姓名等信息。

(7) 数字签名：CA 对基本数字证书内容进行的数字签名数据。

(8) 公钥：证书持有人的公钥。

(9) 扩展域：在证书扩展域中可以说明该证书的附加信息，如证书用途、密钥用途等。

5.2.3　数字证书的管理

1. 数字证书的生命周期

数字证书从创建到撤销共经过了 5 个阶段，这 5 个阶段组成了完整的证书生命周期，分别如下：

(1) 证书申请：用户通过支持 PKI 的应用程序客户端，如 Web 浏览器向 CA 申请数字证书的过程，包括密钥生成和信息登记两个过程。

(2) 证书生成：一旦用户申请了数字证书，CA 就为其建立认证策略验证用户信息。如果确定信息有效，则 CA 将创建该证书。

(3) 证书存储：CA 在生成用户证书之后，将通过安全的方式把证书发送给用户，或通知用户自行下载，数字证书将保存在用户计算机中。为防止证书丢失或损坏，证书持有者应将证书导出并保存在安全的存储介质如智能卡中。

(4) 证书发布：CA 在生成用户证书之后，会把用户的证书发送到指定的服务器上，如证书库、目录服务器等，以方便其他用户查询证书。

(5) 证书撤销：签发的证书到达失效时间，或者由于用户密钥泄露等原因而不能再继续使用时，CA 将撤销证书，并发布记载有已撤销证书信息的 CRL。

2. 数字证书的申请与使用

用户想获得 CA 签发的证书时，首先要向 CA 提出申请，提交自己真实的身份资料。CA 在验证了用户提交的资料后，为用户产生相应的密钥对，同时生成一个待签名证书，再由 CA 对待签名证书进行签名，即可向用户发出数字证书。CA 在发放证书时要遵循一定的准则，如要保证所签发的证书的序列号不重复，没有两个不同的实体所获得的证书中的主题内容是一致的，不同主题内容的证书所包含的公开密钥不相同等准则。

数字证书只能在签名数据的有效期内使用，其应用过程根据算法的不同略有不同，通常的过程如下：

(1) 数据的接收者检验用户所声称的身份是否和数字证书的标识相同。

(2) 接收者确认所收到的数字证书没有被撤销(如通过查看当前的 CRL 或查询证书在线状态服务器)，确保所有的证书都在签名数据的有效期内。

(3) 接收者验证数字证书中没有能证明签名者未被授权的数据。

(4) 接收者用数字证书中的公钥来验证数据在签名之后没有被篡改。

(5) 如果以上所有检验均通过，则接收者可以确信签名是由真实的主体完成的。

不安全的情况也是存在的。如果签名者的私钥泄露，则数据的签名者就不是真实的。安全性来自整个证书应用系统的整体安全，包括计算机安放位置的物理安全、人员安全(如不可靠的员工开发、安装、运行并管理系统)、使用私钥的操作系统的安全性、CA 的安全性等。任何一个环节出错都有可能导致整个系统出错。

3. 证书的撤销

当证书发布后，在整个有效期内都可使用。但是，在很多情况下，证书会在到期前失效，如主题名称变更、主题和 CA 的关系变更、私钥泄露或私钥有可能泄露。发生这些情况后，CA 就要撤销原来的证书。证书的撤销通常采用证书撤销列表(CRL)和在线证书状态协议(OCSP)两种方式。

1) 证书撤销列表(CRL)

当证书应用系统要使用数字证书时，系统不仅验证数字证书的签名和有效性，还要检查其序列号是否在最新的 CRL 中。X.509 定义了一种数字证书的撤销方法，即 CA 定期地发布一个称为 CRL 的数据结构。CRL 是关于撤销的数字证书标识的一个列表，由 CA 签发。CRL 包含 CA 已经撤销的证书的序列号、撤销日期、撤销列表失效时间和下一次更新时间，以及采用的签名算法等，如图 5.4 所示。

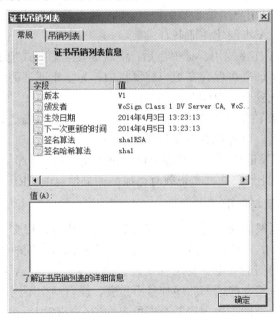

图 5.4　CRL 实例

CRL 的有效期为一个小时，甚至一个月不等，由各个证书颁发机构在设置其证书颁发系统时设置。CA 可以定期发布 CRL(如每小时、每天或每周)，也可以不定期地发布 CRL，如当一个重要的密钥泄露后，即便还没到发布 CRL 的时间，CA 也应尽快发布新的 CRL，以便向其他用户通告。

CRL 分为完全 CRL 和增量 CRL。完全 CRL(Complete CRL)列出了其范围内所有未过期但由于某种原因而被撤销的证书。CRL 发行者也可以生成增量 CRL。增量 CRL 只列出了其范围内并在上述完全 CRL 发行之后状态发生变化的证书。完全 CRL 可以作为参考基准 CRL，用增量 CRL 所提供的新信息对其更新。完全 CRL 和增量 CRL 的范围必须是相同的。

CRL 方式的一种好处是，其内容可以在不可靠的信道或服务器系统中按数字证书同样的方式来传播。CRL 方式也有局限性：撤销的时间间隔要受 CRL 发行周期的限制。如果发布了一个撤销消息，在下一次发布新的 CRL 之前，证书应用系统将一直使用原 CRL。终端用户如果不知道已经发布了新的 CRL，就有可能仍然信任已经作废的证书。

2) 在线证书状态协议(OCSP)

针对 CRL 发布撤销列表有时间间隔的问题，IETF 提出了在线证书状态协议(Online Certificate Status Protocol，OCSP)。通过该协议验证某个证书时，用户不需要把所有的撤销证书信息下载到本地，可以实时查询证书的状态。

CA 设立一个可信的服务器作为 OCSP 响应器，客户端验证证书状态时，按照协议定义的数据格式发送验证请求给响应器，然后侦听当前证书状态直到服务器提供了一个响应。服务器接收到用户验证请求后，查询相应证书状态，将证书状态信息用自己的私钥签名后在线发送给客户端。OCSP 请求信息由协议版本号、服务请求类型及一个或多个证书序列号等信息组成；OCSP 对于证书状态的响应信息则由证书序列号、证书状态以及验证响应时间等信息组成。证书状态有正常、否和未知 3 种情况，3 种含义分别为：证书没有被撤销、证书被撤销和不确定证书状态。

OCSP 是在线协议，对于证书用户的验证请求，只需响应其相应的证书状态，相比 CRL 机制大大降低了网络的通信量。但是对于证书用户而言，任意一次的证书验证都需要请求 OCSP 服务器，而且服务器给用户的响应必须经过签名，而签名是一项比较费时的操作。在大规模 PKI 环境中，有大量验证请求的情况下，签名繁重的计算量可能成为系统的瓶颈，将会影响系统的可扩展性。

5.3　PKI 的信任模型

在 X.509 证书协议中，信任是这样定义的：一般来说，如果一个实体相信另一个实体会准确地像它所期望的那样表现，那么就说明该实体信任另一个实体。这意味着信任涉及假设、预期，不可能被定量测量，与风险相联系，而且信任的建立不可能总是全自动的。但 PKI 作为一个传播信任关系的系统，CA 的信任模型很重要，它提供了建立和管理信任关系的框架。在 PKI 中，我们可以把这个定义具体化为：如果一个用户假定 CA 可以把任一公钥绑定到某个实体上，则他信任该 CA。

关于信任，在 PKI 中有以下几个重要概念：

• 信任域：一个组织内的实体在一组公共安全策略控制下所信任的实体集合，即信任范围。

• 信任锚：是信任的起点。在信任模型中，当为了确定一个实体身份，需要一个可信的权威机构时，才能做出信任该实体身份的决定，这个可信的权威机构通常被称为信任锚。例如，当需要确认一个实体 A 的身份时，如果可信的第三者实体 B 可以签发确认它的身份，那么，这个第三者实体 B 就是在确认实体 A 时的信任锚。

• 信任路径：在一个实体需要确定另一个实体身份时，它先确定信任锚，再由信任锚找出一条到达待确认实体的各个证书组成的路径，也称信任链。

为了建立信任关系而使用的常见的信任模型有以下 6 种。

1. 单 CA 信任模型

单 CA 信任模型是最基本的信任模型，也是目前许多组织或单位在 Intranet 中普遍使用的一种模型。如图 5.5 所示，根 CA 是在这个模型中唯一的 CA，其证书是自签名证书，即颁发者和被颁发者都是自己；而其他各个用户的证书都是由根 CA 来签发的，如 Alice 用户的证书 $C_{\text{Alice}}^{\text{CA}}$ 由 CA 来签发。该模型适用于小型机构。

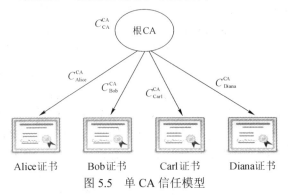

图 5.5　单 CA 信任模型

Alice 收到 Bob 的数字证书后，对其鉴别，先查看这个证书是否是由根 CA 颁发和签名的。如果是，则建立起从根 CA 到 Bob 的信任路径。这里根 CA 就是该模型所有实体的信任锚。

2. 层次信任模型

层次信任模型也称为分级信任模型，它是一个以主、从 CA 关系建立的分级 PKI 结构。整个信任模型是按层次分布的，如图 5.6 所示。最顶层是根 CA，它是最可信的证书权威，所有其他的信任关系都源于它；中间层次 CA1、CA2、CA3 是根 CA 的子 CA，中间层次的 CA 也可以有子 CA，CA1 的子 CA 有 CA4；最底层是用户实体，如 Alice、Bob 等。本模型中，只有上级 CA 可以给下级 CA 发证，反过来则不行。

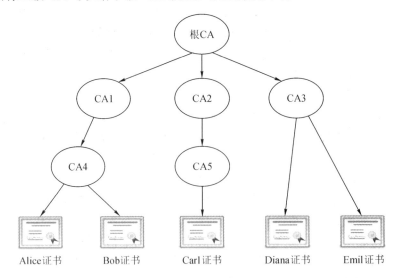

图 5.6　层次信任模型

当 Alice 验证 Emil 证书的时候，查看 Emil 证书由 CA3 颁发，再次查看 CA3 的证书由根 CA 颁发，而 Alice 信任根 CA，那么此时的信任路径为 $C_{\mathrm{CA}}^{\mathrm{CA}}$、$C_{\mathrm{CA3}}^{\mathrm{CA}}$、$C_{\mathrm{Emil}}^{\mathrm{CA3}}$。根 CA 是该模型的信任锚。

该模型的主要优点有：

(1) 由于所有证书路径都在根 CA 处中止，因此证书路径长度较短。

(2) 所有用户都依赖于一个公共信任锚(根 CA)，到达一个特定最终实体只有唯一的信任路径，证书信任路径构建简单，由发起方直接把相关的证书给出即可。

(3) 该模型的证书数量不是很多，证书管理较简单。

(4) 由于该模型是建立在一个比较严格的层次机制之上的，因此建立的信任关系可信度高。

该模型的主要缺点有：

(1) 由于大家都必须信任根 CA，所以根 CA 密钥的安全是最重要的。如果它的私钥泄露，则整个信任体系就会瓦解。

(2) 层次模型是一种严格的关系结构，要求参与的各方都信任根 CA。但是当应用范围扩大之后，很难让各方达成一致来信任一个根 CA。该模型适用于业务相对独立的、层次状的机构，从而导致应用范围受到限制。

(3) 根 CA 的策略制定也要考虑各个参与方，这会使策略比较混乱。

3. 对等交叉信任模型

对等交叉信任模型中的任意两个机构互相没有从属关系，它们之间的关系是对等的。每个机构的信任锚是它自己或者它的根 CA。如果要想和另一个机构建立信任，那么它就需要在它的信任锚和另一个机构或者其根 CA 之间建立交叉信任证书。

如图 5.7 所示，左侧 CA1 和右侧 CA2 都各自建立了自己的 PKI 系统，如果两个单位要进行相互认证，则需要在两个单位之间选择建立起交叉认证。CA1 验证了 CA2 的公钥，则颁发给 CA2 证书 $C_{\mathrm{CA2}}^{\mathrm{CA1}}$，同样地 CA2 也可以颁发给 CA1 证书 $C_{\mathrm{CA1}}^{\mathrm{CA2}}$。

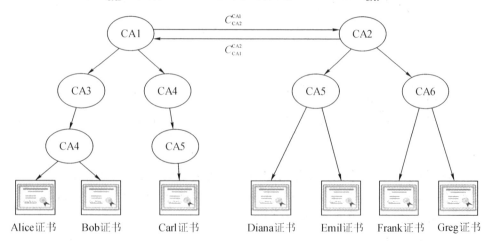

图 5.7　对等交叉信任模型

当 Alice 验证 Emil 证书时，查看 Emil 证书是否由 CA5 颁发，再次查看 CA5 的证书是否由 CA2 颁发，CA2 的证书是否由 CA1 颁发，而 Alice 信任 CA1，那么此时的信任路径为 C_{CA1}^{CA1}、C_{C2}^{C1}、C_{CA5}^{CA2}、C_{Emil}^{CA5}。

该模型的主要优点有：

(1) 任何两个系统的 CA 之间都可以通过直接交叉认证来互相确认，可应用于各种复杂的信任关系，应用的范围广。

(2) 由于是直接建立的信任关系，所以证书路径短。

(3) 由于是直接的信任关系，所以信任路径构建简单，且可信度较高。

该模型的主要缺点是证书量很大。具体来说，由于只能建立两者之间的信任关系，如果有 N 个机构的 CA 之间要相互通信，每一个都要给其他的 $N-1$ 个机构颁发信任证书，那么一共就需要 $N(N-1)$ 个证书，这样就会导致证书数量很大，给证书的管理带来很大的难度。

4. 桥 CA 信任模型

桥 CA(BridgeCA)信任模型被设计成用来克服层次信任模型和对等交叉信任模型的缺点，并连接不同的 PKI 系统。在多个独立 PKI 系统进行相互信任时，他们可以选择都信任桥 CA，通过桥 CA 再和其他 PKI 系统建立起联系。这样就不需要多个独立系统之间两两建立交叉信任了。

如图 5.8 所示，左侧 CA1 和右侧 CA2 都各自建立了自己的 PKI 系统，两个单位之间可以通过一个桥 CA 进行互认证。CA1 和 CA2 都需要与桥 CA 互相进行证书颁发。

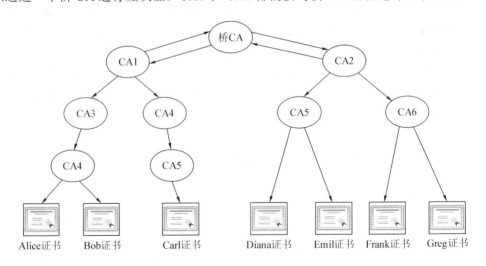

图 5.8　桥 CA 信任模型

当 Alice 验证 Emil 证书时，查看 Emil 证书是否由 CA5 颁发，再次查看 CA5 的证书是否由 CA2 颁发，CA2 的证书是否由桥 CA 颁发，而 Alice 信任 CA1，那么此时的信任路径为 C_{CA1}^{CA1}、$C_{BridgeCA}^{CA1}$、$C_{CA2}^{BridgeCA}$、C_{CA5}^{CA2}、C_{Emil}^{CA5}。

5. Web 信任模型

Web 信任模型构建在 Web 浏览器的基础上，浏览器厂商在浏览器中内置了多个根 CA，每个根 CA 相互间是平行的，浏览器用户同时信任多个根 CA 并把这些根 CA 作为自己的信任锚。如图 5.9 所示,该浏览器内置了许多"受信任的根证书颁发机构"。

图 5.9 桥 CA 信任模型

由于这种模型的信任根 CA 都在浏览器中,所以不需要在不同的信任域之间通过信任传递建立信任。其信任路径短,比较容易构建,信任传递衰减较小,主要需要管理的是浏览器中根 CA 的证书,交叉认证少,证书的数量少。由于不需要依赖目录服务器,这种模型在方便性和简单互操作性方面有明显的优势。

但是,这个模型也有许多安全问题。一个潜在的安全问题是没有实用的机制来撤销嵌入到浏览器中的根密钥。如果发现一个根密钥是无效的或者根的公开密钥相应的私钥泄露了,那么要让全世界所有的浏览器用户都来将其从列表中废止是非常困难的。

6. 以用户为中心的信任模型

在以用户为中心的信任模型中,每个用户都直接决定信赖哪个证书和拒绝哪个证书。没有可信的第三方作为 CA,终端用户就是自己的根 CA。如图 5.10 所示,Alice 与 Diana 之间相互颁发了证书,Bob 给 Alice 颁发了证书,而 Alice 并没有给 Bob 颁发证书。在该信任模型中,从一个 CA 到另一个 CA 可能有多条信任路径。

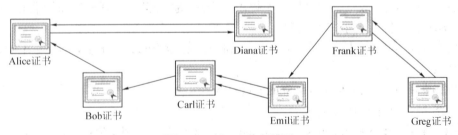

图 5.10 桥 CA 信任模型

该模型的优点是信任关系可以传递,从而减少颁发的证书个数,使证书管理更加简单容易,因此能够很好地应用到企业之间。该模型的主要缺点有:由于存在多条路径,所以需要进行选择;证书路径相对较长,并且由于信任的传递将会引起信任度的衰减。

5.4　PKI 的有关协议标准

PKI 是一个庞大的体系，涉及以下标准。

1. X.509 信息技术之开放系统互连——鉴别框架

X.509 是由国际电信联盟(ITU-T)制定的数字证书标准，最初版本公布于 1988 年。X.509 证书由用户公共密钥和用户标识符组成，还包括版本号、证书序列号、CA 标识符、签名算法标识、签发者名称、证书有效期等其他定义了包含扩展信息的数字证书。

X.509 相继推出了一系列标准文档，形成了 X.509 系列标准，主要对 PKI 在互联网上的安全应用作了详细规定，现在已成为 PKI 最重要的技术标准之一。基于 X.509 的 PKI 标准称为 PKIX。

X.509 协议文本目前已经发展到第四版，具体情况如下：

1988 年发布 X.509 协议标准的第一版，定义了 V1 版的证书格式和 CRL 格式。

1993 年发布 X.509 协议标准的第二版，定义了 V2 版的证书格式，修改了第一版的 CRL 格式。

1997 年发布 X.509 协议标准的第三版，定义了 V3 版的证书格式和 V2 版的 CRL 格式。

2000 年发布 X.509 协议标准的第四版，证书格式未作改变，但增加了新的扩展域，并且增加了对属性证书的描述。

2. PKCS 系列标准

PKCS 是由 RSA 实验室制定的系列标准，是一套针对 PKI 体系的加解密、签名、密钥交换、分发格式及行为标准。该标准的制定为 PKI 的研究和应用奠定了基础，后续产生的其他 PKI 标准基本遵循了 PKCS 的框架。

PKCS 是为促进公钥密码的发展而制定的系列标准，是最早的公钥密码标准，也是公钥密码发展过程中最重要的标准之一。自 1991 年作为一份会议结果，由早期的公钥密码使用者公布以来，PKCS 文档已经被广泛应用和实现。许多正式和非正式工业标准部分内容的制定都参照了 PKCS，如 ANSI X9、PKIX、SET、S/MIME 和 SSL 等。RSA 实验室在标准制定过程中起了很重要的作用：发布了认真撰写的标准描述文档；保持了标准制定过程的决策权威；负责收集其他开发者所提出的修改和扩充意见；适时发布标准的修订版；提供了实现该标准的参考资料和指导。

PKCS 目前共发布过 15 个标准，每个标准都经过数次修订，部分文档还在不断地修改和制定中。15 个标准如下：

PKCS #1：RSA Cryptography Standard(RSA 密码标准)。

PKCS #2：已并入 PKCS #1。

PKCS #3：Diffie-Hellman Key Agreement Standard(DH 密钥交换标准)。

PKCS #4：已并入 PKCS #1。

PKCS #5：Password-Based Cryptography Standard(基于口令的密码标准)。

PKCS #6：Extended-Certificate Syntax Standard(证书扩展语法标准)。

PKCS #7：Cryptographic Message Syntax Standard(密文信息语法标准)。

PKCS #8：Private-Key Information Syntax Standard(私钥信息语法标准)。

PKCS #9：Selected Attribute Types(可选属性类型)。

PKCS #10：Certification Request Syntax Standard(认证请求语法标准)。

PKCS #11：Cryptographic Token Interface Standard(密码令牌接口标准)。

PKCS #12：Personal Information Exchange Syntax Standard(个人信息交换语法标准)。

PKCS #13：Elliptic Curve Cryptography Standard(椭圆曲线密码标准)。

PKCS #14：Random Number Generation Standard(随机数生成标准)。

PKCS #15：Cryptographic Token Information Format Standard(密码令牌信息格式标准)。

3. 轻量级目录访问协议 LDAP

LDAP(Lightweight Directory Access Protocol)规范(RFC1487)基于 X.500 目录访问协议，在功能性、数据表示、编码和传输方面都进行了相应的修改。1997 年，LDAP V3 成为互联网标准。目前，LDAP V3 和 V4 已经在 PKI 体系中被广泛应用于证书信息发布、CRL 信息发布、CA 政策以及与信息发布相关的各个方面。

在目录服务中，管理结构为树型，所以目录服务系统也常常被称为"目录树"。目录树与现实世界中的组织结构形式完全符合。LDAP 规范中定义了在实体的目录服务器访问入口处使用标准化方法来完成证书和 CRL 数据的存储方案。采用任何厂商提供的支持 X.500 标准的目录服务，PKI 机构都能够实现证书和 CRL 的发布，极大地推进了在独立社区之间进行安全通信的功能。

4. 在线证书状态协议 OCSP

OCSP 是 IETF(互联网工程任务组)颁布的用于检查数字证书在某一交易时刻是否仍然有效的标准。该标准为 PKI 用户提供了方便快捷的数字证书状态查询方式，使 PKI 体系能够更有效、更安全地在各个领域中被广泛应用。

除了以上协议外，在 PKI 体系中还涉及一些其他规范：ASN.1 描述了在网络上传输信息格式的标准语法；X.500 被用来唯一标识一个实体(机构、组织、个人或一台服务器)，是实现目录服务的最佳途径。

还有许多基于 PKI 体系的安全应用协议，包括 SET 协议、SSL 协议和 SMIME 协议等。目前 PKI 体系中已经包含了众多的标准规范和标准协议，各种协议相互依存、相互补充，形成了一个庞大的协议体系。

5.5 PMI 简 介

5.5.1 PMI 概述

目前现行的各独立 PKI 系统都定义了各自的信任策略，在进行互相认证的时候，为了避免由于信任策略不同而产生的问题，通常的做法是忽略信任策略。这样做，在本质上是管理 Internet 上信任关系的 PKI 只起到了身份验证的作用，对所验证的身份拥有什么权力、能够进行哪些操作，在交叉认证之后就无法识别了。为解决这个问题，人们引入了 PMI(Privilege Management Infrastructure)，即授权管理基础设施，它是包括硬件、软件、人员、策略等要素和创建、管理、存储、分配及撤销 AC 等过程的集合。

许多数字证书应用系统使用基于身份的访问控制机制。如在一个支持基于身份的系统中，当客户端证明它有权访问与数字证书中的公钥相配对的私钥时，那么这个客户端就可完全使用该标识。这种方式对许多系统来说已经足够了，但是越来越多的系统开始要求基于规则的和基于角色的访问控制。这种形式的访问控制需要一些数字证书中没有包含的额外信息，这是因为这些信息的生存期要比公私钥对的生存期短很多。为了将这些信息与数字证书捆绑起来，在 ANSI 中定义了属性证书(Attribute Certificate，AC)，随后又被合并到 ITU-T 推荐的 X.509 中。通过在一个数据结构中包含一个指向特定数字证书或多个数字证书的索引，AC 格式允许额外的信息绑定在数字证书中，此时要求在多个数字证书中具有同样的身份。此外，AC 也可只为满足一个或多个专门的应用目标而构造，如 Web 服务器和邮件主机。

PMI 中的用户应该确信，如果一个身份声称拥有某种属性，那么他确实拥有这些属性，这种安全性要求通过数字证书的使用或者在 AC 系统中的配置来实现。如果使用数字证书，那么访问控制的决定者可以判定 AC 发布者是否有权发行包含了这种属性的 AC。

AC 是很复杂的，它能指向包含在不止一个数字证书中的身份。如用户有多个证书链可供选择，它就要决定哪个证书是可信的。在用户使用 AC 之前，它必须确认从 AC 到它的信任点的路径是有效的。

5.5.2 PMI 结构模型

如图 5.11 所示，PMI 由四类组件构成：
(1) AC 权威：又称为属性证书发行者，其功能是发布和撤销 AC。
(2) 存储库：存储和提供可用的证书及 CRL。
(3) 客户端：AC 的使用者，向服务器请求一个需要授权的行为。
(4) 服务器：属性证书验证者，验证一个 AC 的有效性，然后使用验证的结果。

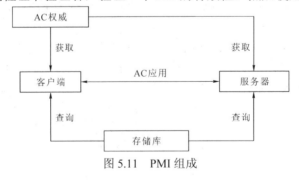

图 5.11　PMI 组成

5.5.3 属性证书 AC

ANSI X.9 首先发布了 AC 格式,它定义 AC 格式为标准第一版,后来又开发了第二版,1997 年 ITU-T 在 X.509 中接受了这个版本。

为使用属性证书的第二版，ANSI、ITU-T 和 IETF 开发了标准扩展和属性。扩展记录了这样一些信息：用来创建审计踪迹的审计身份，AC 拥有者能使用其属性证书的服务或服务器，指向发布者的密钥，以及指明在哪里可以得到撤销信息。AC 具有较强的普遍性，允许用这个数据结构来记录任何属性信息。不限制包含在一个 AC 中的属性和扩展，是很难开发出适于网络的交互式应用的。PKIX 的目标是确定因特网、电子邮件、IPSec 应用等的基本轮廓。有另外需求的应用环境可在这个轮廓上建立或者直接取代它。

AC 文档限制了许多在 X.509 中允许的选择。例如，类似数字证书的 AC 链在 X.509 中是允许的，但是在 AC 文档中它们并不被支持。

5.6　商　业　CA

CA 是 PKI 系统中最关键的部分，也是维护网络用户信任关系的关键机构。对于重要的行业，如金融、电信等，其业务范围遍及全国甚至全球。小型的 CA 认证系统不能满足要求，此时一般需要采用结构复杂的 CA 认证系统，或者由权威的第三方来提供认证服务。目前，各个行业、各个地区、各个组织大都建立了自己的 CA 体系，专门提供认证服务的商业 CA 也有很多，国内著名的有 CFCA 等，全球性的有 VeriSign、Thawte、Entrust、Baltimore等。本节将简要介绍几个商业 CA 所提供的服务。

5.6.1　中国金融认证中心(CFCA)

1. CFCA 简介

中国金融认证中心(China Finance Certification Authority，CFCA)是由中国人民银行牵头，联合中国工商银行、中国银行、中国农业银行、中国建设银行、交通银行、招商银行、中信实业银行、华夏银行、广东发展银行、深圳发展银行、光大银行、民生银行等 12 家商业银行参加建设，由银行卡信息交换总中心承建，于 2000 年 6 月 29 日正式挂牌成立的，是经中国人民银行和国家信息安全管理机构批准成立的国家级权威的安全认证机构。CFCA 是重要的国家金融信息安全基础设施之一，也是《中华人民共和国电子签名法》颁布后国内首批获得电子认证服务许可的 CA 之一，其主页如图 5.12 所示。

图 5.12　CFCA 主页

CFCA 作为权威、公正的第三方安全认证机构，通过发放数字证书为网上银行、电子商务、电子政务提供安全认证服务，确保网上信息传递双方身份的真实性、信息的保密性和完整性以及网上交易的不可否认性。

CFCA 建立了 SET CA 及 Non-SET CA 两大体系。Non-SET CA 体系亦称 PKI CA 系统。其宗旨是向各种用户颁发不同种类的数字证书，以金融行业的可信赖性及权威性支持中国电子商务的应用、网上银行业务的应用及其他安全管理业务的应用。

2. CFCA 的结构

1) Non-SET 系统

Non-SET 对于业务应用的范围没有严格的定义，结合电子商务具体的、实际的应用，根据每个应用的风险程度不同可分为低风险值和高风险值这两类证书(即个人/普通证书和高级/企业级证书)。Non-SET 系统分为三层结构：第一层为根 CA，第二层为政策 CA，第三层为运营 CA。Non-SET 系统结构如图 5.13 所示。

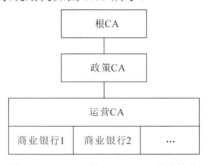

图 5.13　CFCA 的 Non-SET 系统结构

2) RA 系统

RA 系统分为本地 RA 和远程 RA。本地 RA 审批有关 CA 一级的证书及接受远程 RA 提交的已审批的资料。远程 RA 根据商业银行的体系架构分为三级结构，即总行、分行和受理点。RA 系统结构如图 5.14 所示。

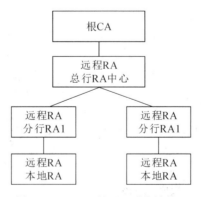

图 5.14　CFCA 的 RA 系统结构

3. CFCA 的业务范围

1) 电子认证与数字证书服务

CFCA 作为权威、公正的第三方安全认证机构，按照国家《电子认证服务管理办法》

的要求为网上银行、电子商务、电子政务提供安全认证与数字证书服务，确保网上信息传输双方身份的真实性、信息的保密性和完整性以及网上交易的不可否认性。其具体业务有：

(1) 基于 PKI 的网上身份认证；

(2) 基于 PKI 的信息安全传输；

(3) 基于 PKI 的电子签名服务；

(4) 基于 PKI 的安全电子邮件；

(5) 基于 PKI 的时间戳服务；

(6) 基于 PKI 的安全电子印章。

2) 动态口令认证

用户登录系统、验证身份的过程中，每一次送入系统的口令都是动态变化的。动态认证对于使用静态认证所带来的假网址、木马程序、欺诈邮件、间谍程序、病毒等多种方式侵扰有较强的抵御能力。用户须持有一个用于产生动态口令的设备，用设备产生动态口令后，交由应用系统，再由应用系统转交认证系统认证。

3) 安全电子印章系统

通过数字证书和电子印章的绑定来确保电子印章的唯一性、私密性和印章应用的不可否认性，实现电子印章和数字证书的申请、下载、发放和管理等电子印章生成功能以及实现个人或单位的发文签章、多用户在线协同签章、网上公证等签章功能。

4) CA 托管

对于企业内部使用的 CA，CFCA 提供托管服务。

4. CFCA 的功能

CFCA 的主要功能包括对用户证书的申请、审核、批准、签发及下载、撤销、更新等。证书符合 ITU 的 X.509 国际标准，提供具有世界先进水平的 CA 认证中心的全部需求。CFCA 的具体功能有以下几个方面：

(1) 证书的申请，有离线申请方式和在线申请方式。

(2) 证书的审批，有离线审核和在线审核两种方式。

(3) 证书的发放，有离线方式发放和在线发放两种方式。

(4) 证书的归档。

(5) 证书的撤销。

(6) 证书的更新，有人工密钥更新和自动密钥更新两种方式。

(7) CRL 的管理功能，包括证书废止原因编码、CRL 的产生及其发布和企业证书及其 CRL 的在线服务功能。

(8) CA 的管理功能。

(9) CA 自身密钥的管理功能。

CFCA 所发放的数字证书除了根 CA、政策 CA、运营 CA 等各级 CA 的证书外，对于最终用户，按照证书的功能不同，证书有不同的分类。

(1) 企业高级证书：适用于企业进行金额较大的 B2B 网上交易，其安全级别较高，可用于数字签名和信息加密。

(2) 企业普通证书：适用于企业用户用于 SSL、S/MIME 以及建立在 SSL 之上的应用，其安全级别较低，建议用于金额较小的网上交易。

(3) 个人高级证书：适用于个人做金额较大的网上交易，其安全级别较高，可用于数字签名和信息加密。

(4) 个人普通证书：适用于个人用户在 SSL、S/MIME 以及建立在 SSL 之上的应用，其安全级别较低，建议用于小额的网上银行和网上购物。

(5) Web Server 证书：适用于站点服务器提供金额较小的 B2C 网上交易。若一个网站要提供 B2B 交易，应申请 Direct Server 证书，并配合 Direct Server 软件来保证它的安全性。

(6) Direct Server 证书：用于数字签名和信息加密。Direct Server 证书主要用于企业从事 B2B 交易时对 Web Server 的保护。

5.6.2　上海市商业数字证书认证中心(上海 CA)

随着信息技术的快速发展和"互联网 +"政策的深入落地，各类电子商务、电子政务、社会公共服务已融入人们生活的方方面面，通过手机、平板电脑等移动终端即可在线办理衣、食、住、行、娱、购、政、学等各种业务。但在网络空间进行身份认证存在着诸多问题，如身份信息非法或超需求收集买卖、身份信息批量窃取、身份认证服务鱼龙混杂、个人信息保护不力等。随着《网络安全法》的颁布实施，建立网络空间可信身份体系，实现网络空间可信身份管理和服务已上升为国家战略。在上海市经济和信息化委员会的指导和支持下，上海 CA 建设运营了全国性的个人网络空间可信身份服务平台，如图 5.15 所示。

图 5.15　上海 CA

上海 CA 以自然人(公民身份号码)为中心确立网络空间主体和现实生活中人与组织的对应关系等，实现虚拟身份与社会身份的真实映射，在网络空间为各主体构建信任关系，为各类电子政务、电子商务等互联网活动提供统一的可信身份认证服务。

在上海 CA 的信任服务管理下，企业和个人可以方便地使用 PKI 业务，如为智慧医院提供 CA 认证、证书管理、电子签名、时间戳服务等。图 5.16 所示为智慧医院 CA 运营系统实例。

(1) 智慧医院 CA 认证：对于一个医院来说，它的每种诊疗业务、每个就医环节、每次应用系统的选择调整，最终都是为了实现整体医疗服务质量的提升。如今，医疗信息化建设理念的普及，极大地改变了医院的就医模式，智慧医院已经逐渐成为医疗信息化的新方向。

(2) 提供证书管理服务：上海 CA 在医院建设数字证书受理点系统，为医院医护人员发放数字证书。

(3) 可信身份构建可靠电子签名：通过数字证书鉴别系统用户身份的真实性和可靠性，并在各个诊疗环节实现可靠数字签名。

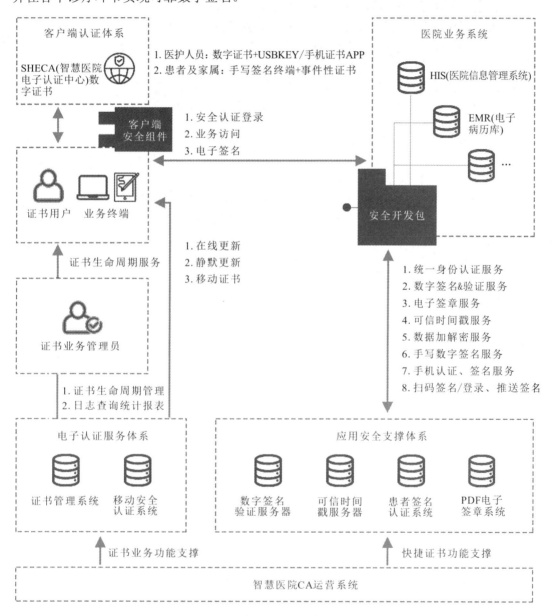

图 5.16　智慧医院 CA 运营系统实例

(4) 时间戳服务保障时间精确可信：在医院部署权威可信时间源设备，基于时间戳服务系统实现对医疗文书的时间戳认证，以保证其合法性和有效性。

思　考　题

1. 什么是 PKI 系统？一个 PKI 系统由哪些主要组件构成？
2. CA 的主要功能是什么？CA 的信任结构有哪些类型？
3. 数字证书由哪些必备的字段构成？分别起什么作用？
4. PMI 系统由哪些主要组件构成？其功能分别是什么？

第6章 网络安全

计算机网络本质上是构建在各类网络协议之上的体系结构，网络协议的合理构建与使用可以提高通信的效率，同时缺省的安全设置或不合理的使用将导致网络安全的隐患，甚至导致重大的网络安全事件。本章从 TCP/IP 协议族的体系结构入手，在分析其结构的同时，总结梳理其存在的诸多安全问题，并介绍各类应对的安全措施。本章以 IPv4 的结构和功能为例，阐述网络协议的工作原理和其中的网络安全问题。

6.1 网络协议简介

IP 协议是 TCP/IP 协议族中最为核心的协议，它位于网络层，是最重要的网络层协议。因为 IP 协议的开放性，所以其他的如 OSI、Apple Talk 甚至 IPX 最终都会被 IP 协议淘汰。IP 的功能由 IP 报头结构中的数据定义。IP 报头结构及其功能是一系列 RFC 文档所定义的。1981 年的 RFC 791 是今天 IP 版本的基础文档。IP 一直在演进，许多新的特性和功能在后续的 RFC 文档中得到扩充，然而所有这些都是建立在 RFC791 基础之上的。现在的 IP 版本是 IPv4，新的版本 IPv6 也已逐步推广使用。

6.1.1 IP 报头结构

需要传输的数据在网络层首先要加上 IP 头信息，封装成 IP 数据报。图 6.1 给出了 IP 报头结构以及其中各域的大小。

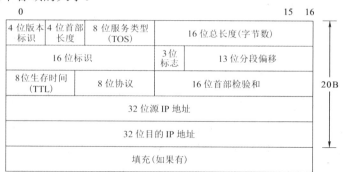

图 6.1　IP 数据报头格式及首部中的各字段

IP 报头由以下各域组成：

(1) 版本标识，即 IP 报头中的前 4 位，用于识别 IP 的版本。目前的协议版本号是 v4，因此该版本的 IP 协议也称作 IPv4。

(2) 首部长度，即版本域之后 4 位长度值，以 32 位为长度计算单位。首部的最高位在左边，记为 0 bit；最低位在右边，记为 31 bit。该 32 bit 值按照以下次序传输：首先是 0～7 bit，其次是 8～15 bit，然后是 16～23 bit，最后是 24～31 bit，这种传输次序称作 Big-endian 字节序。由于 TCP/IP 首部中所有的二进制整数在网络中都要求以这种次序传输，因此它又称作网络字节序。以其他形式存储的二进制整数的机器，如 Little-Endian 格式，则必须在封装为 IP 数据时把首部转换成网络字节序。

(3) 服务类型(TOS)，即首部长度之后的一个 8 位长度值，包含一系列标志，这些标志能保证优先级(相对于其他 IP 报文的绝对优先级)、延时、吞吐量以及报文可靠性参数。TOS 字段包括一个 3 bit 的优先权子字段(现在一般不使用)、4 bit 的 TOS 子字段和 1 bit 未用位，0～4 bit 的 TOS 子字段分别代表最小时延、最大吞吐量、最高可靠性和最小费用。4 bit 中只能置其中 1 bit 为 1。如果所有 4 bit 均为 0，那么就意味着是一般服务。RFC1340[Reynolds and Postel 1992]描述了所有的标准应用如何设置这些服务类型。RFC1349[Almquist 1992]对该 RFC 进行了修正，更为详细地描述了 TOS 的特性。表 6.1 列出了对不同应用建议的 TOS 值，在最后一列中给出的是十六进制值。

表 6.1　TOS 字段推荐值

应用程序	最小时延	最大吞吐量	最高可靠性	最小费用	十六进制值
Telnet/Rlogin(远程登录协议)	1	0	0	0	0x10
FTP(文件传输协议)					
控制	1	0	0	0	0x10
数据	0	1	0	0	0x08
任意数据块	0	1	0	0	0x08
TFTP(简单文件传输协议)	1	0	0	0	0x10
SMTP(简单邮件传输协议)					
命令阶段	1	0	0	0	0x10
数据阶段	0	1	0	0	0x08
DNS(域名服务协议)					
UDP 查询	1	0	0	0	0x10
TCP 查询	0	0	0	0	0x00
区域查询	0	1	0	0	0x08
ICMP(网际控制报文协议)					
差错	0	0	0	0	0x00
查询	0	0	0	0	0x00
IGMP(网际组消息管理协议)	0	0	1	0	0x40
SNMP(简单网络管理协议)	0	0	1	0	0x40
BOOTP(引导程序协议)	0	0	0	0	0x00
NNTP(网络新闻传输协议)	0	0	0	1	0x02

如表 6.1 所示，Telnet 和 Rlogin 这两个交互应用要求最小的传输时延，因为它们主要用于传输少量的交互数据；而 FTP 协议则要求有最大的吞吐量；SNMP 必须使用最高可靠性；NNTP 是唯一要求最小费用的应用。另外，新的路由协议，如 OSPF(开放式最短路径优先协议)和 IS-IS(中间系统到中间系统路由)都能根据这些字段的值选择最优的路由决策。

(4) 总长度(Total Length)，即服务类型之后的报文总长度标识，是一个 16 位标识，长度以 B(字节)为单位，最大有效值为 65 535 B。利用首部长度字段和总长度字段，就可以知道 IP 数据报中数据内容的起始位置和长度。由于该字段长 16 bit，所以 IP 数据报最长可达 65 535 B，当数据报被分片时，该字段的值也随着变化。尽管可以传送一个长达 65 535 B 的 IP 数据报，但是大多数的链路层都会对它进行分片。而且，主机也要求不能接收超过 576 B 的数据报。由于 TCP 把用户数据分成若干片，因此一般来说这个限制不会影响 IP 在 TCP 中的应用。在 UDP 的应用中(如 RIP、TFTP、BOOTP、DNS、SNMP)中都会限制用户数据报长度为 512 B。但是，事实上现在大多数的实现(特别是那些支持网络文件系统 NFS 的实现)允许超过 8192 B 的 IP 数据报。

总长度字段是 IP 首部中必要的内容，因为一些数据链路(如以太网)需要填充一些数据以达到最小长度。尽管以太网的最小帧长为 64 B，但是 IP 数据可能会更短。如果没有总长度字段，那么 IP 层就不知道 64 B 中有多少是同一 IP 数据报的内容。

(5) 标识(Identifier)，即总长度之后的 IP 标识，每个 IP 报文被赋予一个唯一的 16 位标识，用于标识数据报的分段。标识字段让目标主机确定一个新到达的分段属于哪一个数据报，通常每发送一份报文它的值就会加 1。

(6) 分段标志(Fragmentation Flag)，即标识位之后的分段标志域，该域包括 3 位标志，标识报文是否允许被分段和是否使用了这些域。第一位保留并设置为 0；第二位标识报文是否被分段，0 表示报文分段，1 表示不分段；第三位只有在第二位为 0 时才有意义，它标识当前报文是否是一系列分段报文的最后一个，0 表示该报文是最后一个。

对于发送端发送的每份 IP 数据报来说，其标识位都包含一个唯一值。该值在数据报分片时被复制到每个片中。标志域中的第三位用来表示"更多的片"。除了最后一片外，其他每个组成数据报的片都要把该位置为 1。当数据报被分片后，每个片的总长度值要改为该片的长度值。标志字段中如果将第二位置为 1，IP 将不对数据报进行分片；相反，如果需要进行分片，但第二位设置为 0，则数据报被丢弃，并发送一个 ICMP 差错报文给发送端。

(7) 分段偏移(Fragment Offset)，即分段标志后的 13 位分段偏移域，指出分段报文相对于整个报文开始处的偏移，这个值以 64 位为单位递增。根据标识和片偏移字段，目的端的 IP 层就能把分片后的 IP 数据报重新组装(这里的重新组装与其他网络协议不同，它们要求在下一站就进行重新组装，而不是在最终的目的地)。

(8) 生存时间(Time-To-Live，TTL)，该字段设置了数据报可以经过的最多路由器数，它指定了数据报的生存时间。TTL 的初始值由源主机设置(通常为 32 或 64)，一旦经过一个处理它的路由器，它的值就减去 1。当该字段的值为 0 时，数据报就被丢弃，并发送 ICMP 报文通知源主机。每个处理数据报的路由器都需要把 TTL 的值减 1 或减去数据报在路由器中停留的秒数。由于大多数的路由器转发数据报的时延都小于 1 s，因此 TTL 最终成为一个跳站的计数器，所经过的每个路由器都将其值减 1。RFC1009[Braden and Postel 1987]指出，如果路由器转发数据报的时延超过 1 s，那么它将把 TTL 值减去所消耗的时间(秒数)，但很少有路由器这么实现。新的路由器需求文档 RFC[Almquist 1993]为此指定它为可选择功能，允许把 TTL 看成一个跳站计数器。

　　TTL 字段的目的是防止数据报在选路时无休止地在网络中流动。例如，当路由器瘫痪或者两个路由器之间的连接丢失时，选路协议有时会去检测丢失的路由并一直进行下去。在这段时间内，数据报可能在循环回路被终止。TTL 字段就是在这些循环传递的数据报上加上一个有效时限构成的。

　　(9) 协议，即 TTL 之后的 8 位协议域，指示了 IP 头之后的协议，如 VINES、TCP、UDP 等。当目的主机收到一个以太网数据帧时，数据就开始从协议栈中由底向上升，同时去掉各层协议加上的报文首部。每层协议都要检查报文首部中的协议标识，以确定接收数据的上层协议。这个过程称作分用(Demultiplexing)，图 6.2 显示了该过程是如何发生的。这里要注意，ICMP 与 IGMP 协议事实上是与 IP 在同一层上，它们是 IP 的附属协议，但在图 6.2 中又把它们放在 IP 层的上面，这是因为 ICMP 和 IGMP 报文都被封装在 IP 数据报中。

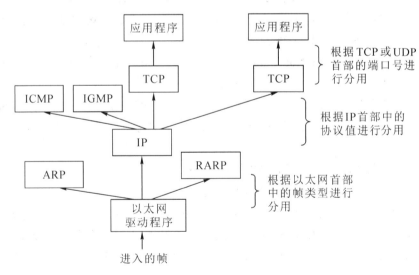

图 6.2　以太网数据帧的分用过程

　　(10) 校验和(Checksum)，是一个 16 位的错误检测域。目的主机、网络中的每个网关都要重新计算报文头的校验和，如果数据没有被改动过，则每次计算结果应该是一致的。它不对首部后面的数据进行计算。ICMP、IGMP、UDP 和 TCP 在它们各自的首部中均含有同时覆盖首部和数据校验和码，用于验证来自各层协议的数据发送过程是否完整。

　　(11) 源 IP 地址和目的 IP 地址。源 IP 地址和目的 IP 地址指明了每一份 IP 数据报都包含源 IP 地址和目的 IP 地址,互联网上的每个接口必须有一个唯一的 Internet 地址(也称作 IP 地址)。IP 地址长 32 bit,所以源 IP 地址和目的 IP 地址均为 32 bit 的字段。Internet 地址并不采用平面形式的地址空间,如"1. 2. 3"的形式。IP 地址具有一定的分段结构,共分成 A~E 五类,不同的互联网地址格式如图 6.3 所示。

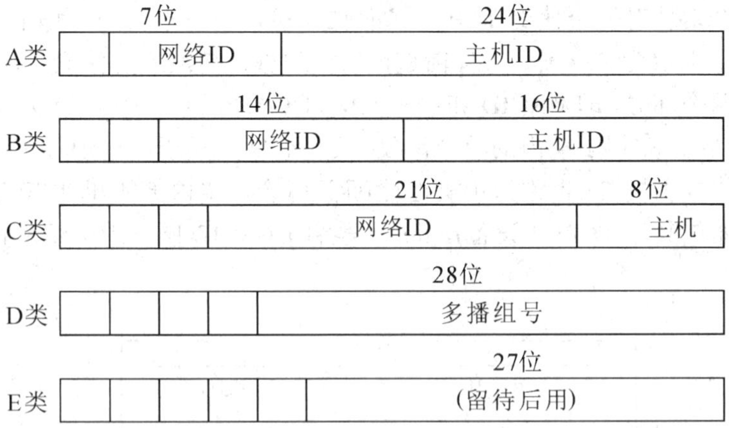

图 6.3 五类互联网地址

这些 32 位的地址通常写成 4 个十进制的数,其中每个整数对应一个字节。这种表示方法称作"点分十进制表示法"(Dotted Decimal Notation)。例如,一个 B 类地址可表示为 140.251.13.33。区分各类地址的最简单方法是看它的第一个十进制整数。表 6.2 列出了各类 IP 地址的起止范围。

表 6.2 各类 IP 地址的范围

类型	范 围
A	0.0.0.0~127.255.255.255
B	128.0.0.0~191.255.255.255
C	192.0.0.0~223.255.255.255
D	224.0.0.0~239.255.255.255
E	240.0.0.0~247.255.255.255

(12) 填充,即为了保证 IP 报头长度是 32 位的整数倍,要在有效数据后填充额外的"0"。

这些头域说明 IPv4 的网际层是无连接的,即网络中的转发设备可以自由决定通过网络的理想转发路径发送报文。它不提供任何上层协议,如 TCP 协议所提供的应答、流控、序列化功能。IP 也不能用于引导 IP 报文中的数据到正确的目的应用程序,这些功能留给上层协议解决,如 TCP 和 UDP 等协议。

6.1.2 IP 地址及其功能

IP 协议主要负责为计算机之间传输的数据报寻址,并管理这些数据报的分片过程。该协议对投递的数据报格式有规范、精确的定义。与此同时，IP 还负责数据报的路由，决定数据报发送到哪里，以及在路由出现问题时更换路由。

1. 寻址

IP 最基本的功能是指示报文送到特定目的地，因为每个 TCP/IP 主机都由逻辑 IP 地址标识，这个地址对每个使用 TCP/IP 通信的主机而言是唯一的。每个 32 位 IP 地址都标识网络上主机系统的位置，就像街道地址标识城市街道上的住宅一样。每个 IP 地址内部也分为两个部分，即网络 ID 和主机 ID，如图 6.4 所示。网络 ID 标识大型 TCP/IP 网际网络(由网络组成的网络)内的单个网段，这个 ID 也用于唯一地标识大型网际网络内部的每个网络；主机 ID(也称为主机地址)标识每个网络内部的 TCP/IP 节点(工作站、服务器、路由器或其他 TCP/IP 设备)。每个设备的主机 ID 唯一地标识所在网络内的单个系统。

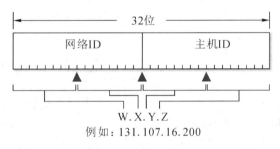

图 6.4　IP 地址示意图

下面是一个 32 位 IP 地址的示例：

　　　　10000011 01101011 00010000 11001000

为了简化 IP 寻址，IP 地址使用点分隔的十进制符号表示。32 位 IP 地址分成 4 个 8 位字节，再将该 8 位字节数转换成十进制数，并用英文句号分隔。因此，上述 IP 地址示例转换成点分隔的十进制数就是 131.107.16.200，网络 ID 部分(131.107)使用 IP 地址的前两个数表示，主机 ID 部分(16.200)用 IP 地址的后两个数表示，如图 6.4 所示。

值得注意的是，IP 地址可以标识网络上的设备，所以网络上的每个设备需要分配唯一的 IP 地址，即若计算机上安装了多个网络适配器，则每个适配器都需要有自己的 IP 地址。按照网络 ID 和主机 ID 的不同长度，IP 地址可以分成五类，分别用字母 A、B、C、D、E 表示，分别对应了五类不同规模的网络。

1) A 类地址

设计 IPv4 A 类地址的目的是支持巨型网络，该类网络中主机地址数量非常大，但同时，A 类网络的数量在五类网络中最少。一个 A 类 IP 地址仅使用第一个 8 位位组表示网络地址，剩下的 3 个 8 位位组表示主机地址。A 类地址的网络 ID 第一位总为 0，故 A 类网络的总数最多只有 127 个。A 类地址后面的 24 位表示可能的主机 ID。A 类网络中主机的 IP 地址的范围为 1.0.0.0～126.0.0.0。从技术上讲，127.0.0.0 也是一个 A 类地址，但是它已被保留作闭环(Look Back)测试之用而不能分配给具体的网络。

每一个 A 类地址能支持 16 777 214 个不同的主机地址，即后 24 bit 的所有可能组

合减掉全为 0 和全为 1 的地址数。A 类地址中网络与主机 8 位位组的比例关系如图 6.5
所示。

网络ID部分		主机ID部分		
8位位组	1	2	3	4

图 6.5　A 类地址结构

2) B 类地址

设计 B 类地址的目的是支持大中型网络。B 类网络地址的范围为 128.1.0.0～191.254.0.0。
一个 B 类 IP 地址使用两个 8 位位组表示网络 ID，另外两个 8 位位组表示主机 ID。B 类地
址的第 1 个 8 位位组的前两位总置为 10，剩下的 6 位既可以是 0 也可以是 1，这样就限制
其范围小于等于 191，即由 128＋32＋16＋8＋4＋2＋1 得到。

最后的 16 位(2 个 8 位位组)标识 64 534 个可能的主机地址，而 B 类网络的总数仅有
16 382 个，其网络与主机 8 位位组的比例关系如图 6.6 所示。

网络部分			主机部分	
8位位组	1	2	3	4

图 6.6　B 类地址结构

3) C 类地址

C 类地址用于支持大量的小型网络。这类地址可以认为与 A 类地址正好相反。A 类地
址使用第一个 8 位位组表示网络 ID，剩下的 3 个表示主机 ID，而 C 类地址使用 3 个 8 位
位组表示网络 ID，仅用一个 8 位位组表示主机 ID。

C 类地址的前 3 位数为 110，前两位之和为 192(128+64)，这形成了 C 类地址空间的
下界。第 3 位等于十进制数 32，这一位为 0 限制了地址空间的上界。因此，C 类地址中
可容纳的主机数量最大值为 255 减 32，即 223，其地址的范围为 192.0.1.0～223.255.256.0。
最后一个 8 位位组用于主机寻址。每一个 C 类地址理论上可支持最大 256 个主机地址
(0～255)，但是仅有 254 个可用，因为 0 和 255 不是有效的主机地址。C 类网络地址可用
数为 2 097 150 个。网络和主机 8 位位组的比例关系如图 6.7 所示。

网络部分			主机部分
8位位组	1	2	3	4

图 6.7　C 类地址结构

4) D 类地址

D 类地址用于在 IP 网络中的组播(Multicasting，又称为多目广播)。D 类组播地址机制
仅有有限的用处。一个组播地址是一个唯一的网络地址，它能指导报文到达预定义的 IP
地址组。

一台主机可以把数据流同时发送到多个接收端，这比为每个接收端创建一个不同
的流有效得多。组播长期以来被认为是 IP 网络最理想的特性，因为它有效地减小了网
络流量。

D 类地址和其他地址空间一样，有其数学限制。D 类地址的前 4 位恒为 1110，预置前

3 位为 1 意味着 D 类地址开始于 128 + 64 + 32，即 224。第 4 位为 0 意味着 D 类地址的最大值为 128 + 64 + 32 + 8 + 4 + 2 + 1，即 239。因此，D 类网络地址的范围为 224.0.0.0～239.255.255.254。这个范围看起来有些奇怪，因为上界需要 4 个 8 位位组确定。通常情况下，这意味着用于表示主机和网络的 8 位位组用来表示一个网络 ID。其中是有原因的，因为 D 类地址不是用于互连单独的端系统或网络。

D 类地址用于在一个私有网中传输组播报文至 IP 地址定义的端系统组中，因此没有必要把地址中的 8 位位组或地址位分开表示网络和主机。相反，整个地址空间用于识别一个 IP 地址组(A、B 或 C 类)。网络和主机 8 位位组的比例关系如图 6.8 所示。

主机部分				
8位位组	1	2	3	4

图 6.8　D 类地址结构

5) E 类地址

E 类地址虽被定义但却为 IETF 所保留作研究之用。因此 Internet 上没有可用的 E 类地址。E 类地址的前 4 位恒为 1，因此有效的网络地址范围为 240.0.0.0～255.255.255.255。考虑到 E 类地址作研究之用，且仅在 IETF 内部使用，因此这里不做进一步讨论。

历史上，不同类 IP 地址之间巨大的差异已经浪费了大量的地址。举例来说，一个中等规模的公司需要 300 个 IP 地址，一个 C 类地址(254 个地址)不够用，如果使用两个 C 类地址，则提供的地址有富余，但是这样一个公司就有两个不同的域，增加了路由表的尺寸，因为每一个地址空间需要一个路由表项(即使它们属于同一个组织)。另一种选择是，B 类地址提供了所有需要的地址，而且在一个域中，但是这样却浪费了 65 234 个地址，当一个网络有多于 254 个主机时就提供一个 B 类地址，这种情况太常见了。因此，B 类地址比其他地址更容易耗尽。

为了解决地址浪费问题，人们提出了扩充机制，即通过子网掩码、可变长子网掩码和无类别域间路由(Classless Inter-Domain Routing，CIDR)3 种扩充机制对网络地址空间进行更详细的划分。这 3 种扩充用于解决不同的问题，是不同的机制。子网掩码无论是固定长度还是可变长度，目的是将物理网络分成若干个逻辑网络。CIDR 用于解决原先分类地址策略的低效性。这样可以使路由器更有效地汇聚不同网络地址成单一的路由表项。值得注意的是，这两种机制不是互斥的，二者可以并且也应该结合使用。

2. 路由

对于主机而言，IP 路由选择是一个简单传送数据报的过程。如果目的主机与源主机直接相连(如点对点链路)或都在一个共享网络上(以太网或令牌环网)，那么 IP 数据报就直接送到目的主机上；否则，主机把数据报发往一个默认的路由器，由路由器来转发该数据报，大多数主机都采用这种简单机制。在一般的体制中，IP 可以从 TCP、UDP、ICMP 和 IGMP 等协议中接收数据报(即在本地生成的数据报)并通过网络接口发送出去，或者从网络接口接收数据报(待转发的数据报)并再次发送。IP 层在内存中有一个路由表。当收到一份数据报并进行发送时，它都要对该表搜索一次；当数据来自某个网络接口时，IP 首先检查目的 IP 地址是否为本机的 IP 地址或者 IP 广播地址，若是，那么数据报就被送到由 IP 首部协议字段所指定的协议模块进行处理，否则就按路由表指示的地址进行数据报转发，若路由表找不到目标路由地址，则数据报会被丢弃。

路由表由地址记录构成，每一项记录都包含下列四类信息：

(1) 目的 IP 地址，即一个主机地址或网络地址，由该表中的标志字段来指定。主机地址为一个非 0 的主机 ID，用于指定某一特定的主机，而网络地址中的主机 ID 为 0，用于指定某一特定网络中的所有主机。

(2) 下一站(或下一跳)路由器(Next-hop Router)的 IP 地址，或者有直接连接的网络 IP 地址，即与当前主机处于同一网络的路由器，通过它可以转发数据报。下一站路由器不是最终的地址，但是它可以把传送给它的数据报转发到最终地址。

(3) 标志，即用于指示 IP 地址类型和路由器类型的标志位。其中一种标志指明目的 IP 地址是网络地址还是主机地址；另一个标志指明下一站路由器 IP 地址是路由器还是一个直接相连的接口。

(4) 本地网络接口，即为数据报的传输指定一个网络接口设备。

IP 路由选择是逐跳地进行的，因为依据路由表信息，IP 数据报并不知道到达目的 IP 的完整路径(除了那些与主机直接相连的目的地址)，所有的 IP 路由选择只为数据报传输提供下一站路由器的 IP 地址。它假定下一站路由器比发送数据报的主机更接近目的主机，而且下一站路由器与该主机是直接相连的。

IP 路由选择主要完成以下功能：

(1) 搜索路由表，即寻找能与目的 IP 地址完全匹配的记录(网络 ID 和主机 ID 都要匹配)。如果找到，则把报文发送给该记录指定的下一站路由器或直接连接的网络接口(取决于标志字段的值)。

(2) 搜索路由表，寻找能与目的网络 ID 相匹配的记录。如果找到，则把报文发送给该记录指定的下一站路由器或直接连接的网络接口(取决于标志字段的值)。目的网络上的所有主机都可以通过这个记录来处置。例如，以太网中所有主机都是通过这种记录进行寻址的。这种搜索网络的匹配方法必须考虑可能的子网掩码。

(3) 搜索路由表，寻找标为"默认"(Default)的记录。如果找到，则把报文发送给该记录指定的下一站路由器。

如果上面这些步骤都没有成功，那么该数据报就不能被传送。如果不能传送的数据报来自本机，那么一般会向生成数据报的应用程序返回一个"主机不可达"或"网络不可达"的错误。完整主机地址匹配在网络 ID 匹配之前执行，只有当它们都失败后才选择默认路由。

通常仅为一个网络指定一个路由器，而不必为每个主机指定一个路由器，这是 IP 路由选择机制的另一个基本特性。这样做可以极大地缩小路由表的规模。

这里通过图 6.9 中的具体例子来说明 IP 的路由功能。主机 bsdi 有一份 IP 数据报要传到 ftp.uu.net 主机上，它的 IP 地址是 192.48.96.9。首先，主机 bsdi 搜索路由表，但是没有找到与主机地址或网络地址相匹配的记录，目的 IP 地址是最终的信宿机地址(192.48.96.9)，但是链路层地址却是 sun 主机的以太网接口地址，因此只能用默认的记录，把数据报传给下一站路由器，即主机 sun。

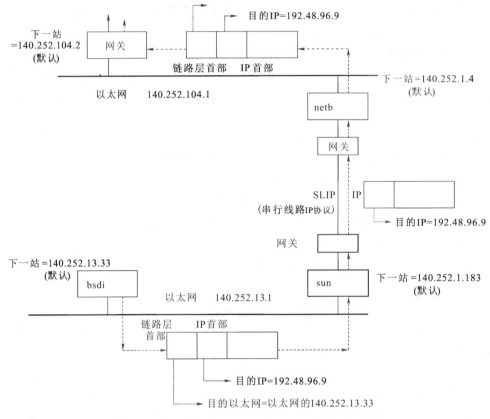

图 6.9　从 bsdi 到 ftp.uu.net (192.48.96.9)的初始路径

当数据报从 bsdi 被传到 sun 主机上以后，它发现数据报的目的 IP 地址并不是本机的任一地址，而 sun 已被设置成具有路由器的功能，因此它把数据报进行转发。经过搜索路由表，选用了默认记录。根据 sun 的默认记录，它把数据报转发到下一站路由器 netb，该路由器的地址是 140.252.1.183。当 netb 收到数据报后，它执行与 sun 主机相同的步骤，即同样对该数据报进行转发，采用的也是默认路由记录，把数据报送到下一站路由器 Router(140.252.1.4)。路由器 Router 也执行与前面两个路由器相同的步骤。它的默认路由记录所指定的下一站路由器 IP 地址是 140.252.104.2。然后，该数据报重复上述过程，经过不同网络的路由器转发，直到到达目的网络 192.48.0.1，最终到达目的主机 192.48.96.9。

上述例子的关键点如下：

(1) 该例子中的所有主机和路由器都使用了默认路由。事实上，大多数主机和一些路由器可以用默认路由来处理任何目的网络数据报，除非它在本地局域网上。

(2) 数据报中的目的 IP 地址始终不发生任何变化，所有的路由选择决策都基于这个目的 IP 地址。

(3) 每个链路层可能具有不同的数据帧首部，而且链路层的目的地址(如果有的话)始终指的是下一站的链路层地址。在该例子中，两个以太网封装了含有下一站以太网地址的链路层首部。以太网地址一般通过 ARP 协议获得。

3. IP 数据报分片

以太网和 802.3 协议对数据帧的长度都有一个限制，其最大值分别是 1500 B 和 1492 B。

链路层的这个特性称作最大传输单元(MTU)，不同类型的网络都有一个 MTU 上限。IP 数据报是指 IP 层端到端的传输单元(在分片之前和重新组装之后)。因此，当 IP 数据报被封装为链路层数据单元时，根据 MTU 的长度限制，一个分组可以是一个完整的 IP 数据报，也可以是 IP 数据报的一个分片。任何时候 IP 层接收到一份要发送的 IP 数据报时，它要判断向本地哪个接口发送数据(选路)，并查询该接口获得其 MTU。IP 把获得的 MTU 与数据报长度进行比较，如果需要则进行分片。分片可以发生在原始发送端主机上，也可以发生在中间路由器上。

根据前面介绍的 IP 首部可知其字段是用来控制分片的。当 IP 数据报被分片后，每一片都成为一个分组，具有自己的 IP 首部，并在选择路由时与其他分组独立。这样，当数据报的这些片到达目的端时有可能会失序，但是在 IP 首部中有足够的信息，能让接收端正确地组装这些数据报片。尽管 IP 分片过程看起来是透明的，但其也有缺点，即使只丢失一片数据分组也要重传整个数据报。事实上，如果对数据报分片的是中间路由器，而不是起始端系统，那么起始端系统就无法知道数据报是如何被分片的，所以，IP 协议要尽可能避免分片。

4. IP 功能

通过 IP 数据报的结构分析，运行在网络层的 IP 协议可以为用户提供以下 3 种服务：

(1) 不可靠的数据投递服务。IP 本身不能确认发送的报文能否被正确接收，因此不能确保投递的可靠性。数据报可能在遇到延迟、路由错误、数据报分片和重组过程中受到损坏，且 IP 协议不检测这些错误。在发生错误时，也没有机制保证一定可以通知发送方和接收方。

(2) 面向无连接的传输服务。该服务类型不关心数据报沿途经过哪些节点，甚至也不关心数据报起始于哪台计算机及终止于哪台计算机。同一批数据报从源节点到目的节点可能经过不同的传输路径，而且这些数据报在传输的过程中有可能丢失，也有可能正确到达。

(3) 尽最大努力投递服务。IP 并不随意地丢弃报文，只有在系统的资源用尽、接收数据错误或网络出现故障等状态下，才不得不丢弃报文。

6.1.3 TCP 协议介绍

TCP 是传输层协议(OSI 参考模型中第四层)，它使用 IP 提供可靠的应用数据传输。TCP 在两个或多个主机之间建立面向连接的通信。TCP 支持多数据流操作，提供流控和错误控制，支持对报文的重新排序。

当 IP 数据报文中有已经封好的 TCP 数据报文时，IP 将把它们向上传送到 TCP 层。TCP 对报文排序并进行错误检查。TCP 报文中包含序号和确认号，所以未按照顺序收到的报文可以被排序，且损坏的报文也可以被重传。TCP 将它的信息送到更高层的应用程序，如 Telnet 的服务程序和客户程序。发送数据时，应用程序轮流将信息送回 TCP 层，TCP 层便将它们向下传送到 IP 层，最后通过网络接口设备和物理传输介质将它们传递到接收方。

面向连接的服务，如 Telnet、FTP、Rlogin、X Windows 和 SMTP 等高级网络应用需要高度的可靠性，所以它们使用了 TCP。DNS 在某些情况下使用 TCP 发送和接收域名数据库，而使用 UDP 传送有关单个主机的信息。

为了实现应用程序和网络之间的连接，TCP 在网络通信中有几个重要功能，包括多路复用数据流、测试数据的完整性、重新排序、流控、计时机制、应答接收等。

1. 多路复用数据流

TCP 是用户应用与许多网络通信协议之间的接口。TCP 必须能同时接收来自多个应用的数据，并把它们打包到数据段中传给 IP。同时，TCP 必须能同时应答转发给多个应用的数据，并跟踪记录 IP 层到达的报文要转发到的应用程序。这种多路复用数据流是通过不同的端口来实现的，因此，需要通信的应用程序对应的源主机和目的主机必须实现约定好使用的端口号。有许多端口号是约定俗成的标准端口，如超文本传输协议使用 80 端口，网络新闻传输协议使用 119 端口，纯文本文件传输协议使用 69 端口等。对于网络应用繁多的今天，端口号成为一种有限的系统资源。常用的 TCP 和 UDP 端口号可参考 RFC1700 文档。

TCP 的端口号是一个 16 位的二进制数，共有 65 535 个可用的端口号。端口 0～1023 是固定应用的端口号，一般不随意占用；比 1023 大的端口号通常被称为高端口号，可以用于用户的自定义程序。

TCP 报文中既有源应用端口号又有目的应用端口号。另一个经常使用的术语是套接字，它由驻留在主机上的特定应用端口号和主机 IP 地址联合构成，用于描述主机和应用，如套接字 10.1.1.19: 666 标识了主机 10.1.1.19 上的应用，其端口号为 666。

2. 测试数据的完整性

封装在 TCP 报文中的数据经过校验和计算，把结果放在 TCP 头的校验和域中。目的主机接收 TCP 报文后，再次对接收数据执行相同的校验和，并与校验和域中的值进行匹配。若二者相同，便认为收到了完整的数据；否则，目的主机请求重发该 TCP 报文。

3. 重新排序

到达目的主机的报文段经常是乱序的，其中有许多原因。比如，在一个利用率非常高的网络中，路由协议很可能为报文选择不同的传递路径，从而导致报文乱序到达。另一种情况是，报文在传输过程中可能丢失或损坏。因此，目的主机的 TCP 协议会缓冲接收到的所有报文，并通过查看 TCP 头中的序列号域，尝试重新排序。

4. 流控

TCP 会话中的源主机和目的主机称为对等实体，它们有对流向其物理缓冲中数据流的控制能力。流量控制通过调节 TCP 窗口大小实现数据收发的速率。源主机和目的主机的窗口大小通过 TCP 头进行规定，当目的主机的数据缓冲区将耗尽时，会减小源主机的发送速率；如果目的主机的缓冲区完全被填满，它就会发送一个收到最后数据的应答报文，则新的窗口大小被置为 0，使数据停止发送，直到拥塞的目的主机清理掉其缓冲区。虽然这个简单的窗口机制能有效地调整两台主机之间的数据流，但是它只能保证通信两端不会被接收的数据所淹没。窗口尺寸自身不会考虑网络上存在的拥塞情况。网络拥塞意味着报文到达目的地的时间比通常情况长，因此流控管理一定是时间和效率的函数。

5. 计时机制

TCP 为几个关键功能提供计时控制。每次传输一个数据段时，设置一个计时器。假如计时器在接到应答之前归零，数据报文即认为已丢失，并请求重传。计时器可用于间接管理网络拥塞，其方法是当超时出现时减慢传输率，从而减小自身对拥塞的影响。源主机使用一个发送计时器周期性查询目的主机的最大窗口尺寸。在理想状态下，不需要该计时器，因为每个应答会包含窗口尺寸。然而,有时网络会丢失数据,当查询到目的主机发生了缓冲溢出,并发回一个 0 窗口尺寸的应答时,传输节点会中止发送。但是,如果非 0 窗口尺寸的应答丢失,源主机就可以通过发送计时器的结果来实现发送速率的控制。如果网络严重堵塞,使查询仍不能得到窗口大小,则 TCP 协议会重置连接。另一个计时机制称为最大段生存时间(Maximum Segment Lifetime,MSL)。MSL 用于识别已传输了很长时间,且已被重传替换了的数据报,接收到 MSL 中止的数据报将被简单丢弃。

6. 应答接收

TCP 作为可靠的连接模式,一般会设置 ACK 应答,目的主机需要对接收到的特定数据做出应答。没被应答的数据段被认为已在传输过程中丢失,需要进行重传。重传必须在源主机和目的主机之间配合进行。

6.1.4　TCP 报头结构

和 IP 一样,TCP 的功能也是由其报头中携带的信息决定的。因此,理解 TCP 的机制和功能需要了解 TCP 报头的构成。图 6.10 显示了 TCP 报头结构和其中各域的大小。

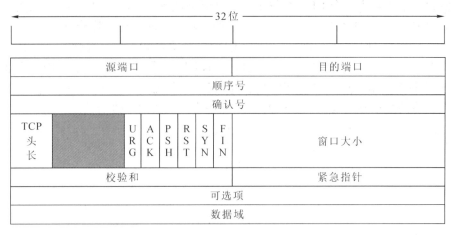

图 6.10　TCP 报头结构图

TCP 协议头最少 20 B,包括以下各域:

(1) TCP 源端口:16 位的源端口域定义了初始化通信的发送方端口号,用于标识报文的返回地址。

(2) TCP 目的端口:16 位的目的端口域定义了报文传输的目的,用于指明报文接收主机上的应用程序地址接口。

(3) TCP 顺序号:32 位的顺序号供接收主机重排分段报文的顺序。在动态路由网络中,同一批报文很可能使用不同的路由,因此报文会乱序到达。目的主机使用顺序号域就可以恢复正确的报文顺序。

(4) TCP 确认号:TCP 使用 32 位的确认号标识下一个希望收到的报文顺序号。收到确认报文的源主机会知道特定的段已经被正确收到。

(5) TCP 头长:这是一个 4 位指示域,指明 TCP 报头大小。

(6) 标志域:该域共有 6 位标志位,即紧急标志(URG)、有意义的应答标志(ACK)、推标志(PSH)、重置连接标志(RST)、同步顺序号标志(SYN)以及完成发送数据标志(FIN)，每一位标志可以打开一个对应的控制功能。

(7) 窗口大小：目的主机使用该 16 位的域告诉源主机，它期望收到的每个 TCP 数据段大小。

(8) 校验和：该域是 16 位的错误检查域，用于校验 TCP 报头的完整性。源主机基于 TCP 报头数据内容计算一个校验和，目的主机也进行相同的计算。如果二者一致，则说明报头被完整接收。

(9) 紧急指针：这是一个双字节标志，用来保证 TCP 连接不被中断，并督促后续网络设备尽快处理当前 TCP 报。

(10) 可选项：6 位恒置 0 的域，为将来定义新的用途保留。

(11) 数据域：这个 4 位域包括 TCP 报头大小，以 32 位数据结构或"字"为单位。

6.1.5　UDP 协议分析

UDP 是另一个重要的传输层协议，它提供了一种基本的、低延时的数据报传输。网络主机上的每个进程对应一个 UDP 数据报流，并组装成待发送的 IP 数据报，该数据报的格式如图 6.11 所示。UDP 不提供连接可靠性的保证，它把应用程序传给 IP 层的数据发送出去，但是并不确认它们是否正确地被接收。UDP 的简易性和不可靠性使其不适合于对可靠性要求高的应用，但对另一些更复杂的且自身可以提供面向连接功能的应用却很适合。其他可能使用 UDP 的情况包括转发路由表数据交换、系统信息、网络监控数据等的数据交换。这些类型的交换不需要流控、应答、重排序或任何面向连接的功能。

图 6.11　UDP 封装

UDP 报头各字段如图 6.12 所示，具有以下结构：

(1) UDP 源端口号：该 16 位的源端口号是源主机的连接号，源端口号和源主机 IP 地址共同作为报文的返回地址。

(2) UDP 目的端口号：该 16 位的目的端口号是目的主机的连接号，用于把到达目的主机的报文转发到正确的应用程序。

(3) UDP 信息长度：16 位的信息长度域，用于标识报文的总长度及验证数据信息的有效性。

(4) UDP 校验和：16 位的错误检查域，用于验证接收到的报文是否完整。

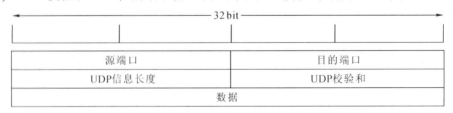

图 6.12　UDP 报头结构图

　　由于 IP 层已经把 IP 数据报分配给 TCP 或 UDP(根据 IP 首部的协议字段值区分)，TCP 端口号与 UDP 端口号是相互独立的。但如果 TCP 和 UDP 同时提供某种标准服务，如浏览网页，则两个协议通常选择相同的端口号。UDP 长度字段指的是 UDP 报头和 UDP 数据的字节总长度。同样，IP 数据报长度指的也是数据报全长，因此 UDP 数据报长度是 IP 数据报全长减去 IP 首部的长度，如图 6.13 所示。UDP 检验和可以覆盖 UDP 报头和 UDP 数据，而 IP 的检验和只覆盖 IP 的首部，并不覆盖 IP 数据报中的任何数据。UDP 和 TCP 在首部中都有覆盖它们首部和数据的检验和，但 UDP 的检验和是可选的，TCP 的检验和是必需的。

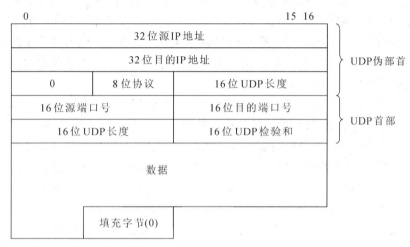

图 6.13　UDP 检验和计算过程中使用的各个字段

　　RFC 声明中，UDP 检验和选项在默认条件下是打开的。它还声明，如果发送端已经计算了检验和，那么接收端必须检验接收到的检验和。但是，许多系统没有遵守这一点，只是在出口检验和选项被打开时才验证接收到的检验和。

　　UDP 被设计成一个简易的、有效的传输协议，它只包括用于收发数据必要的最少信息，并执行有限的错误检查。UDP 不提供任何 TCP 支持的复杂功能，没有计时机制、流控或拥塞管理机制、应答、紧急数据的加速传送等功能。UDP 使用尽力传送数据报方式发送数据，由于某种原因传输失败而导致的数据报丢弃，UDP 并不试图重传。

　　TCP 和 UDP 的共性是都使用 IP 作为其网络层协议。TCP 和 UDP 之间的主要差别在于可靠性。TCP 是高度可靠的面向连接的协议，而 UDP 是一个面向无连接的协议，只对数据报尽力发送出去。这也意味着，TCP 更复杂，需要大量功能开销，而 UDP 更简洁高效。因此，UDP 最适合于小规模地发送独立报文，而对于数据分成多个报文且需要对数据流进行调节的情况，TCP 更适合。UDP 是更节约资源的传输层协议，它的操作执行比 TCP 快得多，因此，它适合于不断出现的、和时间相关的应用，如传输语音和实时的电视会议。UDP 也能很好地适用于其他特殊的网络功能，如在路由器之间传输路由表更新，或传输网络管理/监控数据。这些功能虽然对网络的可操作性很关键，但如果使用可靠的 TCP 传输机制则会对网络造成负面影响。

6.2　网络应用服务安全

6.2.1　FTP

FTP 是一个常用的网络应用程序。它是用于文件传输的 Internet 标准。FTP 与别的 TCP 应用不同，它采用两个 TCP 连接来传输一个文件。

FTP 首先以通常的客户机/服务器方式建立一个控制连接。服务器以被动方式打开 FTP 的固定端口 21，等待客户机的连接。客户机则以主动方式打开 TCP 端口 21，来建立连接。控制连接始终处于监听状态，等待客户机与服务器之间的通信，用于将命令从客户机传给服务器，并传回服务器的应答结果。由于命令通常是由用户键入的，所以 IP 对控制连接的服务类型就是"最大限度地减小迟延"。

当一个文件在客户机与服务器之间传输时，TCP 将创建一个数据连接。由于该连接用于传输数据目的，所以 IP 对数据连接的服务特点就是"最大限度提高吞吐量"。

图 6.14 描述了 FTP 客户机与服务器之间的连接情况。用户接口功能是按用户所需提供各种交互界面(全屏幕菜单选择，逐行输入命令等)，并把它们转换成在控制连接上发送的 FTP 命令。用户通常不处理在控制连接中转换的命令和应答，这些细节均由两个协议解释器来完成。类似的，从控制连接上传回的服务器应答也被转换成用户所需的交互格式。从图 6.14 中还可以看出，这两个协议解释器可以根据需要激活文件传输功能。

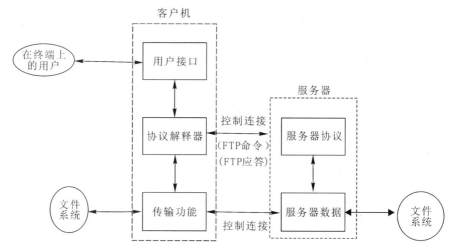

图 6.14　文件传输中的处理过程

FTP 是在 20 世纪 70 年代设计的，那时互联网还是一个封闭的网络，网络安全还不是一个大问题。当 FTP 在具备 NAT 网关、防火墙、路由访问列表的现代网络环境中被使用时，会产生一系列安全问题，关键的文件传输和共享一般不会直接选择 FTP 作为传输工具。

近年来很多技术人员为了使 FTP 更加安全，做了大量安全改造，使得 FTP 在安全传输方面得到了补充。但同时，FTP 工作过程更加复杂，且难以排除错误。目前，FTP 默认的设置中依然使用明文传输用户名和口令，所以仍然存在安全隐患。

在文件安全传输方面,已有许多应用可以替代传统的 FTP,如 SCP、SFTP 或者 WebDAV
等新型工具,它们建立在普通 FTP 之上,并普遍使用了 SSL/TLS 进行文件传输过程的验
证和加密,实现了可靠的数据保密性与完整性,并与传统 FTP 协议保持兼容。

6.2.2 Telnet

Telnet 使用相当广泛,它允许用户和位于远处的另一台主机建立连接,并支持远程实
时操作。Telnet 定义了一种通用字符终端,即网络虚拟终端(Network Virtual Terminal,NVT)。
NVT 是虚拟设备,连接的双方即客户机和服务器都必须把它们的物理终端和 NVT 进行相
互转换。也就是说,不管客户进程终端是什么类型,操作系统必须把它转换为 NVT 格式,
同时,服务器的操作系统必须能够把 NVT 格式转换为终端所能够支持的格式。

默认的 Telnet 工作模式有一个致命的不足,即所有的信息交互都是非加密的,无论是
远程用户的登录传送的账号和密码还是数据都是以明文的方式传输,使用附加的认证协议
可以解决这一问题。通常,Telnet 使用的认证协议选项及其含义如表 6.3 所示。对使用者
的认证方式选择,与用户所在网络的安全级别有关系。不同的安全级别使用不同的认证方
式。对于数据传输的安全性可以使用加密技术对会话进行加密,以保证数据的安全。

表 6.3 Telnet 使用的认证协议选项及其含义

认证协议选项	含　义
NULL	不使用认证
KERBEROS_V4	使用 Kerberos_v4
KERBEROS_V5	使用 Kerberos_v5
SPX	使用 SPX
RSA	使用 RSA 公钥私钥密码认证
LOKI	使用 LOKI

由于 Telnet 具有出色的远程控制和操作性能,因此是一个理想的网络攻击工具。早期
的利用 Telnet 攻击主要是针对环境变量的非法使用。例如,在支持 RFC1048 或者 RFC1572
规范的系统中,如果用户用来登录服务器的 Telnet 支持共享对象库,就可以传递环境变量,
从而影响 Telnet 守护进程的调用和登录。使用环境变量的初衷是测试某些二进制库的加载
情况,即可以通过改变库的路径,而不必修改库的位置。但是如果攻击者把自己定义的库
加入其中,然后改变环境变量,就可以取得 root 的权限。

用户可以利用 Telnet 获得很多关于服务器的情况,如服务器的操作系统版本、开放端
口、系统补丁情况等等。Telnet 不仅可以使用端口 23,而且也可以连接到其他服务的端口,
只要端口是开放的。例如,可以利用 Telnet 向端口 80 发送登录请求,只要请求是合法的,
端口 80 就可以得到回应,从而造成端口使用混乱。因此,在服务器端应当设置登录的指
定端口、登录的次数和登录延时限制,避免随意的 Telnet 登录请求。

为加强 Telnet 的安全性,通常使用 Telnet 安全系统工具加强 Telnet 服务。下面介绍两
种使用广泛的安全远程登录工具。

1. SSH

SSH(Secure Shell)是一个提供安全登录和远程命令执行的软件包，它是为替代 Telnet、Rlogin 等远程登录方式而设计的。SSH 建立一个基于本身主机密钥加密的安全连接，从而实现所有命令和数据传输的保密性。同时，SSH 还支持基于公钥证书体系的认证机制，可以实现可靠的远程登录和操作。

长期以来，SSH 是被认为是安全强度比较高的远程管理工具，在 UNIX、Linux 等服务器上广泛使用。但是，SSH 也存在一个明显的安全缺陷，即在默认方式中，仍旧把登录密码从一个网络连接中直接传递到另一台主机上。因为有部分网络管理员喜欢共享密码，也就是很多地方使用同一个密码，如果有一台 SSH 服务器被攻破了，入侵者就可以在服务器上面安装特洛伊木马程序，然后跟踪所有的连接，得到所有用户的密码，这样就可以试着破解其他连接到 SSH 服务器上的主机了。SSH 为了解决这个问题，使用公钥密钥为用户生成证书，只有拥有合法证书的用户才能成功登录，这在提高安全性的同时，也增加了用户的使用步骤，同时还需要专门解决密钥管理问题。

2. 一次性口令系统

一次性口令系统在远程登录中使用很方便，原因是客户端不需要被修改，可以很好地避免非法的用户登录，因此，一次性口令系统在银行、证券等金融领域有广泛应用。然而，它也有固有的安全缺陷，即不使用任何形式的会话加密，因此不提供保密性。所以，这会在第一次会话中成为一个问题，如果第一次会话中泄露了后续登录密钥的生成方式，那么一次性口令的安全性就严重降低了。彻底解决这个问题的方法只有通过线下协商口令及其产生方式。

此外，维护一个很大的一次性口令列表也很麻烦，有的系统甚至让用户把所有使用的一次性口令列在纸上，这会让用户很反感。有的系统会提供硬件支持，即使用产生口令的硬件，如动态口令产生器，但是所有用户均需配备这样的硬件支持。另外，有时用户会重复使用以前的口令，同样会给入侵者提供入侵的机会。

6.2.3　SMTP 和 POP3

电子邮件是互联网中最基础、最重要的应用之一，也是 TCP 连接中的重要一类，它对应的上层协议是简单邮件传送协议(Simple Mail Transfer Protocol，SMTP)。图 6.15 显示了一个用 TCP/IP 交换电子邮件的示意图。

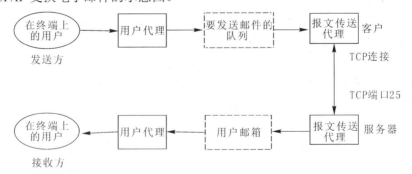

图 6.15　TCP / IP 交换电子邮件

SMTP 对应的 TCP 连接默认使用端口 25 进行数据收发，分别连接位于邮件服务器和客户机上的报文传送代理。报文传送代理的上层连接着各自的用户代理，邮件的发方用户和收方用户只需在各自的用户代理中处理邮件数据，SMTP 即可对数据队列进行可靠的处理。

在电子邮件系统中，为了发送和接收电子邮件，用户所使用的客户机称为消息用户代理服务器。与此相对应，从客户机接收邮件的服务器称为消息传输代理服务器。通常，用户可以选择它们自己的服务器代理，如网易邮箱、QQ 邮箱、新浪邮箱等，它们包含了消息用户代理服务器和消息传输代理服务器。

电子邮件系统使用电子邮箱标识符来指定邮件的接收端地址，即通常所说的电子邮箱地址。一般的，电子邮箱地址用"名字@域名"的形式来表达，其中"名字"是当前"域名"内唯一识别不同用户的标识，"域名"则是由分层形式的互联网地址所构成的字符串。

图 6.16 所示的是 SMTP 协议交互的实例。在第 1 行和第 3 行中，开头出现的 3 位数值是从服务器发往客户机的消息，其余内容是从客户机发往服务器的消息。在服务器发出的消息中，开头的 3 位数值表示消息的种类和状态(如发送成功或失败等信息)。关于客户机的基本操作，首先由 HELLO 命令开始发起连接(第 2 行)，使用 MAIL 命令将邮件发送者的地址发送到服务器(第 4 行)；接着使用 RCPT 命令发送接收者的邮件地址(第 6 行)，用 DATA 命令来发送邮件的内容(第 8 行以后)；最后使用 QUIT 命令结束整个交互(第 17 行)。

```
1    220 mailserver. myhome. pri ESMTP Sendmail 8.10.1/8.10.1; wed,5Jul 2000 17 :19:23 +0900 (JST)
2    HELLO client.myhome.pri
3    250 mailserver.myhome.pri Hello client. Myhome.pri [192.168.157.235], pleased to meet you
4    MAIL FROM; foo@myhome.pri
5    250.2.1.0 foo@myhome.pri...Send ok
6    RCPT TO: bar@anywhere.pri
7    250.2.1.0 bar@anywhere.pri...Recipient ok
8    DATA
9    354 Eenter mail, end with "." on a line by itself
10   From: foo@myhome.pri
11   TO: bar @anywhere.pri
12   Subject: hello
13
14   How are you?
15
16   50.2.0.0 e658k0835935 Message accepted for delivery
17   QUIT
18   221.2.0.0 mailserver.myhome.pri closing connection
```

图 6.16　SMTP 协议操作

在 Internet 邮件刚开始使用时，用户读取邮件必须首先登录到邮件服务器。邮件程序通常都是基于文本的，缺乏对用户友好的界面。为了解决这一问题，出现了一些协议，它们使邮件消息可直接发送到用户终端。其中，邮局协议(Post Office Protocol，POP)是使用最广泛的协议之一，它用于电子邮件的接收，现在常用的是第三版，简称 POP3。通过 POP

协议，客户机登录到服务器上后，可以对自己的邮件进行搜索、浏览、删除或下载到本地。POP 服务器一般使用的是 TCP 的 110 号端口，POP3 客户向 POP3 服务器发送命令并等待响应，POP3 服务器根据连接阶段的不同，分为认可状态、处理状态和确认状态。

　　一般情况下，POP3 客户机登录服务器时采用 ASCII 码明文发送用户名和口令，即服务器在认可状态下等待客户连接请求，客户用命令 user/pass 发送明文用户名和口令给服务器，用于身份认证，一旦认证成功，便转入处理状态。为了解决发送明文口令时的泄露问题，人们开发了新的邮件认证方法，即 APOP(Authenticated Post Office Protocol)。使用 APOP 时，口令在传输之前被加密。当第一次与服务器连接时，POP3 服务器向客户机发送一个 ASCII 码问候，这个问候由一串字符组成，对每个客户机是唯一的，且与当时的时间关联；然后，客户机把登录口令附加到这一串字符后，使用安全哈希函数计算出一个消息摘要，再把用户名与消息摘要作为 APOP 的登录信息发送出去。

　　了解了 SMTP 和 POP3 以后，接下来介绍两类针对邮件服务的攻击。一类就是利用中继(Relay)转发邮件，即攻击者通过受害者的服务器地址来转发邮件，这样攻击者就可以匿名向任何地址发邮件，那么受害者使用的服务器就成为发送垃圾邮件的帮凶，同时也可能被网上的很多邮件服务器列入黑名单。另一类攻击称为垃圾邮件(Spam)攻击，即人们常说的邮件炸弹。垃圾邮件攻击是指在很短时间内服务器可能接收大量无用的邮件，从而使邮件服务器不堪负载而出现瘫痪。因此，作为网络邮件服务器，防止邮件攻击的措施将必不可少。总体来说，邮件服务器主要有如下五种防范措施。

1. SMTP 用户认证

　　用户认证是目前最简单并且十分有效的安全措施。在邮件服务器上对来自本地网络以外的互联网的发信用户进行 SMTP 认证，仅允许通过认证的用户进行进一步操作。这样既能够有效避免邮件服务器被垃圾邮件发送者所利用，又可以为正常用户提供邮件服务。如果不采取 SMTP 认证，则在不牺牲安全的前提下，设立面向互联网的 Web 邮件网关，进行网络接入认证也是可行的。

　　此外，如果 SMTP 服务和 POP3 服务集成在同一服务器上，在用户发邮件之前对其进行 POP3 访问验证是一种更加安全的方法。目前，网易、新浪等大型网站都相继采用了该功能，使得这些大型服务商的服务器被利用来发送垃圾邮件的概率大大降低。当前支持这种认证方式的邮件客户端程序比较出色的是 FoxMail。

2. 逆向域名解析

　　避免邮件服务器被垃圾邮件发送者所利用是一个重要的安全目的。但对用户而言，对发送到本地的垃圾邮件仍然没有解决。要解决这个问题，最简单有效的方法是对发送者的 IP 地址进行逆向域名解析，即通过域名查询来判断发送者的 IP 与其声称的域名是否一致。例如，其声称的域名为 pc.sina.com，而其连接地址为 120.20.96.68，则判断为域名记录不符，并及时切断连接。这种方法可以有效过滤掉来自动态 IP 的垃圾邮件，对于某些使用动态域名的发送者，也可以根据实际情况进行屏蔽。但是，这种方法对于借助互联网中继服务器的垃圾邮件依然无效。对此，更进一步的技术是假设合法的用户只使用具有合法互联网名称的邮件服务器发送电子邮件，对来自陌生服务器的邮件进行屏蔽。需要指出的是，逆向域名解析需要进行大量的域名查询，这将造成在网络中出现大量的 UDP 数据报。

3. 黑名单过滤

黑名单服务是基于用户投诉和采样积累而建立的由域名或 IP 组成的数据库，最著名的是 RBL(Realtime Blackhole List，实时黑名单列表)、DCC(Dynamic Currency Conversion，动态货币转换)和 Razor 黑名单数据库等。这些数据库保存了频繁发送垃圾邮件的主机域名或 IP 地址，供邮件服务器进行实时查询。简单地说，即黑名单数据库中保存的 IP 地址或者域名都是非法的，应该被阻断。

但是，目前各种黑名单数据库难以保证其正确性和及时性，准确性高的黑名单建立需要一段时间的积累。例如，曾经一段时期，北美的 RBL 和 DCC 中包含了我国大量的主机域名和 IP 地址，其中有些是早期的互联网开放中继服务器造成的，有些则是由于误报造成的。但这些迟迟得不到纠正，在一定程度上阻碍了我国与北美地区的邮件联系，也妨碍了我国的互联网用户使用这些黑名单服务。

4. 白名单过滤

白名单过滤是相对于上述黑名单过滤而言的。它建立的数据库内容和黑名单的一样，但是白名单中存在的记录都是合法的，不应该被阻断。同样，该过滤方法存在的缺点与黑名单类似，也难以实时更新和维护，一些正常的、不为系统白名单所收集的邮件有可能被阻断。从应用的角度来说，在小范围内使用白名单是比较成功的，可以在企业或者公司的网关处通过收集一段时间内由内部发出的邮件记录有针对性地生成白名单。白名单过滤技术一般在军事网络、高校网络等用户邮件业务相对固定的环境中使用。

5. 内容过滤

即使使用了前面诸多环节中的技术，仍然会有相当一部分垃圾邮件漏网。对这种情况，目前最有效、最根本的方法是基于邮件标题或正文的内容过滤。其中比较简单的方法是，结合内容扫描引擎，根据垃圾邮件的常用标题语以及垃圾邮件受益者的姓名、电话号码、Web 地址等信息进行邮件过滤。

更加复杂但同时更具智能性的方法是，基于贝叶斯概率理论的统计方法、支持向量机(SVM)方法、人工神经网络、大数据分类算法等机器学习方法进行内容过滤。这些方法的理论基础是通过对大量垃圾邮件中常见关键词等特征进行机器学习分析，得出其分布的统计模型，并利用该模型自动推测目标邮件是垃圾邮件的可能性。这些方法具有一定的自适应、自学习能力，并已得到了广泛的应用。但另一方面，内容过滤是以上所有技术方法中耗费计算资源最多的办法，在邮件流量较大的场合，需要配合高性能服务器完成。

6.2.4 HTTP

超文本传输协议(HTTP)是一种重要的 Web 应用层协议。在 Web 的客户程序和服务器程序之间的数据交换中，为了避开操作系统、网络类型、应用程序类型等不同层次的差异，HTTP 发挥着基础性作用。在解释 HTTP 之前，先介绍 Web 的知识。

Web 页面(Web Page，也称为 Web 文档)由一系列不同类型的对象构成。对象(Object)是指可由单个 URL 寻址的文件，如 HTML 文件、JPG 图像、GIF 图像、Java 小应用程序、语音片段等。大多数 Web 页面由单个基本 HTML 文件和若干个引用的对象构成。例如，一个 Web 页面包含 1 个 HTML 文本和 5 个 JPEG 图像，那么它就由 6 个对象构成，基本

HTML 文件使用相应的 URL 引用本页面的其他对象。每个 URL 由存放该对象的服务器主机名和对象的路径名两部分构成。例如，在 http://www.chinaedunet.com/xawjgcxy/index/index.htm 中，www.chinaedunet.com 是一个主机名，/xawjgcxy/index/index.htm 是一个路径名。浏览器是 Web 页面最常用的用户代理，它采用的传输协议就是 HTTP。它的主要功能是显示所请求的 Web 页面，并提供大量的导航与配置特性。Web 浏览器还实现 HTTP 的客户端，因此在下文中，我们会从进程意义上互换使用"浏览器"和"客户"两个词。流行的 Web 浏览器有 Firefox、微软的 IE 等。在 Web 服务器端存放着可由 URL 寻址的所有 Web 对象，用于响应来自浏览器的 Web 请求。主流的 Web 服务器有 Apache、微软的 IIS 以及 Netscape Enterprise Server 等。

　　HTTP 定义 Web 客户(浏览器)如何从服务器请求 Web 页面，以及服务器如何把 Web 页面传送给客户。如图 6.17 所示，当用户请求一个 Web 页面(如点击了某个超链接)时，浏览器把请求该页面中相应链接对象的 HTTP 请求消息发送给服务器。服务器收到请求后，返回包含所请求对象的 HTTP 响应消息。

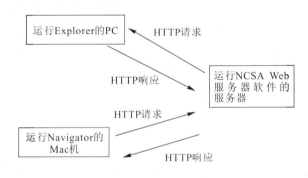

图 6.17　HTTP 请求与响应行为

　　HTTP 1.0～HTTP 3.0 都把 TCP 作为底层的传输协议。HTTP 客户首先发起建立与服务器的 TCP 连接。一旦建立连接，浏览器进程和服务器进程就通过各自的套接字来访问 TCP。客户端套接字是客户进程和 TCP 连接之间的"门"，服务器端套接字是服务器进程和同一 TCP 连接之间的"门"。客户可以往自己的套接字发送 HTTP 请求消息，也可以从套接字接收 HTTP 响应消息；类似地，服务器也可以从自己的套接字中接收和发送 HTTP 消息。

　　客户或服务器一旦把某个消息送入各自的套接字，这个消息就交给 TCP 控制，TCP 给 HTTP 提供一个可靠的数据传输服务，这意味着客户和服务器之间的 HTTP 消息交互过程是无损的，使用 HTTP 不必担心数据会丢失，也无须关心 TCP 如何从数据的丢失和错序中恢复出来的细节。

　　需要注意的是，在向客户发送所请求文件的同时，服务器并没有存储关于该客户的任何状态信息。即便某个客户在几秒内再次请求同一个对象，服务器也会重新发送这个对象。因此，HTTP 服务器不维护客户的状态信息，是一个无状态的协议(Stateless Protocol)。

　　HTTP 既可以使用非持久连接(Nonpersistent Connection)，也可以使用持久连接 (Persistent Connection)，二者的区别在于 TCP 建立连接和终止连接的策略不同。HTTP 1.0 使用非持久连接，HTTP 2.1 默认使用持久连接。

　　下面介绍在非持久连接情况下，从服务器到客户传送一个 Web 页面的步骤。假设该页面由 1 个基本 HTML 文件和 10 个 JPEG 图像构成，而且所有这些对象都存放在同一台服务器主机中,基本 HTML 文件的 URL 为 http://www.chinaedunet.com/xawjgcxy/ index/index.htm。
其具体传送步骤如下:

(1) HTTP 客户初始化一个 TCP 套接字,连接地址为 www.chinaedunet.com 的 HTTP
服务器,HTTP 服务器使用默认端口号 80 监听来自 HTTP 客户的连接请求。

(2) HTTP 客户通过 TCP 套接字发出一个 HTTP 请求消息,这个消息中包含了路径名
/xawjgcxy/index/index.htm。

(3) HTTP 服务器通过 TCP 套接字接收这个连接请求消息,再从服务器的内存或硬盘
中取出对象/xawjgcxy/index/index.htm,经由同一个套接字发出响应消息。

(4) HTTP 客户经由同一个套接字接收这个响应消息,经 TCP 连接发送确认消息,并
终止 TCP 连接。该响应消息中所封装的对象是一个 HTML 文件。客户从中取出这个文件,
经过浏览器解析后发现其中有 10 个 JPEG 对象的引用。

(5) HTTP 服务器在确认客户正确收到了响应消息后关闭 TCP 连接。

(6) 给每一个引用到的 JPEG 对象重复步骤(1)~(5)。

浏览器在接收 Web 页面的同时会把成功返回的对象显示给用户。不同的浏览器可能会
以略有差异的方式解析同一个 Web 页面,在显示时也可能产生差异。

上述步骤之所以称为使用非持久连接,原因是每次服务器发出一个对象后,相应的
TCP 连接就会被关闭,也就是说每个 TCP 连接只用于传输一个请求消息和一个响应消息。
上述示例中,用户每请求一次 Web 页面,就产生 11 个 TCP 连接。相应的,持久连接可以
在浏览器中实现用同一个 TCP 连接传输多个对象,如各类 Web 页面中的互动小程序,可
以始终保持连接,直到关闭该程序。

实际上,现今的浏览器允许用户通过配置来控制并行连接的程度,默认可以同时打开
5~10 个并行的 TCP 连接,每个连接处理一个独立的请求—响应事务,并行的连接数越多,
Web 页面响应的速度越快。

HTTP 的核心功能是 Web 页面的请求与响应,其面临的最常见的攻击类型是拒绝服务
(DoS)攻击。下面介绍一种在 HTTP 协议下利用 Content Length 漏洞导致拒绝服务攻击的过程。

在 HTTP 协议中,当使用 POST 方法时,可以设置 Content Length 来定义需要传送的
数据长度,但是 HTTP 协议中并没有对 Content Lenth 的大小进行限制,从而导致服务器的
内存缓冲区迅速耗尽,对新的连接失去响应能力,即导致了 HTTP 拒绝服务。在基于 IIS
的 HTTP 服务器中,用户提交(POST)数据时,系统先将用户上传的数据存放在内存中,当
用户完成数据传送(数据的长度达到 Content Lenth)时,IIS 再将这块内存交给特定的文件或
网关接口(CGI)进行处理。如果用户提交非常大的数据,如 Content Length=999 999 999,
则在传送完成前,内存不会释放,攻击者可以利用这个缺陷,连续向 Web 服务器发送垃圾
数据直至 Web 服务器内存耗尽。在 Web 服务器内存不足的时候,服务器会出现响应速度
下降、硬盘读写增多等现象。值得注意的是,这种攻击方法基本不会留下痕迹,原因是数
据传送不会完成(只要 Content Lenth 足够大,比如 Content Length = 2 147 483 647),IIS 日
志无法记录(IIS 日志是在操作完成后才记录的)。另外,由于进行的是正常的 POST 操作,
而且数据是缓慢送入 Web 服务器的,因此防火墙很难发现这样的操作。

对于这种攻击目前只有在服务器端增加相应的过滤器,将过大的 Content Length 过滤掉。

网络本身只是一个提供互通的平台,基于 HTTP 的网络应用通过跨平台的连接为用户

提供丰富多彩的服务，可以说 HTTP 的发展极大促进了互联网应用服务的飞速发展，完善的 HTTP 服务安全是当前网络安全中的重要组成部分，因此我们必须对 HTTP 服务进行精心的配置与优化，保证响应速度的高效。

6.3　网　络　攻　击

6.3.1　IP 欺骗

所谓 IP 欺骗，可以理解为一台主机设备冒充另外一台主机的 IP 地址并与其他设备通信，从而达到某种攻击目的的技术。早在 1985 年，美国贝尔实验室的一名工程师 Robbert Morris 在他的一篇文章 *A weakness in the 4.2bsd UNIX TCP/IP software* 中提出了 IP 欺骗的概念，设想利用 IP 欺骗攻击 TCP/IP 协议。

1. IP 欺骗攻击的步骤

一般来说，IP 欺骗攻击有如下 4 个步骤：

(1) 通过泛洪攻击等方法使被信任主机的网络暂时瘫痪，以免对攻击造成干扰。

(2) 攻击者连接到目标主机的某个端口来猜测 TCP 中序列号的设置情况。

(3) 攻击者把源主机 IP 地址伪装成被信任主机，发送带有 SYN 标志的数据段请求 TCP 连接，等待目标主机发送 SYN + ACK 报给已经出现网络瘫痪的主机。

(4) 攻击者再次伪装成被信任主机向目标机发送 ACK 和正确的序列号，从而建立连接，并发送命令和请求。

2. IP 欺骗攻击的条件

IP 欺骗攻击成功需要有两个条件：使被信任主机失去工作能力和对序列号正确取样及猜测。

(1) 使被信任主机失去工作能力。

为了伪装成被信任主机而不露馅，攻击者需要使其暂时完全失去工作能力。由于攻击者将要代替真正的被信任主机，它必须确保被信任主机不能收到任何有效的网络数据，否则它将会被揭穿。有许多方法可以达到这个目的，如 SYN 泛洪攻击、Land 攻击等。

(2) 对序列号正确取样及猜测。

对目标主机进行攻击，必须知道目标主机的数据报序列号。通常的方法是先与被攻击主机的一个常用端口(如端口 80)建立起正常的 TCP 连接，再将这个过程重复多次，并将目标主机最后所发送的报文序列号存储起来。然后还需要估计目标主机与被信任主机之间的往返时间，这个时间是通过多次统计平均计算出来的。如果往返连接增加 64 000，则可以估计出序列号的大小是 128 000 乘以往返时间的一半。如果此时目标主机刚刚建立过一个连接，那么再加上 64 000 即可。一旦估计出序列号的大小，就开始着手进行攻击，如果估计的序列号是准确的，则进入的数据将被放置在目标主机的缓冲区中。

但是在实际攻击过程中往往没这么幸运，如果估计的序列号小于正确值，那么它将被放弃；而如果估计的序列号大于正确值，并且在缓冲区的大小之内，那么该数据将被认为是一个未来的数据，TCP 模块将等待其他缺少的数据；如果估计序列号大于期待的数字且不在缓冲区的大小之内，则 TCP 将会放弃它并返回一个期望获得的数据序列号。伪装成被信任的主机 IP 后，目标主机发送的 SYN + ACK 确认包给被信任主机，因为此时被信任主机仍然处于瘫痪状态，它无法收到这个报文，紧接着攻击者向目标主机发送 ACK 数据报，该数据报使用前面估计的序列号加 1。如果攻击者估计正确，则目标主机将会接收该 ACK，连接就正式建立，并可以代替被信任主机进行数据传输了。

对于来自外部网络(外网)的欺骗，防范的方法很简单，只需要在局域网的对外路由器上加一个限制设置就可以实现了，即在路由器的设置里禁止接收声称来自网络内部的数据报。同时，也可以使用防火墙的拦截规则进行防范。

但对于来自内部网络(内网)的攻击，设置路由或防火墙则起不到防范作用。这个时候应该注意内部网络的路由器是否支持内部接口。如果路由器支持内部网络子网的两个接口，则必须提高警惕，因为它很容易受到 IP 欺骗。

另外，通过对数据报的监控来检查 IP 欺骗攻击也是非常有效的方法。例如，使用 netlog 等数据报检查工具对信息的源地址和目的地址进行验证，如果发现了数据报来自两个以上的不同地址，则说明系统有可能受到了 IP 欺骗攻击。

6.3.2　泛洪攻击

1. SYN 泛洪

SYN 泛洪是最有效和流行的一种拒绝服务攻击形式，它利用 TCP 三次握手协议的缺陷，向目标主机发送大量的伪造源 IP 地址的 SYN 连接请求，消耗目标主机的资源，从而使目标主机无法为正常用户提供连接服务。

在 TCP 会话初期，通过三次握手协议对每次发送的数据报进行协商，使数据分片的发送和接收同步。为了提供可靠的传送，TCP 在发送新的数据之前，以特定的顺序将数据报进行编号，并需要等待这些数据报传送给目标机之后的确认消息。

1) TCP 三次握手步骤

TCP 三次握手的步骤如下：

(1) 设客户端主机 A 要与服务器主机 B 通信并建立一个 TCP 连接。首先，主机 B 必须先运行一个服务器进程，发出一个"被动打开"的命令给 TCP。之后服务器进程便不断探测端口，看是否有客户进程有连接请求。主机 A 的应用进程向其 TCP 发送"主动打开"的命令，指明要与主机 B 的 TCP 连接，并发出连接请求报文。TCP 报文中指明了要连接的 IP 地址和端口号，设置能够接受的 TCP 数据段的最大值以及一些用户数据，并设置同步标志 SYN = 1，确认标志 ACK = 0。这称为"第一次握手"。

(2) 主机 A 的连接请求到达主机 B 后，主机 B 的 TCP 查看是否有进程在侦听该端口，如没有，就发送一个重置标志 RST = 1 的应答，拒绝连接，否则将到达 TCP 数据段留给"侦听"进程。"侦听"进程将发回一个应答 TCP 报文段，其中设置 SYN = 1，ACK = 1，并随机选择两个序列号 X、Y 作为双方通信的序列号，设置确认序列号 ACKSEQ = X+1，发送序列号 SEQ = Y。这是"第二次握手"。

(3) 主机 A 收到主机 B 的确认报文后，再向主机 B 发出一个确认 TCP 报文段，其中 SYN = 1，ACK = 1，SEQ = X+1，ACKSEQ = Y+1，这就完成了"第三次握手"。

在 SYN 泛洪攻击中，黑客机器向受害主机发送大量伪造源地址的 TCP SYN 报文，受害主机分配必要的资源，然后向源地址返回 SYN+ACK 报，并等待源端返回 ACK 报，由于源地址是伪造的，所以永远不会返回 ACK 报文，受害主机继续发送 SYN + ACK 报，并将半连接状态放入端口的积压队列中。虽然一般的主机都有超时机制和默认的重传次数限制，但是由于端口的半连接队列的长度是有限的，如果不断地向受害主机发送大量的 TCP SYN 报文，半连接队列就会很快填满，服务器拒绝新的连接，将导致该端口无法响应其他的正常连接请求，最终使受害主机的资源耗尽。

2) 防御 SYN 泛洪攻击的技术

目前在防御 SYN 泛洪攻击方面有两种比较有效的技术，即 SYN cookie 技术和地址状态监控。

(1) SYN cookie 技术。

一般情况下，当服务器收到一个 TCP SYN 报文后，马上为该连接请求分配缓冲区，然后返回一个 SYN + ACK 报文，这时会形成一个半连接。SYN 泛洪攻击正是利用了这一点，发送大量的来自伪造源地址的 SYN 连接请求，而不完成连接，这样就会大量地消耗服务器的资源。

SYN cookie 技术针对标准 TCP 连接建立过程资源分配上的这一缺陷，改变了资源分配的策略。当服务器收到一个 SYN 报文后，不立即分配缓冲区，而是利用连接的信息生成一个 cookie，并将这个 cookie 作为将要返回的 SYN + ACK 报文的初始序列号。当客户端返回一个 ACK 报文时，根据报头信息计算 cookie，与返回的确认序列号(初始的序列号 + 1)的前 24 位进行对比，如果相同，则是一个正常连接，再进行缓冲区的分配。

该技术的巧妙之处在于避免了在三次握手未完成前进行资源分配，使 SYN 泛洪攻击的资源消耗失效。其实现的关键之处在于 cookie 的计算。cookie 的计算应该做到包含本次连接的状态信息，使攻击者不能伪造 cookie。cookie 的计算过程包含以下 3 个基本步骤：

① 服务器收到一个 SYN 数据报后，计算一个消息摘要 mac：

$$mac = MAC(A, k)$$

MAC 是密码学中的一个消息认证码函数，也就是满足某种安全性质的带密钥的哈希函数，它能够提供 cookie 计算中需要的安全性。A 为客户和服务器双方的 IP 地址和端口号以及参数 t 的串联组合，即 $A = SOURCE\_IP \parallel SOURCE\_PORT \parallel DST\_IP \parallel DST\_PORT \parallel t$，k 为服务器独有的密钥，时间参数 t 为 32 bit 的时间计数器，每 64 s 加 1。

② 计算 cookie：

$$cookie = mac(0{:}24)$$

即表示取 mac 值的第 0～24 比特位。

③ 设置将要返回的 SYN + ACK 报文的初始序列号，将高 24 位用 cookie 代替，接下来的 3 位用客户要求的最大报文长度代替，最后 5 位为 t mod 32。

客户端收到来自服务器的 SYN + ACK 报文后，返回一个 ACK 报文，这个 ACK 报文将带一个 cookie(确认号为服务器发送过来的 SYN + ACK 报文的初始序列号加 1，所以不影响高 24 位)，在服务器端重新计算 cookie，与确认号的前 24 位比较，如果相同，则说明未被修改，连接合法，然后，服务器完成连接的建立过程。

SYN cookie 技术由于在连接建立过程中不需要在服务器端保存任何信息,实现了无状态的三次握手,从而有效地防御了 SYN 泛洪攻击。但是该方法也存在一些弱点。由于 cookie 的计算只涉及了报头的部分信息,在连接建立过程中不在服务器端保存任何信息,所以失去了协议的许多功能,比如超时重传。此外,由于计算 cookie 有一定的运算量,增加了连接建立的延迟时间,因此,SYN cookie 技术不能作为高性能服务器的防御手段。高性能服务器通常采用动态资源分配机制,即分配了一定的资源后再采用 cookie 技术,以提高连接的效率。还有一个问题是,在 SYN cookie 避免了 SYN 泛洪攻击的同时,也会引入另一种拒绝服务攻击方式,即攻击者发送大量的 ACK 报文,使服务器忙于计算验证。尽管如此,在预防 SYN 泛洪攻击方面,SYN cookie 技术仍然是一种有效的技术。

(2) 地址状态监控。

地址状态监控的解决方法是利用监控工具对网络中的有关 TCP 连接的数据报进行监控,并对监听到的数据报进行处理。处理的主要依据是连接请求的源地址。

每个源地址都有一个状态与之对应,总共有如下四种状态:

- 初态:任何源地址刚开始的状态。
- NEW 状态:第一次出现或出现多次也不能断定存在的源地址的状态。
- GOOD 状态:断定存在的源地址所处的状态。
- BAD 状态:源地址不存在或不可达时所处的状态。

具体的动作和状态转换按照如下三种流程进行操作:

① 监听到 SYN 报,如果源地址是第一次出现,则置该源地址的状态为 NEW 状态;如果是 NEW 状态或 BAD 状态,则将该报的 RST 置 1 后重新发出去;如果是 GOOD 状态,则不做任何处理。

② 监听到 ACK 或 RST 报,如果源地址的状态为 NEW 状态,则转为 GOOD 状态;如果是 GOOD 状态,则不变;如果是 BAD 状态,则转为 NEW 状态。

③ 监听到从服务器来的 SYN + ACK 报文(设目的地址为 addr),表明服务器已经为从 addr 发来的连接请求建立了一个半连接,为防止建立的半连接过多,可向服务器发送一个 ACK 报,以建立连接,同时开始计时,如果超时,还未收到 ACK 报文,则证明 addr 不可达。如果此时 addr 的状态为 GOOD 状态,则转为 NEW 状态;如果 addr 的状态为 NEW 状态,则转为 BAD 状态;如果 addr 的状态为 BAD 状态,则不变。

下面分析基于地址状态监控的方法如何防御 SYN 泛洪攻击。

对于一个伪造源地址的 SYN 报文,若源地址第一次出现,则源地址的状态为 NEW 状态,当监听到服务器的 SYN + ACK 报文时,表明服务器已经为该源地址的连接请求建立了半连接。此时,监控程序代源地址发送一个 ACK 报文完成连接。这样,半连接队列中的半连接数就不会很多。计时器开始计时,由于源地址是伪造的,所以不会收到 ACK 报文,超时后,监控程序发送 RST 数据报,服务器释放该连接,该源地址的状态转为 BAD 状态。之后,对于每一个来自该源地址的 SYN 报文,监控程序都会主动发送一个 RST 报文,不再进一步执行三次握手协议。

对于一个合法的 SYN 报文,若源地址第一次出现,则源地址的状态为 NEW 状态,服务器响应请求,发送 SYN + ACK 报文,监控程序发送 ACK 报文,连接建立完毕。之后,来自客户端的 ACK 很快会到达，该源地址的状态转为 GOOD 状态。服务器可以很好地处理重复到达的 ACK 包。

2. ACK 泛洪

在 TCP 连接建立之后，所有的数据传输 TCP 报文都是带有 ACK 标志位的，主机在接收到一个带有 ACK 标志位的数据报的时候，需要检查该数据报所表示的连接四元组是否存在，如果存在则检查该数据报所表示的状态是否合法，然后再向应用层传递该数据报。如果在检查中发现该数据报不合法，例如该数据报所指向的目的端口在本机并未开放，则主机操作系统协议栈会回应 RST 包告诉对方此端口不存在。ACK 泛洪攻击是通过发送大量的 ACK 数据报来占用服务器的查询和验证资源的。

这里，服务器要做两个动作：查表和回应 ACK/RST。这种攻击方式显然没有 SYN 泛洪给服务器带来的冲击大，因此攻击者一定要用大流量 ACK 报冲击才会对服务器造成性能影响。按照我们对 TCP 协议的理解，随机源 IP 的 ACK 报应该会被服务器很快丢弃，因为在服务器的 TCP 堆栈中没有这些 ACK 报的状态信息。但是实际上通过测试，发现有一些 TCP 服务会对 ACK 泛洪比较敏感，如 JSP 服务器，在数量并不多的 ACK 报的打击下，JSP 服务器就很难处理正常的连接请求。对于 Apache 或者 IIS 来说，10 kb/s 以下的 ACK 泛洪流量不会构成性能威胁，但是更高数量的 ACK 泛洪会造成服务器网卡中断频率过高、负载过重而停止响应。可以肯定的是，ACK 泛洪不但可以危害路由器等网络设备，而且对服务器上的应用也有不小的影响。

利用对称性判断可以分析目标服务器是否有可能被攻击。所谓对称性判断，就是接收异常大于发送，因为攻击者通常会采用大量的 ACK 报，并且为了提高攻击速度，一般采用内容基本一致的小数据报文发送。这可以作为判断是否发生 ACK 泛洪的依据。但是从目前已知情况来看，很少有单纯使用 ACK 泛洪攻击的情况，通常都会和其他攻击方法混合使用。

通常，防火墙应对的方法是，建立一个哈希表，用来存放 TCP 连接状态，相对于主机的 TCP 协议栈实现来说，状态检查的过程相对简化。例如，不作序列号的检查，不作包乱序的处理，只是统计一定时间内是否有 ACK 包在该连接上通过，从而以一定概率确定该连接是否是活动的。

3. UDP 泛洪

UDP 泛洪是日渐猖獗的流量型拒绝服务攻击。其原理很简单，常见的情况是利用大量 UDP 小数据报文冲击 DNS 服务器或 Radius 认证服务器、流媒体视频服务器。100 kb/s 的 UDP 泛洪经常使线路上的防火墙等骨干设备瘫痪，进而造成整个网段的瘫痪。由于 UDP 协议是一种无连接的服务，在 UDP 泛洪攻击中，攻击者可发送大量伪造源 IP 地址的小 UDP 报，因此只要服务器开了一个 UDP 的端口提供相关服务，那么就可针对该端口的服务进行攻击。

正常应用情况下，UDP 数据双向流量会基本相等，而且大小和内容都是随机的，变化很大。出现 UDP 泛洪的情况下，针对同一目标 IP 的 UDP 包在一侧大量出现，并且内容和大小都比较固定。

UDP 协议的应用五花八门，差异极大，因此针对 UDP 泛洪的防护非常困难，其防护要根据具体情况制定相应的策略。常用的防范策略一般包括以下几种：

(1) 判断报文大小：如果是大数据报攻击，则应使用防止 UDP 碎片方法。根据攻击报文长度设定分组碎片大小，通常不小于 1500 B。在极端情况下，可以考虑丢弃所有 UDP 碎片。

(2) 攻击端口为业务端口：根据该业务 UDP 最大报文的长度设置检测 UDP 数据报，以过滤异常流量。

(3) 攻击端口为非业务端口：简单的策略是丢弃所有 UDP 数据，可能会误伤正常业务；另一种是建立 UDP 连接规则，要求所有该端口的 UDP 报文必须首先与 TCP 端口建立 TCP 连接。不过这种方法需要很专业的防火墙或其他防护设备支持。

在网络的关键之处使用防火墙对来源不明的有害数据进行过滤，可以有效减轻 UDP 泛洪攻击的可能。

4. Connection 泛洪

Connection 泛洪是典型的利用小流量冲击大带宽网络服务的攻击方式，这种攻击方式目前已经越来越猖獗。其原理是利用真实的 IP 地址向服务器发起大量的连接，并且建立连接之后很长时间不释放，占用服务器的资源，造成服务器上残余连接(处于 WAIT 状态的连接)过多，效率降低，甚至使服务器的资源耗尽，无法响应其他客户所发起的连接。

Connection 泛洪的一种攻击方法是每秒向服务器发起大量的连接请求，这类似于固定源 IP 的 SYN 泛洪攻击，不同的是采用了真实的源 IP 地址。通常这可以在防火墙上限制每个源 IP 地址每秒的连接数来达到防护目的。但现在已有工具采用慢速连接的方式，也即几秒才和服务器建立一个连接，连接建立成功之后并不释放并定时发送垃圾数据报给服务器使连接得以长时间保持。这样一个 IP 地址就可以和服务器建立成百上千的连接，而服务器可以承受的连接数是有限的，这就达到了拒绝服务的效果。

该攻击的一般表现形式是，在受攻击的服务器上使用"netstat -an"命令来查看，会发现大量连接状态来自少数的几个源。如果进行统计，可以看到连接数对比平时会出现异常，并且增长到某一阈值之后开始波动，说明此时可能已经接近性能极限。因此，对这种攻击的判断依据为：在流量上体现并不大，甚至可能会很小；出现大量的连接已建立状态；新建的连接已建立状态总数有波动。

防范该攻击的主要方法有主动清除残余连接、将恶意连接的 IP 列入黑名单、限制每个源 IP 的连接数、对特定的 URL 进行防护等。

6.4 网络安全组件

6.4.1 防火墙

1. 防火墙的概念

国家标准 GB/T 20281—2006 给出的防火墙定义是设置在不同网络或网络安全域之间的一系列部件的组合，如可信任的企业内部网络和不可信的公共网络之间需要设置防火墙。在逻辑上，防火墙是一个分离器、限制器，也是一个分析器，能有效地监控流经防火墙的数据，保证内部网络和隔离区(Demilitarized Zone, DMZ)的安全，如图 6.18

所示。

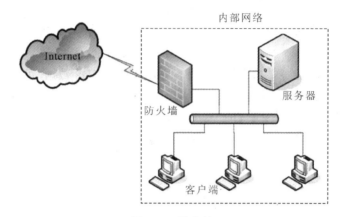

图 6.18　防火墙

防火墙具有以下 3 种基本性质：

(1) 防火墙是不同网络或网络安全域之间数据交换的唯一通道。

(2) 防火墙能根据网络安全策略控制(允许、拒绝和检测)出入网络的信息流，且自身具有较强的抗攻击能力。

(3) 防火墙本身不能影响网络数据的流通。

防火墙可以是软件、硬件或两者的结合。软件防火墙和其他软件产品一样需要在计算机上安装并配置好才能发挥作用，例如 Windows 操作系统自带的软件防火墙就包含了主流软件防火墙的基本功能。软件防火墙具有安装灵活、配置便捷、便于升级扩展等优点；其缺点是安全性依赖于所部署的操作系统平台，可靠性不高。硬件防火墙通常指将防火墙的软件逻辑固化到专用的主机或芯片中，由专用的操作系统或硬件执行防火墙的功能，减少防火墙对软件的依赖，同时提高效率和抗攻击能力，使防火墙的功能更稳定。硬件防火墙是保障内部网络安全的基础设施，其性能会直接影响到内部主机和服务的安全。在成本上，硬件防火墙往往远远高于软件防火墙，其配置和维护也复杂得多。例如，华为的企业级硬件防火墙提供完善的企业内网保护功能，可以与企业路由整合在一起，其单台造价通常在万元以上。

2. 防火墙的安全规则

防火墙作为网络的边界设备，部署后需要通过安全规则来控制经过防火墙的流量。防火墙的规则(Rules)其实就是网络管理员预定义的条件，其一般定义为"如果数据报头符合某个条件，就按某个流程处理这个数据报文"。规则存储在内核空间的包过滤表中，这些规则分别指定了源地址、目的地址、传输协议(如 TCP、UDP、ICMP)和服务类型(如 HTTP、FTP 和 SMTP)等。当数据报与规则匹配时，防火墙就根据规则所定义的方法来执行处理动作，如放行(Accept)、拒绝(Reject)和丢弃(Drop)等。配置防火墙的主要工作就是添加、修改和删除这些规则。

防火墙的安全规则主要包括包过滤规则、NAT 规则、端口映射规则和 IP 映射规则等，其中包过滤规则是所有防火墙必备的规则。

仅支持包过滤的防火墙，即包过滤防火墙，一般作用在 TCP/IP 协议第三层，通过对数据报文逐层解析，实现访问控制列表(ACL)中规则的匹配。ACL 的出现就是为配合防火墙而设计的,所以包过滤防火墙的核心就是配置恰当的 ACL。包过滤功能既可作用在入口方向也可作用在出口方向。

3. 包过滤防火墙的安全规则配置

1) 防火墙缺省规则

一般来说包过滤防火墙都有一个缺省的默认规则,这种方式一般是全局的配置,是对于那些无法匹配 ACL 的数据报采取的默认操作。

2) ACL 定义

前面也讲到包过滤的核心在于 ACL 的定义,而 ACL 的核心其实就是一个典型的五元组(源 IP 地址、目的 IP 地址、源端口、目的端口、协议号),也就是网络安全管理员需要提前根据内网需要,将网络中的数据流进行合理划分,编制恰当的 ACL,然后对不同的 ACL 定义不同的防火墙策略。一般来说,对于当前主流的安全设备厂商,如思科、H3C 等都是细分了 ACL,即根据协议层次将 ACL 分为基础 ACL(只对源 IP 地址有效)、高级 ACL、可自定义 ACL 等。不管如何划分 ACL,其实质都是将五元组作为定义 ACL 的基础。

定义了 ACL 之后,防火墙在设备接口上将 ACL 规则绑定,进而分别对入口、出口方向上的数据流进行匹配处理。

3) 防火墙对分片报文的处理

传统的防火墙只对报文首部进行匹配,如首部通过匹配,则允许后续分片通过。而实际上用户希望防火墙不仅可以过滤首部,还可以检查是否存在非法的后续分片报文。为了解决这个问题,ACL 增加了 fragment 选项,用于分片报文的检测,如通过"acl number 3000,rule 0 deny icmp source 20.0.0.2 0 fragment"可以添加一条 ACL 对分片检查的规则。

6.4.2 入侵检测系统

入侵检测系统(Intrusion Detection System,IDS)相对于传统意义的防火墙而言是一种主动防御系统,入侵检测作为安全的一道屏障,可以在一定程度上预防和检测来自系统内部和外部的入侵。

1. 入侵检测的概念

入侵(Intrusion)是指任何企图危及资源完整性、机密性和可用性的活动。它不仅包括发起攻击的人取得超出合法范围的系统控制权,也包括收集漏洞信息、造成拒绝服务等对计算机系统产生危害的行为。

入侵检测是指通过对计算机网络或计算机系统中的若干关键点收集信息并对其进行分析,从中发现网络或系统中是否有违反安全策略的行为和被攻击的迹象。

入侵检测的软件与硬件的组合便是入侵检测系统,与防火墙类似,除了有软件实现的IDS,还有基于 ASIC、NP 以及 FPGA 架构的专用硬件 IDS。

2. 入侵检测的工作原理

如图 6.19 所示,按照功能,一个完整的 IDS 包含以下组件:

（1）事件产生器，负责从整个计算环境中获得事件，并向系统的其他部分提供此事件的信息。

（2）事件分析器，负责分析得到的数据，并产生分析结果。

（3）响应单元，对分析结果做出反应，它可以做出切断连接、改变文件属性、改变授权等行为，负责同时也可以只做简单的报警。

（4）事件数据库，负责存放各种中间数据和终端数据，它可以是复杂的数据库，也可以是简单的日志文件。

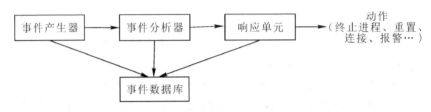

图 6.19　入侵检测系统的工作原理

在以上组件中，前三者以程序的形式出现，而最后一个则往往是以文件或数据流的形式出现。IDS 需要分析的数据统称为事件，事件可以是网络中的数据报，也可以是从日志文件等其他途径得到的信息。

3. 入侵检测系统的分类

1) 根据检测数据来分类

根据检测数据的不同，IDS 分为基于主机的 IDS 和基于网络的 IDS。

（1）基于主机的 IDS(HIDS)：通过监视和分析主机上的审计记录检测入侵。

（2）基于网络的 IDS(NIDS)：通过对共享网段上的通信数据进行侦听和分析，从而检测入侵。

2) 根据事件产生器和事件分析器的部署来分类

根据事件产生器和事件分析器的部署，可将 IDS 分为集中式结构、分布式结构和分层式结构。

（1）集中式结构：在发展的初期，IDS 大多采用这种单一的体系结构，所有的工作包括数据的采集和分析都是由单一主机上的程序完成的。

（2）分布式结构：随着入侵检测产品在大规模信息系统中的应用，分布式技术也开始融入 IDS 产品中。这种分布式结构采用多个代理在网络各个部分分别进行入侵检测，并且协助处理可能的入侵行为。

（3）分层式结构：由于单一主机资源的限制和攻击信息的广泛分布，针对高层次攻击，需要多个检测单元进行协同处理，而检测单元通常是智能代理，因此，入侵检测系统的体系结构通过采用分层结构来检测越来越复杂的入侵攻击。

4. 入侵检测技术

入侵检测可分为异常检测和误用检测。

（1）异常检测(Anomaly Detection)。异常检测需要建立目标系统及其用户的正常活动模型，然后基于这个模型对系统和用户的实际活动进行审计，当主体活动违反其统计规律时，将其视为可疑行为。该技术的关键是异常阈值和特征的选择。其优点是可以发现新型的入侵行为，漏报少；缺点是容易产生误报。

(2) 误用检测(Misuse Detection)。误用检测时假定所有入侵行为和手段都能够表达为一种模式或特征，IDS 的目标就是检测主体的活动是否符合这些模式。该技术的关键是模式匹配。误用检测的优势是，可以有针对性地建立高效的入侵检测系统，其精确性较高，误报少；主要缺陷是只能发现已知的攻击类型，不能检测未知的入侵，也不能检测已知入侵的变种，因此可能发生漏报，且其复杂程度将随着攻击类型和数量的增加而增加。

与防火墙不同，入侵检测主要是一个监听和分析设备，不需要跨接在任何网络链路上，无须网络流量流经它。对入侵检测系统的部署，唯一的要求是应当挂接在所有关注的流量都必须流经的链路上，即 IDS 采用旁路部署方式接入网络。这些流量通常是需要监视和统计的网络报文。IDS 和防火墙均具备对方不可代替的作用，因此在很多应用场景中，IDS 与防火墙共存，形成安全功能互补。

随着 IPv6 应用范围的扩展，IDS 支持 IPv6 将是一大发展趋势，如开放源代码的免费 IDS 软件 Snort 就增加了对 IPv6 协议的分析。IPv6 扩展了地址空间，协议本身提供加密和认证功能，面向 IPv6 的入侵检测系统相应地需要解决以下两方面的问题：

(1) 大规模网络环境下的入侵检测。由于 IPv6 支持大规模的网络环境，面向 IPv6 的入侵检测系统要解决大数据量的问题，需要融合分布式体系结构和高性能计算技术。

(2) 认证和加密情况下的网络监听。IPv6 协议本身支持加密认证的特点，极大地增加了面向 IPv6 的入侵检测系统监听网络数据报内容的难度，极端情况下，甚至需要事先获得通信双方的会话密钥。

6.4.3　其他网络安全设备

1. 网络隔离设备

不需要信息交换的网络隔离很容易实现，只需要在物理上完全断开网络，既不通信也不用联网。但需要交换信息的网络隔离技术却不容易实现，甚至很复杂。

网络隔离技术的核心是物理隔离，即通过专用硬件和安全协议来确保两个链路层断开的网络，能够实现数据信息在网络环境中进行安全交互和共享。一般情况下，网络隔离技术主要包括内网处理单元、外网处理单元和专用隔离交换单元三部分内容。其中，内网处理单元和外网处理单元都具备一个独立的网络接口和网络地址，分别对应连接内网和外网；而专用隔离交换单元则是通过硬件控制高速切换连接内网或外网。网络隔离技术的基本原理是通过专用物理硬件和安全协议在内网和外网之间架构起安全隔离网墙，使两个系统在物理空间上隔离，同时又能过滤数据交换过程中的病毒、恶意代码等信息，以保证数据在可信的网络环境中进行交换、共享，同时还要通过严格的身份认证机制来确保用户正确地获取所需数据。

网络隔离技术的关键是如何有效控制网络通信中的数据信息，即通过专用硬件和安全协议来完成内外网之间的数据交换，以及利用访问控制、身份认证、加密签名等安全机制来实现交换数据的机密性、完整性、可用性和可控性。因此，如何尽量提高不同网络间的数据交换速度以及交互数据的安全性是网络隔离技术的两个基本性能指标。

下面介绍两种典型的安全隔离技术，即协议隔离技术和网闸技术。

1) 协议隔离技术

处于不同安全域的网络在物理上是有链路存在的，通过协议转换的手段实现隔离，即在所属某一安全域的隔离部件一端，把基于标准网络协议中的应用数据剥离出来，封装为系统专用协议控制的数据流，传递至目标安全域后，再将数据从专用协议中剥离，并再次封装成标准的网络协议格式。这种方式实现了受保护信息在逻辑上隔离的安全域间传输，只有被系统要求传输的、内容受限的信息才允许通过。协议隔离技术适用于在内部不同安全域之间传输专用应用协议的数据，如电力专用数据传输、交易数据传输、数据库数据交换等。

2) 网闸技术

网闸是位于两个不同安全域之间，通过协议转换的手段，以信息摆渡的方式实现数据交换的网络安全产品。网闸只允许传输被系统明确要求的信息，其信息流一般是通用应用服务。网闸就像船闸一样有两个物理开关，信息流进入网闸时，前闸合上而后闸断开，网闸连通发送方而断开接收方；待信息存入中间的缓存以后，前闸断开而后闸合上，网闸连通接收方而断开发送方。这样，从网络信道的角度来看，发送方与接收方不会同时和网闸连通，从而达到在信道上物理隔离的目的。

协议隔离和网闸最主要的技术区别是，协议隔离部件的网络在物理上是有链路存在的；而网闸对内外网数据传输链路进行了物理上的时分切换，即内外网络在物理链路上不能同时连通，并且穿越网闸的数据必须以摆渡的方式到达另一安全域。就核心技术而言，协议转换和访问控制是协议隔离和网闸共同的核心技术，而信息摆渡是网闸独有的核心技术。网闸在两台主机之间增加了独立的硬件进行物理隔离，使得网络攻击者从底层突破双机隔离的难度大大增加。

2. 入侵防御系统

传统的安全防御技术在某种程度上对防止系统非法入侵起到了一定的作用，但这些安全措施自身也存在许多缺点，尤其是对网络环境中日新月异的攻击手段缺乏主动防御能力。所谓主动防御能力，是指系统不仅要具有入侵检测系统的入侵发现和防火墙的静态防御能力，还要有针对当前入侵行为动态调整系统安全策略、阻止入侵，以及对入侵攻击源主动追踪和发现的能力。单独的防火墙或入侵检测系统等技术不能对网络入侵行为实现快速、积极的主动防御。针对这一问题，人们设计了入侵防御系统(Intrusion Prevention System，IPS)作为 IDS 的替代技术。

IPS 是一种主动的、智能的入侵检测、防范和阻止系统，其设计旨在预先对入侵行为和攻击性网络流量进行拦截，避免造成进一步损失，而不是简单地在恶意流量传送时或传送后才发出报警。它部署在网络的进出口处，当检测到攻击企图后，会自动将攻击包丢掉或采取措施将攻击源阻断。

3. 统一威胁管理技术

统一威胁管理(Unified Threat Management，UTM)是一类集成了常用安全功能的设备，它包含了传统的防火墙、网络入侵检测和防护、网关防病毒等功能，并且可进一步集成其他的安全组件或网络安全功能特性。

UTM 可以认为是将防火墙、IDS 系统、防病毒和脆弱性评估等技术的优点与自动阻止攻击的功能融为一体。UTM 和最新的下一代防火墙可以针对不同级别的用户需求灵活部署，互为补充。

由于网络攻击技术的不断更新，靠单一的安全设备往往不能满足不同用户的个性化安全需求。信息安全产品的发展趋势是不断地走向融合，走向集中管理。通过采用多种设备的协同技术，让网络攻击防御体系更加有效地应对重大网络安全事件，实现多种安全功能的统一管理和协同操作，从而实现对网络攻击行为的全面、深层次的防御，降低安全风险和管理成本。

思　考　题

1. IP 数据报头的格式是怎样的？各个字段的作用是什么？
2. TCP 协议和 UDP 协议在数据传输控制上有什么异同点？
3. 列举常见的网络应用服务，并分析其主要的安全措施有哪些。
4. 防火墙可以分成哪些类型？其基本工作原理是什么？
5. 入侵检测系统可以分成哪些类型？其基本工作原理是什么？

第 7 章　软件安全与病毒防护

　　软件安全是使软件在受到各类恶意攻击或威胁的环境中，依然能够保证正确地运行或被合法合理使用，是信息安全体系中的重要组成部分。当前，计算机病毒、木马和恶意程序是威胁软件安全的主要形式，本章通过阐述计算机病毒的发展、分类、特征和原理分析，探讨如何全面地保护计算机软件安全。

7.1　计算机病毒概述

7.1.1　计算机病毒的历史

　　计算机病毒的概念其实起源相当早。在第一部商用计算机的应用初期，计算机的先驱者冯·诺伊曼(John Von Neumann)就以他天才的眼光预言了计算机病毒存在的可能性，在他的论文《复杂自动机的理论与组织》(*Theory and Organization of Complicated Automata*)中，已经勾勒出病毒程序的蓝图。不过在当时，绝大部分的计算机专家都无法想象会有这种能自我繁殖的程序，因此，冯·诺伊曼的观点并没有引起人们的注意。

　　现代计算机病毒来自几个年轻人的游戏。20 世纪 60 年代初，在美国贝尔实验室里，3个年轻程序员 H. Douglas Mcilroy、Victor Vysottsky 和 Robert T. Morris 在工作之余，很无聊地玩起了一种游戏：彼此撰写出能够吃掉别人程序的程序来互相作战，这种游戏被称为"磁芯大战"(Core War)，游戏中通常通过复制自身来摆脱对方的控制，这就是计算机病毒的雏形。

　　1988 年，美国康奈尔大学年仅 23 岁的研究生莫里斯(Robert T. Morris Jr.)利用 UNIX 操作系统的一个漏洞编写了一个特殊的程序入侵 ARPNET，并向新的主机系统不断复制自身，该程序被称为"莫里斯蠕虫"。从 11 月 2 日起的两天内，连接到 ARPNET 上的美国军事、大学等 UNIX 系统几乎都受到了感染。11 月 3 日，5 个计算机中心和 12 个地区节点的 150 000 台计算机受到攻击，造成 ARPNET 的瘫痪。这是第一次正式的网络入侵事件，美国国防部立即作出反应，成立了一个计算机应急行动小组介入调查。最终莫里斯被判 3年缓刑，罚款 1 万美元，并进行了 400 小时的社区服务。这次事件造成的直接经济损失达9600 万美元，引起了全世界范围内的轰动，莫里斯也因此一举成名，被获准参加康奈尔大学的毕业设计，并获得了哈佛大学 Aiken 中心超级用户的权限。

　　1988 年，在我国国家统计部门的计算机内发现了国内首例病毒，称为"小球病毒"。至 1989 年，我国也相继出现了能感染硬盘和 U 盘引导区的 Stoned 病毒(即"石头病毒"，也称为"大麻病毒")。该病毒体代码中有明显的标志"Your PC is now Stoned!""LEGALISE MARIJUANA！"。该病毒感染软硬盘 0 面 0 道 1 扇区，并修改部分中断向量表。该病毒不隐藏也不加密自身代码，所以很容易被查出和解除。这些病毒都是从国外传染进来的，而国产的有 Bloody、Torch、Disk Killer 等病毒，实际上它们大多数是 Stoned 病毒的翻版。

计算机病毒出现以后就被运用到军事和政治斗争中。1991 年，在"海湾战争"中，美军第一次将计算机病毒用于实战，在空袭巴格达的战斗中成功地破坏了对方的指挥系统，使之瘫痪，保证了战斗顺利进行，直至最后胜利。1994 年，南非第一次多种族全民大选的计票工作因病毒的破坏而停顿达 30 余小时。

随着各种计算机应用程序的流行，一些特殊的病毒也开始出现，它们不再像上述病毒那样只感染可执行文件和引导区。1996 年，出现了针对微软公司 Office 的宏病毒(Macro Virus)。1997 年被计算机安全界称为"宏病毒年"，这一年宏病毒四处传播。宏病毒是利用软件所支持的宏命令编写成的具有复制、传染能力的宏。随着各种 Windows 下套装软件的发展，许多软件开始提供所谓"宏"的功能，让使用者可以用"创造宏"的方式，将一些烦琐的过程记录成一个简单的指令来方便自己使用。然而这种方便的功能，在经过某些有心人的设计之后，又使得文件型病毒进入一个新的里程碑。传统的文件型病毒只会感染后缀为 .exe 和 .com 的可执行文件，而宏病毒则会感染 Word、Excel、AmiPro、Access 等软件存储的资料文件，并且这种宏病毒是跨平台的。以 Word 的宏病毒为例，它可以感染 DOS、Windows NT/XP/7/10、OS/2 等系统上的 Word 文件及其通用模板。Word 宏病毒的工作原理是：当载入文件时先执行起始的宏 Normal.dot，用宏病毒感染 Normal.dot，则所有被编辑的文件均会被染毒。在这些宏病毒之中，最为有名的就是令人闻之色变的 Taiwan NO.1B。这个病毒的发作情形是：到了每月的 13 号，只要你随便打开一个 Word 文件，屏幕上就会出现一对话窗口，询问你一道庞杂的算数题。如果答错的话就会连续开启 20 个窗口，然后又出现另一道问题，如此重复下去，直到耗尽系统资源而死机为止。虽然宏病毒有很高的传染力，但幸运的是它的破坏能力并不太强，而且清除方式也较容易，甚至不需杀毒软件就可以自行手动解毒。

1998 年 8 月，公安部要求各地计算机监察处严厉防范一种直接攻击和破坏计算机硬件系统的新病毒 CIH。1999 年 4 月 26 日，CIH 病毒大规模爆发，全世界至少 6000 万台，我国至少 36 万台计算机受损，其中主板受损比例占 15%，经济损失 0.8 亿元人民币。CIH 是第一例能够引起计算机硬件受损的病毒，它利用一些计算机主板允许对 BIOS 程序升级的特点，改写 BIOS(基本输入/输出系统)程序，提高主板的工作电压，使得主板被烧毁。CIH 病毒的厉害之处，在于它可以把自己的本体拆散塞在被感染的文件中，因此受感染的文件大小不会有所变化，杀毒软件也不易察觉。而最后一个版本的 CIH 病毒，除了每个月 26 日发作，将硬盘格式化之外，有时候还会破坏主板 BIOS 内的资料，使得计算机根本无法开机。CIH 的编写者台湾天才少年陈盈豪当时还只是一个学生，但随着 CIH 病毒的流行，他也全世界闻名。

Internet 的出现，引爆了新一波的信息革命。因为在因特网上，人与人的距离被缩短到极小的距离，而各式各样网站的建立以及搜寻引擎的运用，让每个人都很容易从网络上获得想要的信息。Internet 的盛行造就了信息的大量流通，但对于有心散播病毒、盗取他人账号、密码的电脑黑客来说，网络则正好提供了一个绝佳的渠道，Internet 便成了病毒散播的新捷径。也因此，普通用户虽然能享受到因特网带来的方便，但同时也会面临严重的病毒威胁。由于因特网的便利，病毒的传染途径更为多元化。传统的病毒可能以磁盘或其他存储介质的方式散布，而现在，只需要在电子邮件或 QQ 中夹带一个文件发送给目标用户，就可能把病毒传染给他；甚至从网络上下载文件，都可能收到一个含有病毒的文件。

进入后互联网时代，智能设备和各类移动终端都有独立的操作系统和应用程序，为新式的病毒和木马创造了全新的感染环境。2010 年以来，根据每年世界各国的互联网安全报告统计，基于 Android 或 iOS 操作系统的病毒和恶意代码的数量已经逐渐成为病毒的主要爆发平台，并呈快速增长的势头。2019 年，根据我国《第十八次计算机病毒和移动终端病毒疫情调查报告》显示，移动终端的病毒数量已占到 45.4% 以上，且感染率比上一年增加了 11.8%。

7.1.2　计算机病毒的发展

从病毒的发展史来看，病毒的出现是有规律的，一般情况下一种新的病毒技术出现后，病毒迅速发展，接着反病毒技术的发展会抑制其流传。操作系统进行升级时，病毒也会调整为新的方式，产生新的病毒技术。计算机病毒的发展历程主要经历了 DOS 引导阶段、DOS 可执行文件阶段、混合型阶段、伴随及批次性阶段、多形性阶段、生成器及变体机阶段、网络蠕虫阶段、视窗阶段、宏病毒阶段、互联网阶段、邮件炸弹阶段等多个阶段。根据病毒本身的表现形式和传播途径，病毒大致可分为三代，每一代病毒根据其应用的技术不同，又可分为多个阶段。下面对每一代病毒及其部分重要阶段分别做简要介绍。

1. 第一代病毒

1) 传统病毒阶段

早期病毒产生于 1986—1989 年，这一期间出现的病毒通常被称为传统病毒，此阶段是计算机病毒的萌芽和滋生阶段。由于当时计算机的应用软件少，而且大多是单机运行环境，因此病毒没有大量流行，主流病毒的种类也很有限，病毒的清除工作相对较容易。这一阶段的计算机病毒具有如下特点：

(1) 病毒攻击的目标比较单一，一般是传染磁盘引导扇区，或者传染可执行文件。

(2) 病毒程序主要采取截获系统中断向量的方式监视系统的运行状态，并在一定的条件下对目标进行传染。

(3) 病毒传染目标以后的特征比较明显，如磁盘上出现坏扇区、可执行文件的长度增加、文件建立日期和时间发生变化等等。这些特征容易被人工或查毒软件所发现。

(4) 病毒程序不具有自我保护的措施，容易被人们分析和解剖，从而使得人们容易编制相应的杀毒软件。

随着计算机反病毒技术的提高和反病毒产品的不断涌现，病毒编制者也在不断地总结自己的编程技巧和经验，千方百计地逃避反病毒产品的分析、检测和解毒，从而出现了第二代计算机病毒。

2) 混合型病毒阶段

混合型病毒(又称为"超级病毒")产生的时间在 1989 年至 1991 年之间，它是计算机病毒由简单发展到复杂，由单纯走向成熟的阶段。计算机局域网开始应用与普及，许多单机应用软件开始转向网络环境，应用软件更加成熟，由于网络系统尚无安全防护的意识，缺乏在网络环境下病毒防御的思想准备与方法对策，因此造成了计算机病毒的第一次流行高峰。这一阶段的计算机病毒具有如下特点：

(1) 病毒攻击的目标趋于混合型，即一种病毒既可传染磁盘引导扇区，又可传染可执行文件。

(2) 病毒程序不采用明显截获中断向量的方法监视系统的运行，而采取更为隐蔽的方法驻留内存和传染目标。

(3) 病毒传染目标后没有明显的特征，如磁盘上不出现坏扇区，可执行文件的长度增加不明显，不改变被传染文件原来的建立日期和时间等等。

(4) 病毒程序往往采取了自我保护措施，如加密技术和反跟踪技术，制造障碍，以增加人们分析和解毒的难度。

(5) 出现了许多病毒的变种，这些变种病毒较原病毒的传染性更隐蔽，破坏性更大。

总之，这一时期出现的病毒不仅在数量上急剧地增加，更重要的是病毒从编制的方式、方法，驻留内存以及对宿主程序的传染方式、方法等方面都有了较大的变化。

3) 多态病毒阶段

多态病毒大致流行于 1992 年至 1995 年间，此类病毒称为"多态性"病毒或"自我变形"病毒，是在病毒变种的基础上出现的新型计算机病毒。所谓"多态性"或"自我变形"，是指此类病毒在每次传染目标时，放入宿主程序中的病毒程序大部分都是可变的，即在搜集到同一种病毒的多个样本中，病毒程序的代码绝大多数是不同的，这是此类病毒的重要特点。正是由于这一特点，传统的利用特征代码检测病毒的产品不能检测出此类病毒。据资料介绍，此类病毒的首创者是 Mark Washburn，他并不是病毒的有意制造者，而是一位反病毒的技术专家。他编写的"1260 病毒"就是一种多态性病毒，此病毒 1990 年 1 月问世，有极强的传染力，被传染的文件被加密，每次传染时都更换加密密钥，而且病毒程序都进行了相当大的改动。他编写此类病毒，目的是向同事证明特征代码检测法不是在任何场合下都是有效的。然而，不幸的是，他为研究病毒而发明的这种病毒超出了反病毒的技术范围，流入了病毒技术中。1992 年上半年，在保加利亚发现了"黑夜复仇者"(Dark Avenger)病毒的变种"Mutation Dark Avenger"。这是世界上最早发现的多态性的实战病毒，它可用独特的加密算法产生几乎无限数量的不同形态的同一病毒。据悉该病毒作者还散布一种名为"多态性发生器"的软件工具，利用此工具将普通病毒进行编译即可使之变为多态性病毒。国内在 1994 年年底已经发现了多态性病毒——"幽灵"病毒，迫使许多反病毒技术部门开发了相应的检测和杀毒产品。由此可见，第三阶段是病毒的成熟发展阶段。在这一阶段中病毒的发展主要是病毒技术的发展，病毒开始向多维化方向发展，即传统病毒传染的过程与病毒自身运行的时间和空间无关，而新型的计算机病毒则将与病毒自身运行的时间、空间和宿主程序紧密相关，这无疑将增加计算机病毒检测和清除的难度。

4) 宏病毒阶段

20 世纪末，随着远程网、远程访问服务的开通，病毒流行面更加广泛，病毒的流行迅速突破地域的限制，首先通过广域网传播至局域网内，再在局域网内传播扩散。1996 年下半年，随着国内 Internet 的大量普及以及 E-mail 的使用，借助 E-mail 传播的 Word 宏病毒已成为病毒的主流。由于宏病毒编写简单、破坏性强，加上微软对 DOC 文档结构没有公开，给直接基于文档结构清除宏病毒带来了诸多不便。从某种意义上讲，由于微软 Word

Basic 的公开性以及 DOC 文档结构的封闭性,宏病毒对文档的破坏已经不仅仅属于普通病毒的概念。如果放任宏病毒泛滥,不采取强有力的彻底解决方法,则宏病毒将对中国的信息产业产生无法预测的后果。

这一时期的病毒最大的特点是利用 Internet 作为其主要传播途径,因而病毒传播快、隐蔽性强、破坏性大。此外,随着 Windows 系列操作系统的大量普及,出现了大量 Windows 环境下的病毒。这些都给病毒防御、杀毒技术带来了新的挑战。

2. 第二代病毒

第二代病毒与第一代病毒最大的差异,就在于第二代病毒传染的途径主要是基于浏览器的,病毒本身已不再是可执行文件,感染的目标也不局限于可执行的计算机文件,所造成的影响亦不仅仅是破坏文件和硬盘数据,而是消耗系统资源、强行推送有害信息。有些病毒的设计技术与工作原理远超第一代病毒。

为了方便网页设计者在网页上能制造出更精彩的动画,设计出功能强大的交互式网页,ActiveX 和 Java 得到了广泛的应用。这些技术能够实现传统网页脚本语言完不成的多种功能,甚至能够分辨用户使用的软件版本,并建议应该下载哪些软件来更新版本,对于一般用户来说,它们是颇为方便的工具。但若想要让这些功能正常执行,浏览器会自动将这些 ActiveX 及 Java Applets 的程序下载到硬盘中。在这个过程中,恶性程序的开发者也就利用同样的渠道,将病毒经由网络渗透到个人电脑之中。这就是"第二代病毒"的典型代表,也就是所谓的"网络病毒"。目前常见的第二代病毒,其实破坏性都不大,例如在浏览器中不断开启窗口的"窗口炸弹"、带着电子计时器发出"咚咚"声的"闹闹熊"等,只要把浏览器关闭后,对电脑并不会有任何影响。但随着技术的不断发展,破坏性更大的病毒也陆续出现了。

3. 第三代病毒

21 世纪来,随着 PDA、智能手机、消费类电子产品技术的发展,数据通信网络逐渐呈现出融合的趋势。病毒的设计者也盯上了这个具有广阔发展前景的领域。2004 年至 2005 年间,陆续发现了一些能够影响手机正常运行的手机病毒,标志着病毒从微型计算机领域跨向了整个计算机和智能领域。随着 3G、4G、5G 网络及更多智能设备的使用,尤其更多用户习惯使用蓝牙及红外传输技术,手机和联网的手持设备很可能成为黑客、病毒制造者的目标以及病毒载体,新型的病毒必然会不断涌现。

2005 年,在赫尔辛基的奥林匹克运动场上爆发了 Cabir 病毒,数十人手机被感染。这个病毒通过蓝牙技术能够在附近的手机上自我复制,并且能够消耗掉被感染手机的电能,危害最大的病毒甚至能够关闭手机,并且需经送修后才能复原。瑞星杀毒软件曾截获了一个既可通过手机传播,也可通过电脑向手机进行传播的手机病毒"韦拉斯科"(Win32.SIS.Velasco)。2006 年,国内发现了名为"Commwarrior.C"的手机病毒,它可以不断发送彩信。同时,该病毒已经具有一些对抗手机杀毒软件的能力。目前,手机病毒的破坏性主要是损耗手机电池电量、乱发短信、彩信等一般行为,以及盗打电话、盗取用户手机内资料、盗刷资金等严重恶意行为。相比电脑病毒,手机病毒的传播速度是和智能手机、无线网络的普及度紧密相关的,至于危险性,则和人们对手机和网络的依赖程度相关。对运营商来说,在网关上进行杀毒是防止手机病毒扩散的重要手段。

2018 年,以"WannaCry""WannaRen"为代表的勒索病毒几乎在桌面计算机、服务器和移动终端等平台上同时爆发，一时间，人们的手机、取款机、笔记本电脑甚至地铁调度程序都成为受害的对象。该病毒通过相对固定的网络端口漏洞进行传播，能够关闭主流杀毒软件，能够穿透虚拟机，感染实体操作系统，并对用户数据进行加密，同时会索要一定数量的比特币作为解密的条件。勒索病毒是目前第三代病毒中危害最严重的一类病毒。

计算机病毒的发展必然会促进计算机反病毒技术的发展。新型病毒的出现向以行为规则判定病毒的预防产品、以病毒特征为基础的检测产品以及根据计算机病毒传染宿主程序的方法而消除病毒的产品提出了挑战，致使原有的反病毒技术和产品在新型的计算机病毒面前无能为力。这样，势必使人们认识到现有反病毒产品在对抗新型计算机病毒方面的局限性，迫使人们在反病毒的技术和产品上进行更新换代。到目前为止，反病毒技术已经成为计算机安全的一种新兴的计算机产业或反病毒工业。

7.1.3 计算机病毒的定义与特征

为了防范和应对计算机病毒，就要对计算机病毒进行理性的分析，首先要明白什么是计算机病毒，被定义为计算机病毒的程序具有哪些明显的特征。

1. 计算机病毒的定义

对计算机病毒的定义有很多种，我国在 1994 年颁布的《中华人民共和国计算机信息系统安全保护条例》第二十八条中对计算机病毒进行了定义："计算机病毒，是指编制或者在计算机程序中插入的破坏计算机功能或者毁坏数据，影响计算机使用，并能够自我复制的一组计算机指令或者程序代码。"1998 年出版的《新英汉计算机大辞典》中将计算机病毒定义为"一类非正常形式的计算机程序。它像能危害生物体的病毒一样，在用户不知晓、不愿意的情况下潜入计算机，影响计算机的正常运行，甚至造成严重破坏"。

计算机病毒的定义一般包括以下几个方面：

(1) 计算机病毒是一种计算机程序。计算机的概念除通常所说的个人计算机之外，还包括各种嵌入式计算机、移动终端和各类智能设备等。计算机病毒的运行和一般的计算机程序一样，能够进入内存系统，由 CPU 执行。执行包括通常所说的编译成可执行文件直接执行，也可以在某种环境中解释执行，甚至固化到硬件系统中执行。

(2) 计算机病毒一般不是用户期望执行的程序。用户期望执行的程序是用户为达到目的，而有意识、有计划地执行的一些程序，包括系统程序和应用程序等。计算机病毒一般不是用户期望的程序，所以要通过种种方式隐藏自身，或者寄生在别的程序或文档中，不让用户发现，等待时机执行。

(3) 计算机病毒是一种特殊的计算机程序。计算机病毒和普通计算机程序相比较，特殊之处在于能够自我复制、传染，而且在满足一定条件时能够被激活。

随着近几年计算机技术的发展，病毒技术也呈现出一些新的趋势，出现了一些非传统意义上的病毒，这些病毒不一定完全符合计算机病毒的定义，但也将其纳入计算机病毒的范畴，计算机病毒的概念也正在进一步扩大。现在计算机病毒应包括除传统意义上的病毒之外的黑客程序、特洛伊木马和蠕虫等特殊类型的有害程序。

2. 计算机病毒的特征

从计算机病毒的定义可以总结一般计算机病毒具有的特征。计算机病毒通常具有传染性、破坏性、寄生性、隐蔽性、可触发性、不可预见性、欺骗性和持久性等典型特征。

1) 传染性

传染性是指计算机病毒能够主动地向其他计算机系统传播，这是计算机病毒区别于普通程序的一个根本特性，是判断一段程序代码是否为计算机病毒的依据。病毒程序一旦侵入计算机系统就开始搜索可以传染的程序或者磁介质，然后通过自我复制迅速传播。由于目前计算机网络日益发达，计算机病毒可以在极短的时间内，通过 Internet 传遍世界。

2) 破坏性

破坏性是计算机病毒的一个基本特性。无论何种病毒程序一旦侵入系统都会对操作系统的运行造成不同程度的影响，即使不直接产生破坏作用的病毒程序也要占用系统资源(如占用内存空间，占用磁盘存储空间以及系统运行时间等)。而绝大多数病毒程序要显示一些文字或图像，影响系统的正常运行，还有一些病毒程序会删除文件，加密磁盘中的数据，甚至摧毁整个系统和数据，使之无法恢复，造成不可挽回的损失。因此，病毒程序的副作用轻者降低系统工作效率，重者导致系统崩溃、数据丢失。病毒程序的表现性或破坏性体现了病毒设计者的真正意图。以 Novell 网为例，一旦文件服务器的硬盘被病毒感染，就可能造成 NetWare 分区中的某些区域上内容的损坏，使网络服务器无法启动，导致整个网络瘫痪，造成不可估量的损失。

3) 寄生性

寄生性也称为潜伏性，是指计算机病毒具有依附于其他媒体而寄生的能力。早期的计算机病毒绝大多数都不是完整的程序，通常都是附着在其他程序中，就像生物界中的寄生现象一样，这种媒介被称为计算机病毒的宿主程序、寄主程序或者病毒载体。依靠病毒的寄生能力，病毒传染合法的程序和系统后，并不立即发作，而是悄悄隐藏起来，然后在用户毫无察觉的情况下进行传染。这样，病毒的潜伏性越好，它在系统中存在的时间也越长，病毒传染的范围也越广，其危害性也就越大。

4) 隐蔽性

隐蔽性是指计算机病毒采用某些技术来防止被发现，它和寄生性是相关的。计算机病毒是一种具有很高编程技巧、短小精悍的可执行程序。它通常黏附在正常程序或磁盘引导扇区中，或者磁盘上标为坏簇的扇区以及一些空闲概率较大的扇区中。病毒想方设法隐藏自身，就是为了防止被用户察觉。

5) 可触发性

计算机病毒一般都有一个或者几个触发条件。满足其触发条件或者激活病毒的传染机制，病毒即开始执行其表现部分或破坏部分。触发的实质是一种条件的控制，病毒程序可以依据设计者的要求，在一定条件下实施攻击。这个条件可以是输入特定字符，使用特定文件，在某个特定日期(如 CIH 病毒将触发时间定在每年的 4 月 26 日)或特定时刻，或者是病毒内置的计数器达到一定次数等。

6) 不可预见性

从对病毒的检测方面来看，病毒还有不可预见性，谁也无法预见会出现什么病毒，会造成什么样的后果。不同种类的病毒，它们的代码千差万别，但有些操作是共有的(如驻内存、改中断)。有些人利用病毒的这种共性，制作了声称可查所有病毒的程序。这种程序的确可查出一些新病毒，但由于目前的软件种类极其丰富，且某些正常程序也使用了类似病毒的操作甚至借鉴了某些病毒的技术，使用这种方法对病毒进行检测势必会造成较多的误报情况。而且病毒的制作技术也在不断地提高，病毒对反病毒软件永远是超前的。

7) 欺骗性

计算机病毒行动诡秘，计算机对其反应较迟钝，往往把病毒造成的错误当成事实接受，故它很容易欺骗普通操作系统的审计和预警。

8) 持久性

即使在病毒程序被发现以后，数据和程序甚至操作系统的恢复都非常困难。特别是在网络操作情况下，由于病毒程序由一个受感染的拷贝通过网络系统反复传播，使得病毒程序的清除非常困难。

3. 计算机病毒的命名

如何对计算机病毒命名没有统一的方法和规定，但在国际上有一个通行的计算机病毒命名准则，即同一反病毒厂商对同一病毒及变种的命名必须一致。一般各厂商对计算机病毒有其自己的命名方法。目前常见的命名方法大致有以下几种：

(1) 按照病毒体的字节数命名，如"3783 病毒""4099 病毒"等。

(2) 按照病毒发作时的现象命名，如"小球病毒"。

(3) 按照发作的时间及相关事件命名，如"黑色星期五"。

(4) 按照病毒体内或传染过程中的特征字符串命名，如"CIH 病毒""中国黑客病毒""求职信"等。

(5) 按照病毒发源地命名，如"合肥 2 号"。

一般还会在病毒名的前面或后面加上指示病毒属性的前后缀，指示其运行的操作系统平台、编写病毒的语言和所属的种类，再用一些数字或字母来指示为某种病毒的变种。例如，W32.Klez.H@mm 为在 Windows 平台上运行的"求职信"的变种，W32.Nimda.E@mm 为在 Windows 平台上运行的"尼姆达"的变种，VBS.HappyTime 表示用 VBScript 语言编写的"欢乐时光病毒"，Trojan.Huigezi.z 表示木马病毒"灰鸽子"的一种变种病毒。此外，还可对计算机病毒起一个便于记忆的别名，如"大无极"(Sobig)、"冲击波"(Bloaster)、"震荡波"(Sasser)等。

总之，对于同一个计算机病毒，可能会出现不同的命名，但通过其命名，大致可以看出该病毒的基本属性。

7.2　计算机病毒的类型

从第一个病毒产生以来，究竟世界上有多少种病毒，目前没有完全的统计数据，病毒的数量仍在不断增加。据国外统计，造成破坏的计算机病毒以 10 种/周的速度递增；另据我国公安部统计，国内破坏性较强的计算机病毒以 4～6 种/月的速度递增。据资料显示，1989 年 1 月，病毒种类不过 100 种，到 2004 年已超过 6 万种，到 2010 年仅桌面操作系统病毒的各类变种就超过 1000 万，到现在已经很难统计其确切数目。2018 年国内报告的各类病毒事件的拦截次数已达 15 亿次。按照计算机病毒的特点，计算机病毒的分类方法有许多种，同一种病毒也可能有多种不同的分法。

7.2.1　计算机病毒的常见分类

1. 按照计算机病毒攻击的操作系统分类

(1) 攻击 DOS 系统的病毒。这类病毒出现最早、最多，变种也最多，目前我国出现的计算机病毒基本上都是这类病毒，此类病毒占病毒总数的 99%。

(2) 攻击 Windows 系统的病毒。由于 Windows 的图形用户界面(GUI)和多任务操作系统深受用户的欢迎，长期以来 Windows 是桌面操作系统的霸主，从而成为病毒攻击的主要对象。首例破坏计算机硬件的"CIH 病毒"就是一个 Windows 95/98 病毒。

(3) 攻击类 UNIX 系统的病毒。当前，UNIX/Linux 系统应用非常广泛，并且许多大型服务器和部分个人计算机均采用 UNIX/Linux 作为其主要的操作系统，所以 UNIX 病毒的出现，对人类的信息处理也是一个严重的威胁。

(4) 攻击 OS/2 系统的病毒。世界上已经发现了少数攻击 OS/2 系统的病毒，它们虽然简单，但也是一个不祥之兆，因为 OS/2 以其安全可靠著称。

(5) 跨平台复合型病毒。现在已经出现了能够跨操作系统平台的病毒，如既能够在 Windows 下运行，又能在 Linux 下运行的复合型病毒。

2. 按照病毒的攻击机型分类

(1) 攻击微型计算机的病毒。这是世界上传染最为广泛的一种病毒。

(2) 攻击小型机的计算机病毒。小型机的应用范围是极为广泛的，它既可以作为网络的一个节点机，也可以作为小的计算机网络的主机。起初，人们认为计算机病毒只有在微型计算机上才能发生，而小型机不会受到病毒的侵扰，但自 1988 年 11 月 Internet 受到蠕虫病毒攻击后，使得人们认识到小型机也同样不能免遭计算机病毒的攻击。

(3) 攻击工作站的计算机病毒。近几年，计算机工作站有了较大的进展，并且应用范围也有了较大的发展，所以我们不难想象，攻击计算机工作站的病毒的出现也是对信息系统的一大威胁。

(4) 攻击智能终端的病毒，如各类手机病毒。

3. 按照计算机病毒的编译方式分类

由于计算机病毒本身必须有一个攻击对象以实现对计算机系统的攻击，因此，计算机病毒所攻击的对象是计算机系统可执行的部分。

(1) 源码型病毒。这种病毒攻击高级语言编写的程序，在高级语言所编写的程序编译前插入到源程序中，经编译成为合法程序的一部分。

(2) 嵌入型病毒。这种病毒将自身嵌入到现有程序中，把计算机病毒的主体程序与其攻击的对象以插入的方式链接。这种计算机病毒是难以编写的，一旦侵入程序体后也较难消除。如果同时采用多态性病毒技术、超级病毒技术和隐蔽性病毒技术，将给当前的反病毒技术带来严峻的挑战。

(3) 外壳型病毒。外壳型病毒将其自身伪装在主程序的上下文，对原来的程序不做修改。这种病毒最为常见，易于编写，也易于发现，一般通过测试文件的大小即可检测是否染毒。

(4) 操作系统型病毒。这种病毒用自身的程序加入或取代部分操作系统进行工作，具有很强的破坏力，可以导致整个系统的瘫痪。"圆点病毒"和"大麻病毒"就是典型的操作系统型病毒。这种病毒在运行时，用自身的逻辑部分取代操作系统的合法程序模块，获取合法程序模块在操作系统中运行的地位与作用，对操作系统进行破坏。

4. 按照计算机病毒的破坏情况分类

(1) 良性计算机病毒。良性计算机病毒是指那些只是为了表现自身，并不彻底破坏系统和数据，但会大量占用 CPU 时间，增加系统开销，降低系统工作效率的一类计算机病毒。良性病毒并不包含立即对计算机系统产生直接破坏作用的代码，只是不停地进行扩散，从一台计算机传染到另一台，并不破坏计算机内的数据。这种病毒多数是恶作剧者的产物，他们的目的不是为了破坏系统和数据，而是为了让使用染有病毒的计算机用户通过显示器或扬声器看到或听到病毒设计者的编程技术。这类病毒有"小球病毒""1575/1591 病毒""救护车病毒""扬基病毒""Dabi 病毒"等。还有一些人利用病毒的这些特点宣传自己的政治观点和主张，也有一些病毒设计者在其编制的病毒发作时进行人身攻击。有些人对这类计算机病毒的传染不以为然，认为这只是恶作剧，没什么关系。其实良性、恶性都是相对而言的。良性病毒取得系统控制权后，会导致整个系统运行效率降低，系统可用内存总数减少，使某些应用程序不能运行。它还与操作系统和应用程序争抢 CPU 的控制权，甚至导致整个系统死锁，给正常操作带来麻烦。有时系统内还会出现几种病毒交叉感染的现象，一个文件反复被几种病毒所感染。例如，原来只有 10 KB 的文件变成约 90 KB，就是被几种病毒反复感染了数十次。这不仅会消耗掉大量宝贵的磁盘存储空间，而且整个计算机系统也会由于多种病毒寄生而无法正常工作。因此，也不能轻视良性病毒对计算机系统造成的损害。

(2) 恶性计算机病毒。恶性计算机病毒是指那些一旦发作后，就会破坏系统或数据，造成计算机系统瘫痪的一类病毒。这类病毒有"黑色星期五""火炬""米开朗基罗"等。这种病毒危害性极大，有些病毒发作后可以给用户造成不可挽回的损失。恶性病毒的代码中包含有损伤和破坏计算机系统的操作，在其传染或发作时会对系统产生直接的破坏作用。例如，"米开朗基罗病毒"发作时，硬盘的前 17 个扇区将被彻底破坏，使整个硬盘上的数据无法恢复，造成的损失是无法挽回的。有的病毒还会对硬盘进行格式化等破坏。这是其本性之一。因此，这类恶性病毒是很危险的，所幸防病毒系统可以通过监控系统内的这类异常动作识别出计算机病毒的存在与否，或至少发出警报提醒用户。

5. 按照计算机病毒的寄生部位或传染对象分类

传染性是计算机病毒的本质属性，根据寄生部位或传染对象分类，也即根据计算机病毒传染方式不同，可分为如下几种：

(1) 磁盘引导区传染的计算机病毒。磁盘引导区传染的病毒主要是用病毒的全部或部分逻辑取代正常的引导记录，而将正常的引导记录隐藏在磁盘的其他地方。由于引导区是磁盘能正常使用的先决条件，因此，这种病毒在运行的一开始(如系统启动)就能获得控制权，其传染性较大。由于在磁盘的引导区内存储着需要使用的重要信息，如果对磁盘上被移走的正常引导记录不进行保护，则在运行过程中就会导致引导记录的破坏。引导区传染的计算机病毒较多，例如"大麻"和"小球"病毒就属于这类病毒。

(2) 操作系统传染的计算机病毒。操作系统是一个计算机系统得以运行的支持环境，它包括 COM、EXE 等许多可执行程序及程序模块。操作系统传染的计算机病毒就是利用操作系统中所提供的一些程序及程序模块寄生并传染的。通常，这类病毒作为操作系统的一部分，只要计算机开始工作，病毒就处在随时被触发的状态。而操作系统的开放性和不完善性给这类病毒出现的可能性与传染性提供了方便。操作系统传染的病毒目前已广泛存在，"黑色星期五"即为此类病毒。

(3) 可执行程序传染的计算机病毒。可执行程序传染的病毒通常寄生在可执行程序中，一旦程序被执行，病毒也就被激活，病毒程序首先被执行，并将自身驻留内存，然后设置触发条件，进行传染。

对于以上三种病毒的分类，实际上可以归纳为两大类：一类是引导扇区型传染的计算机病毒；另一类是可执行文件型传染的计算机病毒。

6. 按照计算机病毒激活的时间分类

按照计算机病毒激活的时间可分为定时病毒和随机病毒。定时病毒仅在某一特定时间才发作，而随机病毒一般不是由时钟来激活的。

7. 按照传播媒介分类

按照传播媒介来分类，计算机病毒可分为单机病毒和网络病毒。

(1) 单机病毒。单机病毒的载体是磁盘，常见的是病毒从 U 盘传入硬盘，感染系统，然后再传染其他存储介质，并再次传染其他系统。

(2) 网络病毒。网络病毒的传播媒介不再是移动式载体，而是网络通道，这种病毒的传染能力更强，破坏力更大。

8. 按照寄生方式和传染途径分类

人们习惯将计算机病毒按寄生方式和传染途径来分类。计算机病毒按其寄生方式大致可分为两类，一是引导型病毒，二是文件型病毒；它们再按其传染途径又可分为驻留内存型和不驻留内存型病毒，驻留内存型病毒按其驻留内存方式还可细分。混合型病毒集引导型和文件型病毒的特性于一体。

引导型病毒相对文件型病毒来讲，破坏性较大，但为数较少，直到 20 世纪 90 年代中期，文件型病毒还是最流行的病毒。但宏病毒后来居上，据美国国家计算机安全协会统计，这位"后起之秀"在个人计算机上已占目前全部病毒数量的 80% 以上。另外，宏病毒还可衍生出各种变形变种病毒，这种"父生子，子生孙"的传播方式让许多系统防不胜防，这也使宏病毒成为威胁计算机系统的"第一杀手"。

复合型病毒是指具有引导型病毒和文件型病毒寄生方式的计算机病毒。这种病毒扩大了病毒程序的传染途径，它既感染磁盘的引导记录，又感染可执行文件。当染有这种病毒的磁盘用于引导系统或调用执行染毒文件时，病毒都会被激活。因此，在检测、清除复合型病毒时必须全面彻底地根治。如果只发现该病毒的一个特性，则把它只当作引导型或文件型病毒进行清除，虽然好像是清除了，但还留有隐患，这种经过消毒后的"洁净"系统更具有攻击性。这种病毒有"Flip 病毒""新世纪病毒""One-half 病毒"等。

7.2.2　引导型病毒

引导型病毒会去改写(即一般所说的"感染")存储介质的引导扇区(BOOT SECTOR)内容，或者改写逻辑分区表(FAT、FAT32. NTFS)，因此，光盘或硬盘都有可能感染该病毒。如果用已感染病毒的 U 盘来启动系统，则会感染硬盘，例如"大麻病毒""2708 病毒""火炬病毒"等。在 DOS 和早期的 Windows 版本(如 Windows 3.2、Windows 95 等)下运行的病毒大部分都属于此类。

引导型病毒的一个非常重要的特点是对 U 盘和硬盘的引导扇区的攻击。引导扇区是大部分系统启动或引导指令保存的地方，而且对于磁盘来说，不论其是否是系统引导盘，都有一个引导区。引导区一般是硬盘或 U 盘的第一个扇区，对于装载操作系统具有关键性的作用，硬盘的分区信息就是从该扇区读出硬盘分区表来初始化的。一般的操作系统首先要读取引导区的数据，所以引导型病毒从操作系统一开始加载就能立即运行，并且驻留内存，进一步感染所有加载到内存中的文件。

有的病毒会潜伏一段时间，等到它所设置的日期时才发作。有的则会在发作时在屏幕上显示一些带有"宣示"或"警告"意味的信息，当被触发激活条件后，病毒要么摧毁分区表，导致无法启动，要么直接格式化硬盘。也有一部分引导型病毒的"手段"没有那么狠，不会破坏硬盘数据，只是搞些"声光效果"让用户虚惊一场。引导型病毒几乎都会常驻在内存中，差别只在于内存中的位置。(所谓"常驻"，是指应用程序把要执行的部分在内存中驻留一份，这样就可不必在每次要执行它的时候都到硬盘中搜寻，以提高效率)。

引导型病毒按其寄生对象的不同又可分为两类，即 MBR(主引导区)病毒和 BR(引导区)病毒。MBR 病毒也称为分区病毒，将病毒寄生在硬盘分区主引导程序所占据的硬盘 0 头 0 柱面第 1 个扇区中，其典型的病毒有"大麻""2708"等。BR 病毒是将病毒寄生在硬盘逻辑 0 扇区或 U 盘逻辑 0 扇区(即 0 面 0 道第 1 个扇区)，其典型的病毒有"Brain""小球病毒"等。

磁盘格式化是清除引导型病毒最直接、最简单的方法。但在很多情况下，磁盘中存储着有用的数据，在格式化磁盘的过程中，病毒被清除了，数据也被清除了。所以该方法只适用于磁盘存储的数据不重要或者数据已经备份的情况。

要保全磁盘中的数据时，就不能用格式化的方法来清除病毒，而是需要对染毒的扇区进行清理。与引导型病毒有关的扇区有：

(1) 硬盘物理第一扇区，即 0 柱面 0 磁头 1 扇区。此处存放的数据和程序在开机之后最先被访问并执行。该扇区是磁盘的主引导区，它包括两个部分的数据：开机后硬盘上所有可执行代码中最先执行的部分；记录硬盘分区的信息，即通常所说的硬盘分区表。

(2) 硬盘活动分区的第一个扇区，即 0 柱面 1 磁头 1 扇区。该扇区称为"活动分区的引导记录"，存储着开机后继硬盘分区表后运行的第二段代码。

用无病毒的引导 U 盘启动计算机，按顺序运行下面 3 个命令即可达到目的：

· Fdisk /MBR——重写一个无病毒的 MBR；

- Fdisk——读取当前的分区表(Partition Table)；
- Format C:/s——重写系统盘的活动分区引导记录。

7.2.3 文件型病毒

1. 文件型病毒的基本概念

文件型病毒主要以感染文件扩展名为 .com、.exe 和 .ovl 等可执行程序为主。它的激活必须借助于病毒的载体程序，即要先运行病毒的载体程序，才能把文件型病毒引入内存，如"1575/1591 病毒""848 病毒"会感染 .com 和 .exe 等可执行文件，"Macro/Concept""Macro/Atoms"等宏病毒会感染 Office 文件。

已感染病毒的文件执行速度会减缓，甚至完全无法执行。有些文件遭感染后，一执行就会遭到删除。大多数的文件型病毒都会把它们自己的程序码复制到其宿主的开头或结尾处。这会造成已感染病毒文件的长度变长，但用户不一定能用 DIR 命令列出其感染病毒前的长度，因而难以察觉。也有部分病毒是直接改写"受害文件"的程序码，因此感染病毒后文件的长度仍然维持不变。

感染病毒的文件被执行后，病毒通常会趁机再对下一个文件进行感染。有的"高明"一点的病毒，会在每次进行感染时针对其新宿主的状况编写新的病毒码，然后才进行感染。这种病毒没有固定的病毒码，因此以扫描病毒码的方式来检测病毒的查毒软件，遇上这种病毒就难以处理了。但反病毒软件随着病毒技术的发展而不断更新，针对这种病毒现在也有了有效手段。

文件型病毒分为源码型病毒、嵌入型病毒和外壳型病毒。源码型病毒是用高级语言编写的，若不进行编译，则无法传染扩散。嵌入型病毒嵌入在程序的中间，它只能针对某个具体程序，如"dBASE 病毒"。这两类病毒由于受环境限制尚不多见。目前流行的文件型病毒几乎都是外壳型病毒，这类病毒寄生在宿主程序的前面或后面，并修改程序的第一个执行指令，使病毒先于宿主程序执行，这样随着宿主程序的使用而传染扩散。

文件型病毒主要有 3 种寄生方式：覆盖型、前后依附型和伴随型。覆盖型文件病毒的一个特点是不改变文件的长度，使原始文件看起来很正常。前依附型文件病毒将自己加在可执行文件的开始部分，后依附型文件病毒将病毒代码附加在可执行文件的末尾。伴随型文件病毒针对系统中的 .exe 文件建立一个相应的含有病毒代码的 .com 文件。当运行 .exe 文件时，控制权就转移给了隐藏的 .com 文件，病毒程序就得以运行。当执行完之后，控制权又交回给 .exe 文件。

文件型病毒又可分为驻留型和非驻留型。驻留型文件病毒的特点是即使在病毒文件已执行完后仍留在内存中；非驻留型文件病毒仅当宿主程序运行时才能工作。

覆盖型文件病毒是破坏性最强的，文件被病毒感染时，病毒程序硬性覆盖掉一部分宿主程序，使宿主程序遭到破坏，即使把病毒杀掉，程序也不能修复，如果没有备份，将造成损失。

2. 文件型病毒实例

1) "雨点"病毒简介

著名的文件型病毒有"雨点""黑色星期五""杨基多得"等。以"雨点"病毒为例来分析文件型病毒的原理和特点。"雨点"病毒又名"落花""飞花"或"瀑布",是一种恶性文件型病毒,病毒发作时,计算机屏幕上的字符就像下雨一样落下,并伴随着下雨的声音。该病毒只感染 .com 文件,当染毒的 .com 文件运行时,病毒同时运行并驻留内存,并修改 INT21 指向其感染模块,当其他 .com 文件运行时就被感染。

"雨点"病毒具有以下特征:

(1) 只感染长度小于或等于 63 803 B 的 .com 文件,已经感染了"雨点"病毒的 .com 文件将不会再被感染。

(2) 感染了"雨点"病毒的 .com 文件的长度会增加 1701 B,病毒代码的主要部分加密后附在.com 文件的尾部。

(3) 计算机系统感染病毒后,如果要运行写保护磁盘上的 .com 文件,病毒就会改写该文件,并出现系统提示信息:

Write protect error writing driver A

Abort,Retry,Ignore?

2) 病毒的工作原理

(1) 引导过程:当运行一个感染了"雨点"病毒的 .com 文件时,它首先进行一系列的条件判断,其中一个主要条件是内存中是否有该病毒,只有在没有该病毒的情况下,才将病毒程序引入系统。

(2) 感染过程:"雨点"病毒的感染模块是在执行 Windows 操作系统的 4BH 系统功能调用时被激活的。一般情况下只要运行一个程序,便自动激活病毒感染模块,该感染模块在进行一系列条件判断后决定是否对当前运行的文件进行感染。

3) 病毒的检测

由于"雨点"病毒在感染一个 .com 文件时,病毒程序的主要部分进行了加密变换,而且使用的加密密钥与具体的 .com 文件的长度有关,所以对不同的感染文件,病毒的密文是不同的,这使得检测十分不便。一般可从以下几个方面着手对其进行检测:

(1) 比较文件的长度是否增加了 1701 B。

(2) 对怀疑感染了病毒的 .com 文件,用 DEBUG 对其进行分析,查看第一条指令是否为一条无条件转移指令,如 "0C4A: 0100 E9BC0F JMP 10BF"。若是,则检查该转移指令的目标地址是否为类似于下面的一段代码:

0C4A:10BF	FA	FA	CLI	
0C4A:10C0	8BEC	MOV	BP,SP	
0C4A:10C0	8BEC	MOV	BP,SP	
0C4A:10C2	E8000	CALL	10C5	
0C4A:10C5	5B	POP	BX	
0C4A:10C6	81EB3101	SUB	BX,0131	
0C4A:10CA	2E80000	CS		
0C4A:10CB	F6872A0101	TEST	BYTE	PRT
0C4A:10D0	740F	JZ	10E1	

0C4A:10D2	8DB74D01	LEA	SI, [BX+014D]
0C4A:10D6	BC8206	MOV	SP
0C4A:10D9	3134	XOR	[SI], SI
0C4A:10DB	3124	XOR	[SI], SP
0C4A:10DD	46	INC	SI
0C4A:10DE	4C	DEC	SP

如果以上几个条件都满足，则基本可以判定文件感染了"雨点"病毒。

3. 文件型病毒的判别和清除

1) 文件型病毒的判别

通过以下方法可以发现文件型病毒：

(1) 如果可执行文件或未经编辑存盘过的 Office 文件长度发生了莫名变化，则该文件很可能已被病毒感染。

(2) 在用干净的系统盘引导系统后，对同一文件夹列目录后发现文件的长度与通过硬盘启动后所列目录内文件总长度不一样，则该目录下的某些文件已被病毒感染。

(3) 系统文件长度发生了变化，则这些系统文件很有可能已被病毒感染。

(4) 计算机在运行外来软件后，机器经常死机或 Windows 无法正常启动等，说明系统文件已被病毒感染。

(5) 计算机运行速度明显变慢或曾正常运行的软件报告系统内存不足或计算机无法正常打印，说明计算机可能已感染了文件型病毒。

(6) 在运行后缀为 .exe 的文件后，同时生成一个后缀为 .com 的同名文件，说明计算机肯定感染上了文件型病毒。

2) 文件型病毒的清除

由于文件型病毒一般都会修改大量的系统文件，很难用手工方法清除干净，因此对普通用户来说计算机感染上文件型病毒后，最好的办法就是用杀毒软件进行清除。目前 360 安全卫士、瑞星杀毒软件、金山毒霸等都是非常不错的杀毒软件，用户可以根据自己的需求去选用这些软件。

3) 清除文件型病毒的注意事项

文件型病毒一般都会自动驻留内存，在正常模式下，由于带毒的文件正在运行，是无法对这些文件直接进行删除操作的。从现今的反病毒技术和病毒来看，绝大部分病毒都不可能在正常模式下简单操作就可以彻底清除了，所以清除文件型病毒最好在最小运行模式下操作。如果是 NTFS 的硬盘分区结构，则最好在安全模式下利用杀毒软件进行清除。

一般病毒都会通过网络感染，所以杀毒的时候一定要断掉网络连接(拔掉网线)，特别是在局域网中，一定要把所有计算机上的病毒全都查杀干净以后才可以联网，否则一台刚刚杀过毒的机器可能被再次感染。针对企业的中大型的局域网，病毒防护可以考虑购买企业版(网络版)的杀毒软件进行管理。

由于文件型病毒都是要对宿主文件(也就是要被感染的文件)进行修改，把自身代码添加到宿主文件中，所以会造成一些结构比较复杂的文件损坏，比如一些自解压缩文件(通常是一些软件的安装文件)、带有自校验功能的文件无法运行，当它感染了系统文件时，还会造成系统出现异常或故障(比如经常出现"内存非法操作"等)。出现这些症状后，即使使用杀毒软件把病毒清除干净了也没法修复，这并不是杀毒软件把文件"杀坏"了，而是感染这个病毒时，系统文件就已经损坏了，这时你只能用以前的备份文件来替换损坏的文件了。

在清除病毒时，尽可能不要使用网页版的在线杀毒来查杀文件型病毒。由于在线杀毒利用了 IE 的某些特殊功能，会给系统带来更多的安全隐患，而且一般反病毒厂商也不会在在线杀毒中提供全面的病毒库文件，所以这种方法只适合查出计算机上是否感染了病毒，而不能较好地清除病毒。

4) 文件型病毒的防范措施

(1) 平时要养成良好的防病毒习惯，计算机要安装防毒软件并打开实时监控程序，而且要经常升级杀毒软件的病毒库，确保病毒库始终是最新的。

(2) 对来历不明的软件(特别是从网上下载的软件)要先查毒并确保没有病毒后再使用。

(3) 由于文件型病毒会对一些文件造成破坏，所以平时要注意对数据的备份，重要的数据要备份到移动存储器或刻录到光盘上。

7.2.4　蠕虫病毒

蠕虫是一种特殊的计算机病毒，其特性与一般的病毒有着很大的区别。对于蠕虫，现在还没有一个成套的理论体系，一般认为，蠕虫是一种通过网络传播的恶性病毒，它具有病毒的一些共性，如传播性、隐蔽性、破坏性等，同时具有自己的一些特征，如不利用文件寄生(有的只存在于内存中)、对网络造成拒绝服务以及堵塞本地连接等。在产生的破坏性上，蠕虫病毒也不是普通病毒所能比拟的，网络的发展使得蠕虫可以在短时间内蔓延至整个网络，造成网络瘫痪。

根据用户情况可将蠕虫病毒分为两类。一类是面向企业用户和局域网的蠕虫病毒，这种病毒利用系统漏洞主动进行攻击，可以对整个互联网造成瘫痪性的后果，以"红色代码""尼姆达""Sql 蠕虫"为代表。另外一类是针对个人用户的蠕虫病毒，通过网络(主要是电子邮件和恶意网站形式等)迅速传播的蠕虫病毒，以"爱虫""求职信"为代表。在这两类蠕虫病毒中，前一类具有很强的主动攻击性，而且爆发也有一定的突然性，但相对来说，查杀这种病毒并不是很难。第二类病毒的传播方式比较复杂多样，少数利用了操作系统或应用程序的漏洞，更多的是利用社会工程学对用户进行欺骗和诱导，这样的病毒造成的损失是非常大的，同时也是很难根除的，比如"求职信"病毒，在 2001 年就已经被各大杀毒厂商发现，但直到 2002 年年底依然排在病毒危害排行榜的首位。下面分别分析这两种病毒的典型特征及防范措施。

1. 蠕虫病毒与一般病毒的异同

蠕虫也是一种病毒，因此具有病毒的共同特征，表 7.1 列出了普通病毒和蠕虫病毒的区别。普通病毒是需要寄生的，它可以通过自己指令的执行，将自己的指令代码写到其他程序的体内，而被感染的文件就被称为"宿主"。例如，Windows 下可执行文件的格式为 PE(Portable Executable)格式，当病毒感染 PE 文件时，在宿主程序中建立一个新代码段，将病毒代码写到新代码段中，并修改程序入口点，这样，宿主程序执行的时候，病毒也会一起执行。

表 7.1　普通病毒与蠕虫病毒的区别

比较项目	病 毒 类 别	
	普通病毒	蠕虫病毒
存在形式	寄存文件	独立程序
传染机制	宿主程序运行	主动攻击
传染目标	本地文件	网络计算机

　　蠕虫则一般不采用 PE 格式插入文件的方法感染和传播，而是在互联网环境下，通过不断复制自身进行传播。普通病毒的传染能力主要是针对计算机内的文件系统而言的，而蠕虫病毒的传染目标是互联网内的所有计算机。局域网条件下的共享文件夹、电子邮件、网络数据库以及存在漏洞的服务器等都成为蠕虫传播的常用途径。互联网的发展使得蠕虫病毒完全有可能在几个小时内蔓延至全球，如勒索病毒"WannaCry"。而且蠕虫的主动攻击性和突然爆发性往往使得用户束手无策。可以预见，未来能够给网络带来重大灾难的主要是网络蠕虫。

　　2. 蠕虫病毒的基本结构和传播过程

　　1) 蠕虫的基本程序结构

　　蠕虫病毒由以下 3 个基本模块组成：

　　(1) 传播模块：负责蠕虫的传播。传播模块又可以分为 3 个基本模块，即扫描模块、攻击模块和复制模块。

　　(2) 隐藏模块：侵入主机后，隐藏蠕虫病毒本身，防止被用户发现。

　　(3) 目的功能模块：实现对计算机的控制、监视或破坏等功能。

　　2) 蠕虫病毒的一般传播过程

　　蠕虫病毒的一般传播过程包括扫描、攻击和复制 3 个步骤。

　　(1) 扫描：由蠕虫的扫描功能模块负责探测存在漏洞的主机。当程序向某个主机发送探测漏洞的信息并收到成功的反馈信息后，就得到一个可传播的对象。

　　(2) 攻击：攻击模块按漏洞攻击步骤自动攻击步骤(1)中找到的对象，取得该主机的权限(一般为管理员权限)，获得一个控制台。

　　(3) 复制：复制模块通过源主机和新主机的交互将蠕虫病毒复制到新主机并启动。

　　可以看到，传播模块实现的实际上是自动入侵的功能。因此，蠕虫的传播技术是蠕虫技术的首要技术，没有蠕虫的传播技术，也就谈不上蠕虫技术了。

　　蠕虫采用的是自动入侵技术，由于程序大小的限制，自动入侵程序不可能有太强的智能性，所以自动入侵一般都采用某种特定的模式。我们称这种模式为入侵模式，它是从普通入侵技术中提取出来的。目前蠕虫使用的入侵模式只有一种，也就是上文介绍的蠕虫传播过程采用的模式：扫描漏洞→攻击并获得控制台→利用控制台执行远程控制。目前对蠕虫的定义中，把这种传播模式作为蠕虫病毒必备的一部分，实际上广义的蠕虫应该包括那些使用其他自动传播模式的程序。

3. 蠕虫传播的一般模式分析

1) 蠕虫病毒传播过程分析

蠕虫病毒发作的特征总是伴随着发送大量的数据报，造成网络拥塞，影响网络通信速度。实际上这不是蠕虫病毒的本意，造成网络拥塞对蠕虫病毒的发布者没有什么好处。相反，蠕虫病毒的发布者更希望蠕虫隐蔽地传播出去，因为蠕虫传播出去后，蠕虫的发布者就可以获得大量可以利用的计算资源，以便进一步操纵整个网络或对某个目标发起拒绝服务攻击。但是，蠕虫采用的现有扫描方法不可避免地会引起大量的网络拥塞，这是蠕虫技术发展的一个瓶颈，如果能突破这个难关，蠕虫技术的发展就会进入一个新的阶段。

为了尽快地传播到尽量多的网络计算机中，主流的蠕虫扫描过程采用的策略一般是通过有针对性地选取目标 IP 地址段，通过分散数据报等隐蔽方式扫描计算机的状态，并进行有规划的传播。

在大规模地选择目标网段时，蠕虫病毒通常采用随机选取某一段 IP 地址，然后对这一地址段上的主机进行扫描，利用扫描出的网络端口传播。扫描模块会不断重复这一过程，随着越来越多的主机被感染，扫描过程也越来越频繁，相应的由蠕虫发送的扫描数据报就会逐渐拥塞整个网络。即使扫描模块发出的扫描数据报很小，积少成多，大量蠕虫病毒感染的结果就会在短时间内耗尽所有网络资源。

上述传播过程很容易被网络安全设备侦测到，所以蠕虫开发者会对扫描策略进行改进，以免蠕虫在大规模感染之前被过早地清除。比如，在 IP 地址段的选择上，主要针对当前主机所在的局部网段进行扫描，对外网段则随机选择少数 IP 地址段进行扫描。这样一方面可以隐蔽扫描过程，进行病毒的静默传播，另一方面也可以避免病毒在网络上被彻底清理。除了对扫描的地址进行策略限制，巧妙的蠕虫病毒也会对扫描次数、扫描时间等进行限制，减少不必要的扫描，并把扫描动作分散在不同的时间段进行。

扫描策略设计的原则有 3 点，即扫描规模覆盖、扫描漏洞覆盖和扫描成功后及时提权。

扫描规模覆盖就要做到用最少的扫描次数，覆盖尽可能多的主机。扫描过程尽量减少重复的扫描动作，使扫描发送的数据报总量减少到最小扫描次数，覆盖到尽量大的主机范围。同时，扫描的时间分布也很关键，为了避免被流量统计设备发现，扫描不应集中在某一时间内发生。扫描规模覆盖是一个由多因素构成的规划问题，需要设计者进行大量试验验证。

扫描漏洞覆盖是为了在有限的扫描次数中提高扫描成功率。扫描发送的探测包是根据不同的漏洞进行设计的。比如，针对远程缓冲区溢出漏洞可以发送溢出代码来探测，针对网页的注入漏洞就需要发送一个特殊的条件查询请求来探测。当然，发送探测代码之前首先要确定相应端口是否开放，这样可以提高扫描效率。一旦确认漏洞存在后就可以进行相应的攻击步骤，不同的漏洞有不同的攻击手法，只要明白了漏洞的利用方法，在程序中实现这一过程就可以了。这一步关键的问题是对漏洞的理解和利用。但是，为了提高扫描成功率，并降低被发现的可能性，一种蠕虫病毒一般只针对某一种漏洞进行扫描。

攻击成功后，蠕虫会在第一时间尝试提升权限，以便更好地隐藏自身。一般是获得一个远程主机的控制台，对 Windows 系统来说就是获得 cmd.exe 的执行权限，得到这个控制台后，攻击者就拥有了对整个系统的控制权。

2) 蠕虫传播模式的使用

蠕虫传播模式是蠕虫病毒开发者为了方便病毒的演变，并避开杀毒软件而设计的蠕虫快速生成模式。采用某种扫描方式的蠕虫有很多变种，其原因是蠕虫病毒的开发大多通过组合或改变蠕虫模式中各个具体环节的代码，就可以实现一个全新的蠕虫变种了。比如扫描部分和复制部分的代码完成后，一旦有一个新的漏洞出现，开发者只要把攻击部分修改为针对新漏洞的代码就可以了。

除了上面介绍的传播模式外，还可能会有别的模式出现。比如，病毒开发者通常把利用邮件进行自动传播也作为一种模式。这种模式的传播过程为：由邮件地址簿获得邮件地址→群发带有蠕虫病毒的邮件→邮件被打开时蠕虫病毒启动。其中每一步都可以有不同的实现方法，而且这个模式也实现了自动传播。

随着蠕虫技术的发展，今后还会有其他的传播模式出现。了解了蠕虫的传播模式，可以很容易实现针对蠕虫的入侵检测系统。蠕虫的扫描会有一定的模式，扫描包有一定的特征串，这些都可以作为入侵检测的入侵特征。了解了这些特征就可以有针对地制定入侵检测规则。

4. 蠕虫的发展趋势

1988 年，由莫里斯编写的蠕虫病毒蔓延造成了数千台计算机停机，蠕虫病毒开始现身网络，而后来的"红色代码""尼姆达"病毒疯狂的时候，造成了几十亿美元的损失。2003 年 1 月 26 日，一种名为"2003 蠕虫"的计算机病毒迅速传播并袭击了全球，致使互联网主干网络严重堵塞，作为互联网主要基础设施的域名服务器(DNS)瘫痪，造成网民浏览网页及收发电子邮件的速度大幅降低，同时银行自动提款机的服务中断，机票等网络预订系统的运作中断，信用卡等收付款系统出现故障。专家估计，此病毒造成的直接经济损失至少在 12 亿美元以上。由表 7.2 可以知道，蠕虫病毒对网络产生堵塞，严重破坏了网络的可用性，造成了巨大的经济损失。

表 7.2　各种蠕虫病毒及其造成的损失

病毒名称	持续时间	造成的损失
莫里斯蠕虫	1988 年	6000 多台计算机停机，直接经济损失达 9600 万美元
美丽莎	1999 年	政府部门和一些大公司紧急关闭了网络服务器，经济损失超过 12 亿美元
爱虫	2000 年 5 月至今	众多用户的计算机被感染，损失超过 100 亿美元
红色代码	2001 年 7 月	网络瘫痪，直接经济损失超过 26 亿美元
求职信	2001 年 12 月至今	大量病毒邮件堵塞服务器，损失达数百亿美元
Sql 蠕虫	2003 年 1 月	网络大面积瘫痪，银行自动提款机运作中断，直接经济损失超过 26 亿美元
WannaCry	2016 年 8 月	物联网大面积瘫痪，大量数据被锁定，并遭受勒索

通过对以上蠕虫病毒的分析可知，蠕虫发作的特点和发展趋势如下：

(1) 利用操作系统和应用程序的漏洞主动进行攻击。此类病毒主要是"红色代码""尼姆达"以及至今依然肆虐的"求职信"等。由于 IE 浏览器的漏洞(如 Iframe Execcomand)，使得感染了"尼姆达"病毒的邮件不需要打开附件就能激活。"红色代码"是利用了微软 IIS 服务器软件的漏洞(idq.dll 远程缓存区溢出)进行传播。"Sql 蠕虫"病毒则是利用了微软的数据库系统的一个漏洞进行传播和破坏。

(2) 传播方式多样。例如，"尼姆达"病毒和"求职信"病毒可利用的传播途径包括文件、电子邮件、Web 服务器、网络共享等常见方式。

(3) 病毒制作技术更灵活，导致制作成本低、变种多样化。许多新病毒是利用当前最新的编程语言与编程技术实现的，易于修改产生新的变种，从而避开反病毒软件的检测。另外，新病毒利用 Java、ActiveX、VB Script 等技术，可以潜伏在网页里，在上网浏览时触发。

(4) 与黑客攻击技术相结合，使潜在的威胁和损失更大。以"红色代码"病毒为例，感染后的主机在 Web 目录的\scripts 下将生成一个 root.exe 文件，可以远程执行管理员权限的命令，破坏性极大。

5. 企业防范蠕虫病毒措施

当前，企业网络主要应用于文件和打印服务共享、办公自动化系统、企业业务(MIS)系统、Internet 应用等领域。网络具有便于信息交换特性，蠕虫病毒也可以充分利用网络快速传播达到其阻塞网络、破坏服务的目的。企业在充分利用网络进行业务处理时，就不得不考虑企业的病毒防范问题，以保证关系企业命运的业务数据完整性和服务的可用性。

企业病毒防治效能主要体现在病毒的查杀能力、病毒的监控能力和新病毒的响应能力。在大多数情况下，企业防治蠕虫病毒效果主要取决于系统管理和策略。推荐的企业防范蠕虫病毒的策略有以下 5 个方面：

(1) 加强网络管理员安全管理水平，提高安全意识。由于蠕虫病毒多数利用系统漏洞进行攻击，所以需要在第一时间内保持系统和应用软件的安全性，保持各种操作系统和应用软件的及时更新。由于各种漏洞的不断出现，使得防病毒工作不是一劳永逸的事，需要企业的网络安全管理保持足够的警惕性，持续提升管理水平和安全意识，以面对随时可能出现的新型病毒。

(2) 建立病毒检测系统，实时保护数据不受破坏。目前，基于云查杀等方式的病毒检测系统能够在第一时间内检测到网络异常和病毒攻击。

(3) 建立应急响应系统，减少网络攻击风险。由于蠕虫病毒爆发的突然性，可能在病毒发现的时候已经蔓延到了整个网络，所以在突发情况下，建立一个应急响应系统是很有必要的，这样在病毒爆发的第一时间即能提供解决方案。

(4) 建立灾难备份系统。对于数据库和数据服务系统，建立完善的灾难备份系统，定期对关键数据进行备份，是防止意外灾难下的数据丢失的主要措施。

(5) 建立完善的网络安全运维制度。对于局域网而言，可以采用的主要安全运维措施有：① 在因特网接入口处安装防火墙式防杀计算机病毒产品，将病毒隔离在局域网之外；② 对邮件服务器进行监控，防止带毒邮件进行传播；③ 对局域网用户进行安全培训；④ 建立局域网内部的升级系统，包括各种操作系统的补丁升级、各种常用的应用软件升级和各种杀毒软件病毒库的升级等。

6. 个人用户对蠕虫病毒的防范措施

对于个人用户而言，威胁大的蠕虫病毒采取的传播方式多为电子邮件和恶意网页传播等。对于利用电子邮件传播的蠕虫病毒来说，通常利用的是社会工程学，即以各种各样的欺骗手段诱惑用户点击，从而激活病毒。带病毒的恶意网页中内嵌了破坏性代码程序，当用户在不知情的情况下打开含有病毒的网页时，病毒即开始发作。这种病毒代码的工作原理并不复杂，开发和部署的技术门槛低，所以很容易被怀有不良企图的攻击者利用，从而造成恶意网页的大面积泛滥，也使越来越多的用户遭受损失。

个人用户防范此类病毒需要从以下 4 个方面着手：

(1) 选择合适的杀毒软件。网络蠕虫病毒的发展已经使传统的杀毒软件的"文件系统的完整性保护"模式落伍，杀毒软件需要支持内存实时监控和邮件实时监控等功能。另外，面对防不胜防的网页病毒，也使得用户对杀毒软件的要求越来越高。在杀毒软件市场上，赛门铁克公司的诺顿系列杀毒软件在全球占有很大的比例，经过多项测试，诺顿系列杀毒软件的恶意脚本和蠕虫阻拦技术能够阻挡大部分电子邮件病毒，而且对网页病毒也有相当强的防范能力。目前国内的杀毒软件也具有了相当高的水平，如 360 安全卫士、金山毒霸等杀毒软件在查杀病毒的同时整合了云查杀、在线实时侦测、软件防火墙等功能，从而对蠕虫病毒的大规模爆发有很好的预防效果。

(2) 经常升级病毒库。杀毒软件对病毒的查杀是以病毒的特征码为依据的，而病毒每天都层出不穷，尤其是在网络时代，蠕虫病毒的传播速度快、变种多，所以必须随时更新病毒库，以便能够查杀最新的病毒。

(3) 提高网站浏览时的反病毒意识。不要因好奇等原因轻易去浏览陌生的站点，减少中网页病毒的可能性。在具体的方法上，当运行 Internet Explorer(IE)时，点击"工具"→"Internet 选项"→"安全"→"该区域的安全级别"，把安全级别由"中"改为"高"，即提高网页程序的运行权限，便可以过滤掉大部分普通的蠕虫病毒。因为网页蠕虫病毒主要通过含有恶意代码的 ActiveX、Applet 或 JavaScript 的网页文件执行，所以在 IE 设置中将运行权限提升，即可禁用 ActiveX 插件和控件、Java 脚本等自动运行程序。

(4) 不随意查看陌生邮件，尤其是带有附件的邮件。由于有的病毒邮件能够利用 Internet Explorer 和 Outlook 的漏洞自动执行，所以计算机用户需要及时升级 Internet Explorer、Outlook 及其他常用的网络应用程序。

7.2.5 木马病毒

木马又称为特洛伊(Trojan)木马或后门(BackDoor)，是一种危害巨大的恶意程序，是一种能潜伏在受害者计算机里，并秘密开放一个或多个数据传输通道的远程控制程序。木马一般由两部分组成，即客户端(Client)和服务器端(Server)。客户端也称为控制端，而木马的传播感染指的是服务器端的功能。入侵者通过各种手段把服务器端程序传送给受害者运行，才能达到木马传播的目的。当服务器端在受害者计算机上执行时，便将自身程序复制到系统目录，并把运行入口加入到系统启动项里，借以实现跟随系统启动而运行。当木马完成这部分操作后，便进入潜伏期，并偷偷开放系统端口，等待入侵者远程连接。当入侵者使用客户端连接木马服务器端开放的端口后，便可以进行各种破坏行为。

木马技术发展至今，已经大致经历了四代。第一代木马只是简单地发送木马、自动破坏或窃取数据；第二代木马在已有技术上，通过修改注册表，让系统自动加载并实施远程控制，进而可以远程实施任意权限允许的操作；第三代木马在数据传递技术上又做了改进，出现了 ICMP 等类型的木马，利用畸形报文传递数据，增加了拦截和查杀的难度；第四代木马在隐藏方面做了大的改动，采用内核插入式的嵌入方法，利用远程插入线程技术，嵌入动态链接库文件的执行线程，或者挂接在系统底层调用函数中，实现了木马程序的深度隐藏。

木马的核心技术包括其隐藏技术和加载技术。

1. 木马的隐藏技术

1) 隐藏端口

木马利用特定的主机漏洞即敏感的开放端口进行传播，不同的木马采用了不同的方法，大致分为寄生和潜伏两种方法。

(1) 寄生，即找一个已经打开的主机端口，定时绑定该端口的连接。平时只对该端口进行监听，遇到特殊的触发指令就进行木马程序的执行。由于木马实际上是寄生在已有的系统服务之上的，因此，当扫描或者查看系统端口时，不会发现任何异常。常用的寄生方式是合并端口，也就是说，使用特殊的手段，在一个端口上同时绑定两个 TCP 或者 UDP 连接，从而达到隐藏端口的目的。

(2) 潜伏，即使用 IP 协议族中的其他协议代替 TCP/UDP 标准协议进行通信，从而骗过 Netstat 和端口扫描软件。一种比较常见的潜伏手段是使用 ICMP 协议。ICMP 不同于 TCP 和 UDP，它工作于网络层，不使用 TCP 数据报。一个普通的 ICMP 木马会监听 ICMP 报文，因此使用 ICMP 可以穿透部分应用层防火墙，从而增加了防范的难度。当出现特殊的报文时，比如特殊大小的包、特殊的报文结构等，监听的木马会打开 TCP 端口等待控制端的连接，这种木马在没有激活时是不可见的，但是一旦连接上了控制端，就和普通木马一样，可以检测到 TCP 状态连接；同时，也有纯粹的 ICMP 木马，它会严格地使用 ICMP 协议来进行数据和控制命令的传递，在整个过程中，它都是不可见的。

除了寄生和潜伏之外，木马还有其他更好的方法进行隐藏，比如直接针对网卡或 Modem 进行底层的编程，即驱动程序及动态链接库技术。这种隐藏网络端口和连接的方式技术要求高，不是普通木马开发者能够做到的，一般是利用了驱动程序或操作系统开发商预留的后门或系统漏洞。这种木马摆脱了原有的木马模式——端口监听，而采用替代系统功能的方法，即系统中没有增加新的文件、不需要打开新的端口、没有新的进程。在正常运行时，木马几乎没有任何症状，而一旦木马的控制端向被控制端发送特定的信息后，隐藏的程序就立即开始运作。

2) 隐藏通信

多数木马都是通过建立 TCP 连接来进行命令和数据的传递的，这种方法技术难度小，传输效率高。但是这种方法有一个致命的漏洞，即木马在等待和运行的过程中，始终有一个和外界联系的端口打开着，因此容易被发现。ICMP 木马就彻底摆脱了端口通信的束缚。

ICMP 是 IP 协议的附属协议，它是由内核或进程直接处理而不需要通过端口，例如著名的工具 Ping，就是通过发送、接收 ICMP_ECHO 和 ICMP_ECHOREPLY 报文来进行网络诊断的。

　　实际上，ICMP 木马的出现正是得到了 Ping 程序的启发。由于 ICMP 报文是由系统内核或进程直接处理而不是通过端口，这就给木马提供了一个摆脱端口的好机会，木马将自己伪装成一个 Ping 的进程，系统就会将 ICMP_ECHOREPLY 的监听处理权交给木马进程，一旦事先约定好 ICMP_ECHOREPLY 包出现，木马就会接受、分析并从报文中解码出命令和数据。

　　3) 隐藏进程

　　木马技术的前两代技术中，通常使用隐藏应用进程或隐藏服务的方式实现进程的隐藏。在 Windows 9X 时代，简单地注册为系统进程就可以从任务栏中消失，可是在 Windows 2000 中，这种方式就不行了，注册为系统进程不仅仅能在任务栏中看到，而且可以在 Services 中控制进程的停止和运行。随着后续 Windows 版本的安全功能加强，使用隐藏窗体或控制台的方法已经不能欺骗系统的超级管理员了，取而代之的是各类 DLL(动态链接库)技术。

　　DLL 陷阱技术是一种针对 DLL 的高级编程技术，编程者用木马 DLL 替换正常的系统 DLL，并对所有的函数调用进行过滤。对于正常的调用，木马程序使用函数转发器直接发给被替换的系统 DLL，对于事先约定好的特殊情况，如打开连接端口的时间，DLL 执行相对应的操作。DLL 文件没有主动执行逻辑，是由多个功能函数构成的，它并不能独立运行，一般都是由正常进程加载调用的，因此木马的进程不会出现在系统进程列表中，从而实现木马的隐藏。

　　DLL 木马的最高境界是动态嵌入技术。动态嵌入技术是一种将自身代码嵌入正在运行程序中的技术，它利用了多种动态嵌入技术(如窗口 Hook、挂接 API、远程线程)，其中最优秀的是远程线程技术。这种技术非常简单，只要有基本的进线程和动态链接库的操作知识就可以很轻松地完成嵌入。因此，DLL 木马是一类隐藏最深、最难防治的木马。

　　4) 反弹端口的隐蔽传递

　　如果防火墙被设置成只出不进的规则，那么即使在内网的目标主机上安装了木马程序，也不能从外网进行有效的控制。反弹端口型的木马克服了这样的障碍。

　　防火墙对于进入内网的数据往往会进行非常严格的过滤，但是对于由内网向外发送的数据一般不加拦截。于是，与一般的木马相反，反弹端口型木马的服务器端使用主动端口，控制端使用被动端口，这样，即使用户使用端口扫描软件检查自己的端口，发现的也只是类似于 TCP XX.XX.XX.XX:1026 XX.XX.XX.XX:80 ESTABLISHED 的情况，稍微大意一点就会以为用户是在浏览网页，防火墙也会识别为正常连接。

　　这种连接方式中，服务器端需要事先知道控制端的 IP 地址，那么如何实现 IP 地址的传递呢？实际上这种反弹端口的木马常常会采用固定 IP 的第三方主机来进行 IP 地址的传递。例如，事先约定好一个个人主页的空间，在其中放置一个文本文件，木马每分钟去请求读取一次这个文件，如果文件内容为空，就什么都不做；如果有内容，就按照该文件中的数据计算出控制端的 IP 和端口，反弹回一个 TCP 链接，这样每次控制者上线只需要在个人主页上传一个文本文件就可以告诉木马自己的位置了。为了保护控制端的 IP 地址，该文件内容经过加密，除了服务器和控制端，其他人就算拿到该文件也没有任何意义。对于普通防火墙，仅通过分析报文结构、过滤 TCP/UDP 数据报，是无法阻挡反弹端口型木马的。

2. 木马的自动加载技术

前文已提到，木马会在每次用户启动系统时自动加载。Windows 系统启动时，自动加载应用程序的方法，木马都可能用上，如通过修改启动组、Win.ini 文件、System.ini 文件、注册表等都是木马加载启动的常用方法。下面以修改 Win.ini 文件和 System.ini 文件为例，分析木马加载的过程。

在 Win.ini 文件中的[WINDOWS]项下面，"run="和"load="是可能加载木马程序的主要途径。正常情况下，这两个键值等号后面应该为空，如果发现后面有路径名或文件名，且不是熟悉的启动文件，则计算机很可能中了木马。另外，也有木马的执行程序伪装成看似正常的程序，如"AOL Trojan 木马"，它把自身伪装成 command.exe（真正的系统文件为 command.com）文件，如果不注意可能会蒙混过关（特别是在 Windows 窗口下）。

在 System.ini 文件中的[BOOT]项下面有个"shell=文件名"。正确的文件名应该是"explorer.exe"，如果被改成了其他的名称，如"shell= explorer.exe 程序名"，那么后面跟着的程序名就会指向木马程序。

了解了木马的工作原理，查杀"木马"就变得很容易，如果怀疑有木马的存在，最有效的方法就是马上将计算机与网络断开，防止黑客通过网络对计算机进行攻击。然后编辑 Win.ini 文件，将[WINDOWS]下面的"run='木马'程序"或"load='木马'程序"更改为"run="和"load="。接着编辑 System.ini 文件，将[BOOT]下面的"shell='木马'文件"更改为"shell=explorer.exe"。最后再用 regedit 对注册表进行编辑：先在"HKEY-LOCAL-MACHINE SoftwareMicrosoftWindowsCurrentVersionRun"下找到"木马"程序的文件名，再在整个注册表中搜索并替换掉"木马"程序，重新启动计算机，之后再到注册表中将所有"木马"文件的键值删除，即可将木马程序清理干净。

7.2.6　勒索病毒

勒索病毒又称勒索软件，是一种特殊的恶意软件，被归类为"阻断访问式攻击"(Denial-of-access Attack)，与其他病毒最大的不同在于其攻击方法以及中毒方式。勒索病毒的主要攻击方式简单粗暴，如将受害者的电脑长时间锁定，或无差别地加密受害者硬盘上所有的文件。勒索病毒一般都会要求受害者缴纳赎金以取回对电脑的控制权，或是取回受害者根本无从自行获取的解密密钥以便解密文件。勒索病毒通常通过木马病毒的形式传播，将自身隐藏为看似无害的文件，通过假冒为普通的电子邮件等社会工程学方法欺骗受害者点击链接下载，但也有可能与许多其他蠕虫病毒一样利用软件或系统的漏洞在联网电脑间传播。

勒索病毒最初只在俄罗斯境内盛行，但随着时间推进，受害者开始广布全球。2013 年 6 月，网络安全公司 McAfee 发布了一份数据，显示公司在该年度(2013)第一季就获取了超过 250 000 种不同的勒索病毒样本，并表示该数字是 2012 年同季度的两倍以上。随着 CryptoLocker 的流行，加密形式的勒索病毒开始进行大规模的攻击，在遭执法部门瓦解以前获取了估计 300 万美元的赎金。另一个勒索病毒 CryptoWall 被美国联邦调查局在 2015

年 6 月以前获得了超过 180 万美元的赎金。

1. 勒索病毒的主要特征

勒索病毒通常通过木马病毒的方式传播，例如通过下载文件夹带，或是通过网络系统的漏洞进入受害者的电脑。勒索病毒进入电脑后会直接运行，或是将通过网络下载病毒的恐吓消息展示给用户。恐吓消息随着不同的病毒而异，例如假借执法机关的名义，恐吓受害者的电脑被发现在进行非法活动，如下载色情图片、盗版媒体，或使用非法的操作系统等。

某些勒索病毒将计算机系统锁住，该过程可能使用多种手段来达到威胁用户数据的目的，包括将 Windows 的用户界面(Windows Shell)绑定为病毒程序，修改磁盘的主引导扇区、硬盘分区表等。最严重的一种勒索方式是将受害者的所有文件加密，以多种加密方法让受害者无法使用文件，唯一的方法通常就是向该病毒的控制者缴纳赎金，换取加密密钥，以解开加密文件。

获得赎金是这类病毒的最终目标。要让病毒的开发者不易被执法单位发现，匿名的转账渠道是开发者勒索的必要条件。有多种渠道被开发者用作匿名转账，例如短信小额付款、在线虚拟货币(Ukash、Paysafecard)、比特币等。

2. 勒索病毒的发展历史

1) 加密性勒索病毒

已知最早的加密勒索病毒是 1989 年的 "AIDS Trojan"，由 Joseph Popp 制作。该病毒激活时会宣称受害者的某个软件已经结束了授权使用，并且加密磁盘上的文件，要求缴出 189 美元的费用给 PC Cyborg Corporation 以解除锁定。开发者 Popp 在法庭上以精神障碍(无行为能力)为自己辩护，但他仍承诺将获得的非法款项用于资助艾滋病的研究。使用公开密钥加密的构想是 1996 年由 Adam L. Young 和 Moti Yung 所提出的。两人指出，"AIDS Trojan" 之所以无法有效发挥作用，是因为其采用的是私钥加密，该技术的加密密钥会存储于病毒的源代码中，从而瓦解该病毒的作用。两人实现了一种实验性病毒，在 Macintosh SE/30 计算机上使用 RSA 及 TEA 算法加密数据。他们将这种行为称作 "加密病毒勒索"(Cryptoviral Extortion)，属于现今称作加密病毒学中的一个分支。两人在 1996 年的 IEEE 安全与隐私研讨会(IEEE S&P)中描述了攻击者利用电子货币从被害者身上勒赎的过程："专门的加密病毒被设计用来搜索受害者的电子货币并加密。这样一来，攻击者就能顺理成章向受害者勒索，否则受害者将失去所有的电子货币。"

从 2005 年 5 月开始，勒索病毒变得更为猖獗。2006 年，勒索病毒开始运用更加复杂的加密方法，如 RSA 加密，出现了破坏性更强的 "Gpcode" "TROJ.RANSOM.A" "Archiveus" "Krotten" "Cryzip" "MayArchive" 等病毒。在 2006 年 6 月发现的 Gpcode.AG 使用了 660 位的 RSA 公钥。2008 年 6 月，发现了该病毒的新变种 Gpcode.AK。该变种使用了 1024 位的 RSA 公钥，在不使用分布式计算的情况下，个人电脑是无法在短期内破解该密钥的。

加密勒索病毒随着 2013 年出现的 "CryptoLocker" 又开始了新一波的活跃期，该病毒最大的差异在于利用互联网匿名货币比特币进行勒索。ZDNet 估计该病毒单单在 2013 年 12 月 15 日至 18 日间，就利用比特币从受害者身上勒索了 2700 万美元。CryptoLocker 的手法在之后的几个月内被多种病毒所效仿，包括 "CryptoLocker 2.0"(被认为和原始的

"CryptoLocker" 无关)、"CryptoDefense"(该病毒的初始版本包含了一个严重的设计缺陷，因其使用 Windows 的内置加密 API 进行加密，所以私钥存储在用户能找到的位置)，以及 2014 年 8 月一个专门针对群晖科技(Synology)生产的网络附加存储设备(NAS)进行攻击的病毒。2014 年年末，High-Tech Bridge 信息安全公司甚至发现了将整个服务器网站都加密的 "RansomeWeb" 病毒。

2017 年 5 月，勒索病毒 "WannaCry" 大规模感染了包括西班牙电信在内的许多西班牙公司、英国国民保健署、联邦快递和德国铁路股份公司。据报道，至少有 99 个国家和地区在同一时间遭到 "WanaCry 2.0" 的攻击。俄罗斯联邦内务部、俄罗斯联邦紧急情况部和俄罗斯电信公司 MegaFon 共有超过 1000 台计算机受到感染。与中国教育网相连的中国大陆高校也出现了大规模的感染，感染甚至波及了公安机关使用的内网，使得河南省洛阳市的公安系统遭到破坏，国家互联网应急中心亦发布通报。

2) 非加密性勒索病毒

2010 年 8 月，俄罗斯当局逮捕了 10 名与 "WinLock" 木马病毒有关的嫌犯。"WinLock" 病毒并不像前面所提到的勒索病毒一样对电脑加密，"WinLock" 会显示色情图片来遮挡用户的电脑屏幕，并提示受害者支付大约 10 美元的短信费用以接收解锁的密码。这个病毒袭击了俄罗斯及周边国家的许多个人用户，有报道指出，攻击者赚取了超过 1600 万美元的收入。

2011 年，一个勒索病毒假借 Windows 产品激活的名义行骗，提示受害者的 Windows 系统是盗版系统的受害者(Victim of Fraud)，所以必须重新激活。与正版产品激活步骤相同，病毒也提供了在线引导的选项，但在线引导显示无法完成，并要求受害者拨打国际电话，输入 6 位数密码。病毒宣称该电话号码为免费拨打，电话却会被转接到高费率的国际通话，再刻意将该通话置于接通状态(On Hold)，借此让受害者支付高额国际长途电话费用。

2013 年，一款基于 Stamp.EK 攻击包的病毒出现在开源社区，该病毒在各个 SourceForge 和 GitHub 项目页面中散发消息，并宣称可以提供名人的伪造裸照。2013 年 7 月，第一个针对 OS X 的勒索病毒出现。该病毒会显示一个网页，宣称受害者被发现下载色情媒体。不像 Windows 的病毒一样对整个系统上锁，该病毒只能利用点击劫持来混淆受害者的视听，让受害者无法通过正常方式关闭该页面。

3. 几种主要的勒索病毒软件

1) Reveton

2012 年，一款叫做 "Reveton" 的勒索病毒软件开始广布。该病毒基于 "Citadel" 木马病毒，伪造执法机关发送消息(因此，此类病毒又被称为 "police Trojan" 或 "cop Trojan")。该病毒发送执法机关查获该电脑有非法活动的消息，例如下载盗版软件或儿童色情媒体，并且提示受害者使用 Ukash 或 Paysafecard 等匿名电子货币进行缴费。为了更进一步取信于被害人，该警讯也会同时列出受害者的 IP 地址，某些版本甚至会显示受害者摄像头的画面。

"Reveton" 在 2012 年开始在欧洲各国间活动，变种则有各式各样的本地化版本，搭配受害者语言与当地执法机关的图标。例如，其在英国的变种就会显示成伦敦警察厅、著作权集体管理团体 PRS for Music(搭配受害者下载盗版音乐的警告)、PeCU 等。

2) CryptoLocker

2013 年 9 月，加密性勒索病毒软件"CryptoLocker"出现，该病毒使用 2048 位高强度的 RSA 加密密钥，并将其回传至主控病毒的服务器。加密文件时，该病毒使用白名单模式以只对特定的扩展名加密。CryptoLocker 威胁受害者若不以比特币等方式在三天内付款，就会将所有加密文件删除。由于其使用了极长的密钥，被其加密的文件一般是无法破解的。付款期限已过时，解密的密钥仍能利用其提供的在线工具获取，但是价格会增加。

美国司法部在 2014 年 6 月 2 日宣布，"CryptoLocker"在 Gameover ZeuS 僵尸网络遭到执法机关关闭后被分离出来。据统计，在该病毒被关闭前，已经获得了至少 300 万美元的收入。

3) CryptoWall

2014 年，针对 Windows 的病毒"CryptoWall"出现，它是随着 Zedo 广告网的恶意广告散布的。2014 年 9 月，其针对数个主要网站进行了攻击，将受害者引导至独立网站，利用浏览器漏洞传输病毒。一名 Barracuda Networks 研究员发现该病毒带有数字签名，以取信于安全软件。"CryptoWall 3.0"以 JavaScript 写成，作为电子邮件的附加文件进行传播。该脚本会下载伪装成 JPG 图像文件的可执行文档。为了更进一步避开侦测，该病毒会创建复制的 explorer.exe 及 svchost.exe 与其服务器沟通。创建加密文件时，该病毒也会同时删除系统还原的备份文件，并且安装间谍软件，窃取受害者的密码与比特币钱包。

联邦调查局表示，在 2015 年 6 月有上千名受害者向网络犯罪回报中心报告受到了"CryptoWall"的感染，估计损失至少有 1800 万美元。

在 4.0 版本中，"CryptoWall"改进了其代码以避免杀毒软件的侦测，并且除了加密文件内容外，也一并加密文件名称。

4) KeRanger

"KeRanger"在 2016 年 3 月出现，是第一个在 OS X 操作系统上运行的勒索病毒。该病毒加密受害者的个人文件，并且要求支付 1 比特币赎金以解密文件。该病毒将 DMG 可执行文档伪装成 RTF 文件。该病毒会潜伏 3 天，接着开始加密文件，再附上一个写入解密教学的文本文件。该病毒也使用 2048 位的 RSA 公钥加密文件。后续研究表明，该病毒其实是"Linux.Encoder.1"为 OS X 系统重写的。

5) RSA4096

"RSA4096"是当前加密性勒索病毒的最新形态，最初出现于 2015 年。该病毒使用公钥加密，私钥需要受害者使用比特币向暗网内的代理人购买，却不保证在付款后能取回私钥。该病毒有数种变种，大部分都尚未找到解决办法，某些变种会改变文件的扩展名。唯一从攻击中撤销的方法，除了付费购买私钥以外，只有从外部设备撤销受感染的文件这一个途径。由于比特币汇率近年大幅上升，赎金的价格也相对上升了。

6) WannaCrypt

"WannaCrypt"是利用 Windows 系统漏洞进行侵入的一种勒索病毒，在 2017 年 5 月 12 日后全球超过 230 000 台计算机皆遭此病毒入侵。此病毒要求支付价值等同于 300 美元的比特币才可解密所有遭加密的文件。受害者电脑大多数皆为 Windows 7 系统，微软也针对此漏洞进行了更新。

7) Petya

"Petya"病毒于 2016 年 3 月首次出现，不像其他加密勒索病毒，该病毒旨在感染主引导记录，安装有效负载，受感染的系统下次引导时便加密 NTFS 文件系统文件表，完全阻止系统引导进 Windows，直至支付赎金。Check Point 报告指出，尽管该病毒被认为是勒索病毒设计上的创新性进展，但和在相同时间范围内活跃的其他病毒相比，感染率相对较低。

2017 年 6 月 27 日，"Petya"重大修改版本被用来反击主要针对乌克兰的全球性网络攻击。经修改的版本和"WannaCry"同样使用"永恒之蓝"漏洞传播。由于设计变更，即使支付赎金，系统也不会真正解锁，故安全分析师猜测这次袭击不仅仅是为了获取非法利益，更可能是针对国家信息基础设施的破坏。

8) Bad Rabbit

2017 年 10 月 24 日，在俄罗斯和乌克兰出现了新型勒索病毒"Bad Rabbit"。类似于"WannaCry"和"Petya"的模式，"Bad Rabbit"加密了用户的文件表后，要求支付比特币解锁。该勒索病毒挂在某些软件网站上，并伪装成 Adobe Flash 更新发布，受影响的机构包括国际文传电讯社、敖德萨国际机场、基辅地铁和乌克兰基础设施部。由于利用网络进行传播，该病毒也流入到别国，如土耳其、德国、波兰、日本、韩国和美国等。

7.3 计算机病毒的防范

计算机病毒防范指通过建立合理的计算机病毒防范体系和制度，及时发现计算机病毒侵入，并采取有效的手段阻止计算机病毒的传播和破坏，恢复受影响的计算机系统的数据。

7.3.1 计算机病毒的防范措施

了解计算机病毒的目的是对计算机病毒进行积极的防治。防范计算机病毒除了要依靠有效的防杀计算机病毒软件，还要在安全意识上重视，采取积极有效的防范措施。个人计算机防范病毒的措施主要如下：

(1) 避免多人共用一台计算机。在多人共用的计算机上，由于使用者较多，各自的病毒防范意识不一样，软件使用频繁，且来源复杂，从而大大增加了病毒传染的机会。

(2) 杜绝使用来源不明的软件或盗版软件。

(3) 网上下载要访问官方网站。近年来，计算机病毒通过网络散发已成为主流，因此在网上下载软件要到安全可靠的知名网站、大型网站下载，不要选择一些小型网站。使用网上下载文件之前最好先做病毒扫描，确保安全无毒。

(4) 管好、用好电子邮件系统。电子邮件已经成为计算机病毒传播的主要媒介，其比例占所有计算机病毒传播媒介的 60%，几乎所有类型的计算机病毒都可能通过电子邮件来进行快速传播。需要及时升级浏览器和邮件管理系统，并且为操作系统打上必要的补丁。在收到电子邮件时，绝不打开来历不明邮件的附件或未预期接收的附件。收到可疑的电子邮件时千万不要打开，并马上删除。

(5) 检查 BIOS 设置，将引导次序改为硬盘先启动。

(6) 关闭 BIOS 中的软件升级支持，如果是主板上有跳线的，应该将跳线跳接到不允许更新 BIOS 的位置。

(7) 用安全模式下的防病毒软件检查系统，确保没有计算机病毒存在。

(8) 安装较新的正式版本的防杀计算机病毒软件，并经常升级。

(9) 经常更新计算机病毒特征代码库。

(10) 备份系统中重要的数据和文件。

(11) 在 Word 中将"宏病毒防护"选项打开，并打开"提示保存 Normal 模板"，退出 Word，然后将 Normal.dot 文件的属性改成只读。

(12) 在 Excel 和 PowerPoint 中将"宏病毒防护"选项打开。

(13) 若要使用 Outlook/Outlook Express 收发电子邮件，应关闭信件预览功能。

(14) 在 IE 或 Firefox 等浏览器中设置合适的因特网安全级别，防范来自 ActiveX 和 JavaApplet 的恶意代码。

(15) 对外来的 U 盘、光盘和网上下载的软件等都应该先查杀计算机病毒，然后再使用。

7.3.2 病毒破坏后的修复

1. CIH 病毒的危害与清除

CIH 病毒虽然是一个比较古老的病毒，但它在病毒发展历程中的示范效应是很强大的，其设计模式影响了后来的众多病毒。下面详细阐述其危害和清除方法。

1) CIH 病毒的危害

CIH 病毒属于文件型病毒，当受感染的 PE 格式可执行文件被执行后，该病毒便驻留在内存中，并感染所接触到的其他 PE 格式执行程序。CIH 采用一种独特的感染可执行程序的方法，即使用面向 Windows VxD 技术编制，被感染文件的大小没有任何改变。病毒的实际大小在 1 KB 左右。目前 CIH 病毒有多个版本，典型的有：

- CIHv1.2：4 月 26 日发作，长度为 1003 B，包含字符 CIHv1.2TTIT；
- CIHv1.3：6 月 26 日发作，长度为 1010 B，包含字符 CIHv1.3TTTIT；
- CIHvl.4：每月 26 日发作，长度为 1019 B，包含字符 CIHv1.4TATUNG。

其中，最流行的是 CIHv1.2 版本。

CIH 病毒的危害性很大，破坏性主要表现在以下 3 个方面：

(1) 攻击 BIOS。CIH 病毒最异乎寻常之处，是它对计算机 BIOS 的攻击。打开计算机时，BIOS 首先取得系统的控制权，它从 CMOS 中读取系统设置参数，初始化并协调有关系统设备的数据流，系统控制权移交给硬盘或 U 盘的引导区，最后转给操作系统。

为了保存 BIOS 中的系统基本程序，BIOS 先后采用了两种不同的存储芯片，即 ROM 和 PROM。ROM(只读存储器)广泛应用于 x86 时代，它所存储的内容不可改变，因而在当时也不可能有能够攻击 BIOS 的病毒。随着闪存(Flash Memory)价格的下跌，计算机上 BIOS 普遍采用 PROM(可编程只读存储器)，它可以在 12 V 以下的电压下，利用软件的方式，从 BIOS 端口中读出和写入数据。

在 CIH 发作时，会试图向 BIOS 中写入垃圾信息，BIOS 中的内容会被彻底破坏。这时，补救办法只有更换 BIOS，或向固定在主板上的 BIOS 中重新写入原来版本的程序。因此，CIH 病毒被称为是首例直接攻击和破坏计算机硬件系统的病毒。

从理论上讲 CIH 只能对少数类型的主板 BIOS 构成威胁。这是因为 BIOS 的软件更新是通过直接写端口实现的，而不同主板的 BIOS 端口地址各不相同。由于 CIH 只有 1 KB，程序量太小，还不可能存储大量的主板和 BIOS 端口数据，以实现对不同主板的自动识别，因此病毒制造者设计 CIH 时，必然只会根据某类主板的参数进行编写。实际上，据有关资料统计，目前已发作的 CIH 病毒，确实只对某一类主板生效。

(2) 覆盖硬盘。向硬盘写入垃圾内容也是 CIH 的破坏行为之一。从实际的影响看，覆盖硬盘所带来的损失不逊于对 BIOS 的攻击。CIH 病毒发作时，调用 IOSuSendCommand 直接对硬盘进行存取，将垃圾代码以 2048 个扇区为单位循环写入硬盘，直到所有硬盘(含逻辑盘)的数据均被破坏为止。

(3) 攻击 Windows 内核。无论是要攻击 BIOS，还是设法驻留内存来为病毒传播创造条件，对 CIH 这类 Windows 病毒而言，关键步骤是要打入 Windows 内核，取得核心级控制权，并持续驻留于内存高位地址。

2) CIH 病毒的清除

目前，检测和清除 CIH 病毒的程序已有很多，瑞星、Norton Antivirus 等主流杀毒软件都非常有效。但由于操作系统运行环境不同，杀毒软件不一定能彻底清除 CIH 病毒，下面介绍两种检测计算机是否存在 CIH 病毒的方法。

(1) 利用"资源管理器"进行搜寻。首先打开"资源管理器"，依次选择"工具"→"查找"→"文件或文件夹"，在弹出的"查找文件"设置窗口的"名称和位置"选项卡中输入查找路径及文件名(如".exe")，然后在"包含文字"栏中输入要查找的特征字符串"CIHv"，最后单击"开始查找"按钮即可开始查找工作。如果在查找过程中显示了很多符合查找特征的可执行文件，则表明计算机已经感染了 CIH 病毒。

这种方法也存在一个致命的缺点：如果系统已感染了 CIH 病毒，那么在进行大面积搜索的同时也会扩大病毒的感染面。

(2) Debug 检测可执行文件的签名。通过"程序"进入"MS-DOS 方式"，利用 \windows\command\debug.com 检测目标目录下的.exe 文件。在 MS-DOS 方式下输入调试命令：

　　　　DEBUG XXX.EXE

　　　　-D CS:3F41

如果显示的值是 0x554550("UPE")，则表明该文件已经感染了 CIH 病毒。

2. "尼姆达"病毒的危害与清除

1) "尼姆达"病毒的危害

2001 年 9 月 18 日，人们还没有完全从"红色代码"的阴影中摆脱出来，全球计算机又开始面临一种叫作"尼姆达"的病毒带来的威胁。"尼姆达"病毒也称为"中国一号"(I-WORM/CHINA-1#)网络蠕虫病毒，这与病毒体内的标记"R.P.ChinaVersion1.0"有关。

"尼姆达"病毒通常会伪装成一封主题行空缺的电子邮件，展开对目标计算机的入侵。打开这封"来历不明"的电子邮件，人们会发现随信有一个名为 Readme.exe(可执行自述文件)的附件。如果该附件被打开，"尼姆达"就顺利地完成了侵袭计算机的第一步。接下来，该病毒不断搜索局域网内共享的网络资源，将病毒文件复制到用户计算机中，并随机选择各种文件作为附件，再按照用户储存在计算机里的邮件地址发送病毒，以此完成病毒传播的一个循环过程。在有些情况下，只要用户打开电子邮件，即使不打开附件，用户计算机也会感染上"尼姆达"病毒。

"尼姆达"是一种新型的、复杂的、发送大量邮件的蠕虫病毒，它通过多种方法来进行传播。其传播途径主要有感染文件、邮件传播、网页漏洞传播和局域网传播等 4 种方式。

当使用软件传播方式时，"尼姆达"病毒定位本机系统中的.exe 文件，并将病毒代码植入原始文件内，从而实现对文件的感染，当用户执行这些文件时，病毒即可触发并再次传播。

当通过邮件传播时，"尼姆达"病毒利用 MAPI 从邮件的客户端及 HTML 文件中搜索邮件地址，然后将病毒发送给这些地址。这些邮件包含一个名为 Readme.exe 的附件，在某些系统(如基于 Windows NT 内核的操作系统)中该 Readme.exe 能够自动执行，从而感染整个系统。

当使用网页传播时，"尼姆达"搜寻开放的网络共享并试图把自己复制到没有经过升级的微软 IIS Web 服务器上，通过网页漏洞发送自己。如果发送成功，则蠕虫将随机修改该 Web 服务器站点的 Web 页，当用户浏览该站点时，不知不觉中使主机被感染。

"尼姆达"还会搜索本地网络的文件共享，无论是文件服务器还是终端客户机，一旦找到，便安装一个名为 Riched20.dll 的隐藏文件到每一个包含 Office 文件的目录中。当用户使用 Word、写字板或 Outlook 程序时，将调用 Riched20.dll 文件，从而使本地主机被感染。同时该病毒还可以感染在远程服务器上被打开的 Office 文件。

"尼姆达"病毒也有很多变种，如"Nimda.E""本·拉登"病毒等都是尼姆达病毒的变种。

2) "尼姆达"病毒的清除

除了使用杀毒软件自动清除"尼姆达"病毒外，还可以按照如下方法进行手动清除：

(1) 打开进程管理器，查看进程列表，结束其中进程名称为"xxx.tmp.exe"和"load.exe"的进程(其中 xxx 为任意文件名)。

(2) 分别切换到系统的 TEMP 目录和 System 目录，寻找文件长度为 57 344 B 的 Riched20.dll 文件(正常的 Riched20.dll 文件大小应该在 100 KB 以上)，并删除它们。

(3) 在系统的 System 目录及 C:\、D:\、E:\等逻辑盘的根目录下寻找 load.exe、Admin.dll 文件，并删除它们。

(4) 打开 System.ini 文件，在[load]中如果发现有语句"shell=explorer.exeload.exe-dontrunold"，则将其改为"shell=explorer.exe"。

(5) 搜索整个计算机，查找文件名为 Readme.eml 的文件，如果文件中包含以下内容，则删除该文件。

<HTML><HEAD></HEAD><BODYbgColor=3D#ffffff>
<frame src=3Dcid:EA4DMGBP9p height=3D0 width=3D0>
</iframe></BODY></HTML>
Content-Type:audio/x-wav;name="readme.exe"ContentTransfer Encoding : base64

"尼姆达"病毒清除完以后，还需要恢复系统文件。由于"尼姆达"病毒自身覆盖了 System 目录下的 Riched20.dll 文件，所以 Word 等字处理软件运行不正常。用户杀毒后，可以从安装盘里找到相应的文件重新拷贝回来。

3. "冲击波"病毒的危害与清除

1) "冲击波"病毒的危害

"冲击波"(Worm.Blaster)病毒是利用微软公司在 2003 年 7 月 21 日公布的 RPC 漏洞进行传播的，只要是计算机上有 RPC 服务并且没有打安全补丁的计算机都存在 RPC 漏洞，具体涉及的操作系统有 Windows 2000、Windows XP、Windows Server 2003。

"冲击波"病毒是一个蠕虫病毒，它感染系统后，会使计算机产生下列现象：系统资源被大量占用，有时会弹出 RPC 服务终止的对话框，并且系统反复重启，不能收发邮件、不能正常复制文件、无法正常浏览网页，复制粘贴等操作会受到严重影响，DNS 和 IIS 服务会遭到非法拒绝等。图 7.1 所示是"冲击波"病毒导致弹出的 RPC 服务终止对话框。

图 7.1　"冲击波"病毒导致弹出的 RPC 服务终止对话框

"冲击波"病毒激活后将完成如下操作：

(1) 病毒将自身复制到 Windows 目录下，并命名为"msblast.exe"。

(2) 为了避免被用户发现，病毒运行时会在系统环境变量中建立一个名为"BILLY"的互斥量，目的是只在内存中保留一份病毒执行代码。

(3) 病毒运行时会在内存中建立一个名为"msblast.exe"的进程，该进程就是活动的病毒体。该进程会修改注册表，在 HKEY_LOCAL_MACHINE\SOFTWARE\Microsoft\ Windows\ CurrentVersion\Run 中添加键值"windows auto update = msblast.exe"，以便每次启动系统时病毒都会运行。

(4) 病毒每 20 s 检测一次网络状态。当网络可用时，病毒会在本地的 UDP/69 端口上建立一个 tftp 服务器，并启动一个攻击传播线程，不断地随机生成攻击地址进行攻击。另外，该病毒进行攻击时，会首先搜索子网的 IP 地址，以便就近攻击。

(5) 当病毒扫描到计算机后，就会向目标计算机的 TCP/135 端口发送攻击数据。当病毒攻击成功后，便会监听目标计算机的 TCP/4444 端口作为后门，并绑定 cmd.exe；然后蠕虫会连接到这个端口，发送 tftp 命令，回连到发起进攻的主机，将 msblast.exe 传到目标计算机上并运行。当病毒攻击失败时，可能会造成没有打补丁的 Windows 系统 RPC 服务崩溃，Windows XP 系统可能会自动重启计算机。该蠕虫不能成功攻击 Windows Server 2003，但是可以造成 Windows Server 2003 系统的 RPC 服务崩溃，默认情况下系统会反复重启。

（6）病毒检测到当前系统月份是 8 月之后或者日期是 15 日之后，就会向微软的更新站点"windowsupdate.com"发动拒绝服务攻击，使微软网站的更新站点无法为用户提供服务，并向更新的用户发送一段带有挑衅字眼的文本信息：

> I just want to say LOVE YOU SAN!!
> Bill gates why do you make this possible?
> Stop making money and fix your software!

2）　"冲击波"病毒的清除方法

在安全模式下可以比较容易清除"冲击波"病毒，具体方法是启动系统后进入安全模式，然后搜索 C 盘，查找 msblast.exe 文件，找到后直接将该文件删除，然后再次正常启动计算机即可。

由于"冲击波"病毒是一个网络蠕虫，需要通过端口进行通信，用户还可以利用个人防火墙等网络防护软件对其端口进行拦截。首先设置 TCP 过滤规则，过滤病毒使用的 135 和 4444 端口，然后设置 UDP 过滤规则，过滤病毒使用的 69 端口，就可以阻断该病毒的网络传播了。

7.3.3　防病毒产品

随着计算机病毒的蔓延，防病毒产品的研究和开发也得到迅速发展。现在市场上已经出现了各种各样的防病毒产品，有硬件形式的防病毒卡，也有各种杀毒软件、病毒防火墙等。各种防病毒产品的特点和功能均有所不同，了解其原理并正确使用，可最大限度地减小病毒造成的损失。

目前的防病毒产品主要应用于 Windows 操作系统平台，同时针对特殊的应用又可分为 Exchange、Lotus Domino 等不同应用平台上的产品。

1. 防病毒产品的分类

（1）按使用范围分类，防病毒产品一般可分单机版和网络版。

单机版计算机防病毒产品主要面向个人用户，也可用于网络中单机的防毒，主要用于家庭、企业、单位内部的单机；网络版主要是面向网络防杀计算机病毒，主要用于网络服务器等。

（2）按实现手段和形式，防病毒产品主要分为防杀病毒软件和防杀病毒卡。

目前比较流行的是防杀病毒软件，以软件形式发布，可以安装到操作系统中，能够提供预防、检测和清除病毒的功能。防杀病毒卡主要是用于预防计算机病毒的，所以又称为防计算机病毒卡。

2. 防病毒产品的特点和要求

1）　防病毒产品的特点

防病毒产品不同于一般的计算机软件产品，其生产和销售要经过国家有关部门的批准。我国也出台了相应的法律法规，如《计算机信息系统安全专用产品检测和销售许可证管理办法》等，对防病毒产品的生产和销售作了严格的规定。

计算机防病毒产品能够准确、快捷地识别病毒，并有针对性地加以清除，杀灭计算机病毒，从而限制计算机病毒的传染和破坏。

防病毒产品的病毒库需要及时升级。由于计算机病毒的多样性和复杂性，随着计算机技术的不断发展，各种各样的变形病毒和特殊病毒不断出现，目前流行的防病毒产品总是滞后于计算机病毒的发展，一般是在新病毒出现后才开始研究开发相应的清除、防范办法。因此，只有不断升级更新病毒库，才能保证对新出现的病毒都具有防范能力。目前世界上公认的计算机防病毒产品的更新周期为 4 周，超过这一周期而未更新的防病毒产品几乎没有太大的作用。

2) 防病毒产品的基本要求

我国国家计算机病毒应急处理中心出台的《计算机病毒防治产品评级准则》规定了对杀毒软件进行评测的方法和指标。测试指标及要求简要介绍如下：

(1) 防病毒能力。病毒防治产品的防病毒能力应达到：

① 病毒样本库中的病毒样本从存储介质、网络、电子邮件等途径进入计算机系统时发出警报；

② 设定满足病毒传染、发作的条件，然后激活病毒，病毒防治产品能够阻止病毒的传播、破坏；

③ 对病毒入侵情况记录到报告文件；

④ 网络产品在发现病毒时应通知网络管理员或用户。

(2) 病毒检测分级指标。

合格产品检测病毒率应达到：对病毒样本基本库至少能检测其中的 85%；对流行病毒样本库至少能检测其中的 90%；对特殊格式病毒样本库至少能检测其中的 80%。

二级产品检测病毒率应达到：对病毒样本基本库至少能检测其中的 90%；对流行病毒样本库至少能检测其中的 95%；对特殊格式病毒样本库至少能检测其中的 85%。

一级产品检测病毒率应达到：对病毒样本基本库至少能检测其中的 95%；对流行病毒样本库至少能检测其中的 98%；对特殊格式病毒样本库至少能检测其中的 95%。

(3) 病毒清除指标。能够恢复病毒宿主功能的，一定要恢复病毒宿主的功能，且使病毒丧失其原有功能；不能恢复病毒宿主功能的，若可以重新生成病毒宿主，则重新生成病毒宿主，否则提示删除带毒宿主。清除病毒时，应具有备份染毒宿主的功能。

(4) 病毒清除分级指标。

合格产品病毒清除率应达到：对病毒样本基本库至少能清除其中的 80%；对流行病毒样本库至少能清除其中的 85%。

二级产品病毒清除率应达到：对病毒样本基本库至少能清除其中的 85%；对流行病毒样本库至少能清除其中的 90%。

一级产品病毒清除率应达到：对病毒样本基本库至少能清除其中的 90%；对流行病毒样本库至少能清除其中的 95%。

(5) 误报率。对检验机构指定文件组成的误报检验样本库的误报率不能高于 0.1%。

(6) 应急恢复。应急恢复应达到：正确备份、恢复主引导记录；正确备份、恢复引导扇区。

(7) 智能升级。病毒防治产品在通过互联网或者存储介质进行版本升级时，能够自动下载或者拷贝升级文件的修改或增加部分，以提高用户升级的效率。

3. 常见的杀毒软件开发企业

1) 卡巴斯基(Kaspersky)

1989 年，国际计算机反病毒研究员协会(CARO)成员 Eugene Kaspersky 开始研究计算机病毒现象和杀毒技术。从 1991 年到 1997 年，他在俄罗斯大型计算机公司 KAMI 的信息技术中心带领一批助手研发出了 AVP 反病毒程序，并以此为基础发起成立了卡巴斯基网络安全实验室。该机构为个人用户、企业网络提供反病毒、防黑客和反垃圾邮件产品。经过几十年与计算机病毒的战斗，卡巴斯基获得了独特的知识和技术，使得卡巴斯基成为了病毒防卫的技术领导者和专家。该公司的旗舰产品——著名的卡巴斯基反病毒软件(Kaspersky Anti-Virus，原名 AVP)被众多计算机专业媒体及反病毒专业评测机构誉为病毒防护的最佳产品。

2014 年后，卡巴斯基依托卡巴斯基网络安全实验室建立起全球范围内国际互联网安全实时检测体系，旗下的卡巴斯基反病毒软件逐渐成为防御互联网上多类复杂威胁的创新产品。AVP 的反病毒引擎和病毒库，一直以其严谨的结构、彻底的查杀能力为业界称道。

2) McAfee

NAI(Network Associates Inc，美国网络联盟)是全球第五大软件公司，成立于 1987 年，其前身 McAfee Associates 是业界著名的反病毒安全厂商。作为目前世界上一家能够为企业提供全面网络安全解决方案的厂商，NAI 在全球五大洲建立并拥有由 800 多名病毒研究专家组成的反病毒紧急响应小组(AVERT)，是目前世界范围内权威的病毒防范手段发布组织，以每 10 分钟就在 NAI 站点更新一次病毒特征文件的速度，为用户提供每周 7 天、每天 24小时的技术支持，使用户在最短的时间内杀灭最新病毒。在业界的防病毒系列解决方案中，只有 McAfee 可以达到最高级别的检测率。

目前，《财富》排名前 1000 位的企业有 80%的企业采用 McAfee 作为自己的保护神。根据 2000 年 11 月 9 日 International Data Corp.的报告：McAfee 杀毒软件全球市场占有率达 47%，连续三年在世界杀毒软件市场排名第一。国际计算机安全协会(ICSA)的 2001 年最新报告：McAfee 杀毒软件全球市场占有率高达 56%，处于绝对的领先地位。2011 年，McAfee 被全球最大芯片制造商 Intel 收购，从此开始专注于提供安全技术解决方案，并构建了基于 SaaS 云平台的安全检测、病毒信息交互和网络威胁响应体系。

3) 瑞星

北京瑞星科技股份有限公司成立于 1998 年 4 月，公司以研究、开发、生产及销售计算机反病毒产品、网络安全产品和"黑客"防治产品为主，是中国最早、最大的能够提供全系列产品的专业厂商。其软件产品全部拥有自主知识产权，能够为个人、企业和政府机构提供全面的信息安全解决方案。2011 年 3 月，瑞星旗下的个人安全软件产品永久免费，并推出了手机版的个人安全助理软件、短信和来电防火墙等实用的反病毒木马软件。

4) 金山毒霸

金山公司创建于 1988 年，是目前国内知名的软件企业之一，是中国领先的应用软件产品和互联网服务供应商。金山公司开发的金山毒霸是我国少有的拥有自研核心技术、自研杀毒引擎的杀毒软件，该软件融合了代码分析、虚拟机杀毒等技术，并融合了病毒防火墙实时监控技术，成为我国众多企事业单位和个人主要的反病毒解决方案之一。2018 年金山毒霸推出的版本具有体积小、功能全等特点，在全面支持 Windows 10 的同时，还集成了对 Windows XP 等老版本操作系统的补丁维护。

5) 360 安全卫士

360 安全卫士由奇虎 360 公司开发，是新一代面向手机等智能终端设备、物联网设备的免费杀毒软件，其市场占有率目前已经遥遥领先。360 安全卫士拥有强大的云平台支持，依托云查杀，使软件体积更小、效率更高、功能更完善，可以完成查杀木马、清理插件、修复漏洞、保护隐私、电脑检测、清理垃圾、清理痕迹等多种功能。

思 考 题

1. 什么是计算机病毒？其主要特征有哪些？

2. 计算机病毒常见的分类有哪些？分别举例说明其工作原理。

3. 勒索病毒的基本原理是什么？有哪些危害？针对其原理谈谈如何防范勒索病毒。

4. 计算机木马的基本工作原理是什么？从信息系统使用习惯上谈谈计算机系统如何避免中木马病毒。

第8章　数　据　安　全

　　数据是信息的载体，数据安全就是针对数据处理系统而采用的技术和管理手段，从而保护计算机硬件、软件和数据不因故障或人为的原因遭到破坏、非法篡改或泄露，确保数据的保密性、完整性和可用性。本章从保护数据的作用和意义出发，围绕数据存储、数据备份和灾难恢复技术，探讨数据安全的保护方法和规范。

8.1　数据存储技术

8.1.1　数据存储的作用和意义

1. 数据安全的重要性

　　数据安全是信息系统安全的核心内容之一。通常，计算机信息系统的数据安全性涉及以下几个方面：

　　1) 数据的机密性(Confidentiality)

　　数据的机密性指保密的数据防止被非授权访问，通常通过加密技术来实现。经过加密后，由密码体制的安全性来保证只有合法的数据拥有者或合法的通信接收者才能具备访问数据内容的权限。对于高度敏感的数据，其加密技术还有更为严格的要求，甚至还需要和其他权限控制技术相结合，使得即便入侵者非法进入系统也不能获得信息的内容。

　　2) 数据的完整性(Integrity)

　　完整性指对于信息内容在存储、修改或者传输过程中，防止非法拦截者对数据内容、属性等信息进行伪造、篡改或破坏。

　　3) 数据的可用性(Availability)

　　可用性指计算机信息资源在合法用户需要使用时必须是可用的，对于正常的用户和合法的授权者应该能随时且安全地使用信息和获得信息系统的服务。

　　如果数据的安全性得不到保证，就会引起严重的问题，甚至导致重大的经济损失。根据美国 3M 公司的调查，对于市场营销部门来说，恢复数据至少需要 19 天，耗资 17 000 美元；对于财务部门来说，至少需要 21 天，耗资 19 000 美元；对于工程部门来说，将需要 42 天，耗资达 98 000 美元。这样的损失足以导致一家普通公司破产，而唯一避免损失或者将损失降到最低程度的办法就是数据备份。2021 年 3 月，法国云计算巨头 OVH 公司的一场火灾导致整个欧洲地区超过 350 万个网站下线,大批电商的客户数据遭到不可逆性破坏,许多互联网企业遭到致命一击,难以在短时间内恢复。

2. 提高数据完整性

数据在存储过程中,完整性是安全性的首要方面。数据完整性包括数据的正确性、有效性和一致性。对于数据完整性来说,危险往往来自人为的错误判断或设备故障等多种因素,导致系统出现数据丢失、损坏或意外的更改。数据完整性的目的就是保证计算机系统上的信息始终处于一种完整和未受损坏的状态。数据完整性的丧失意味着发生了导致数据丢失或改变的情况。为了保证数据完整性,首先应该检查导致数据完整性被破坏的潜在原因,以便采取及时、妥当的措施,防患于未然。

提高数据完整性的可行解决办法包括两个方面:首先采取预防性的措施,防止影响数据完整性的事件发生;另一方面,当数据的完整性受到损坏时可采取有效的恢复手段,恢复被损坏的数据。一般来说,影响数据完整性的因素主要有 5 种:硬件故障、网络故障、逻辑问题、意外的灾难性事件和人为因素。针对这些因素,计算机系统逐渐发展出了多种数据安全存储解决方案,最常见的就是数据存储备份解决方案。

备份是用来恢复出错系统或防止数据丢失的一种最常用的办法。在实施上,备份是把完整的数据复制到存储介质上,当系统的数据完整性受到了不同程度的损坏时,可以用备份系统将最近一次的备份数据恢复到完整状态。在实现方式上,常见的备份方案包括双机热备份、磁盘冗余技术和云备份等。

除了备份技术以外,归档、转储、分级存储管理、奇偶校验、灾难恢复等都是保护数据完整性的措施。不过,这些措施还不能称为完整的数据存储解决方案,它们解决的只是系统可用性的问题,而计算机网络系统的可靠性问题需要完整的数据存储管理系统来解决,如存储区域网络(SAN)和网络存储系统(NAS)等。

8.1.2 SAN

1. SAN 的概念

随着云计算技术的日趋成熟,各类集成的标准化存储系统快速发展,其中,SAN 成为当前数据存储市场的主流技术。SAN 允许在存储设备和处理器(服务器)之间建立直接的高速网络连接,其数据交换效率远高于传统的局域网备份模式。SAN 可以看作是存储总线概念的一个扩展,它使用局域网(LAN)和广域网(WAN)中的网络设备,实现存储设备和服务器之间的数据交换,这些网络设备包括路由器、集线器、交换机和网关等。

SAN 可在服务器间共享存储空间,也可以是某一服务器专用的,既可以是本地的存储设备,也可以扩展到物理区域上的其他地方。SAN 的接口通用性强,兼容企业系统连接(ESCON)、小型计算机系统接口(SCSI)、串行连接(SAS)、高性能并行接口(HIPPI)、光纤通道(FC)或任何新的物理连接方式。

SAN 的基础是存储接口,连接着与传统网络不同的新型网络,常常被称为服务器后端网络。该接口通过以下三种方式支持服务器与存储设备之间的直接高速数据传输。

(1) 服务器到存储设备:这是服务器与存储设备之间的传统数据交换模式,其优点在于高并发性,支持多个服务器串行或并行地访问同一个存储设备。

(2) 服务器到服务器：SAN 可用于服务器之间的高速大容量数据交换。

(3) 存储设备到存储设备：通过这种外部数据传输能力，可以在不需要服务器参与的情况下传输数据，从而为服务器节省资源。这样的方式也包括磁盘设备不需服务器参与就可以将数据备份到其他磁盘设备上，以及跨 SAN 的远程设备镜像操作。

2. SAN 的结构

从基本组件上讲，SAN 的结构包含 SAN 服务器、SAN 互联设备和 SAN 存储设备。三者在通用网络协议的架构下组成通用的存储网络结构。

SAN 服务器的结构是所有 SAN 解决方案的基础，这种基础结构一般由多种服务器平台的混合平台或云存储融合平台充当，常见的主流平台包括 Windows Hypervisor、Vmware vSphere、Windows Server 系列、不同风格的 UNIX 和 Linux 存储集群等。由于云计算技术和电子商务的推动，对 SAN 的需求将不断增长。

SAN 存储设备是数据存储所依赖的物理基础，因此它必须支持公司的商业目标和商业模式。在这种情况下，仅仅使用更多和更快的存储设备是不够的，还需要建立一种新的基础结构。和单机备份系统相比，这种新的基础结构能够提供更好的网络可用性、数据可访问性和系统易管理性。SAN 存储设备就是为了迎接这一挑战应运而生的，它使存储设备不再依赖于特定的服务器总线，而且直接接入网络。换句话说，存储被外部化，其功能分散在通用的网络节点上，支持存储设备的集中化、群集化，使其管理更加容易，费用更加低廉，抗毁性更强。

SAN 互联设备通过光纤通道等技术实现存储和服务器组件的连通性。与局域网一样，SAN 通过存储接口的连接形成很多灵活的网络配置，在保证存储性能的基础上，能够跨越很长的传输距离。

3. 典型的 SAN 方案

SAN 采用的是专门的存储协议，为了保持对现有 SAN 的兼容性，出现了标准化的存储技术，比较著名的有 Internet 工程任务组提出的基于 TCP 的 iSCSI 方案、IETF 与 ANSI 共同提出的基于 IP 的光纤方案和 ANSI 提出的光纤骨干网方案。其中，iSCSI 方案是由 Adaptec、Cisco、HP、IBM、Quantum 等互联网巨头公司共同倡导的，提供基于 TCP 传输、将数据驻留于 SCSI 设备的方法。该方法是由 IBM 的加利福尼亚和以色列研究中心共同开发的，是一个在 IP 协议上层运行的存储设备专用 SCSI 指令集。也就是说，iSCSI 可以实现在 IP 网络上运行 SCSI 协议。这 3 种方案可以互补应用。例如，可以用基于 IP 的光纤方案连接同一地区的 SAN，而运用光纤骨干网连接远程地区，同时运用 iSCSI 方案解决办公室环境下的存储数据传输问题。

8.1.3 存储保护管理设计

1. 存储保护设计

1) 磁盘阵列

磁盘阵列即廉价冗余磁盘阵列(RAID)，是用来解决系统可用性的技术手段之一。根据数据保护等级的不同，RAID 又可分为若干等级，其中 RAID 0、RAID 3 和 RAID 5 是 3

种最常见的 RAID 实现方式。

• RAID 0 即数据分割，是最基本的方式。在一个普通硬盘驱动器上，数据被存储在同一张盘的连续扇区上。RAID 0 至少使用两个磁盘驱动器，并将数据分成从 512 字节到数兆字节不等的若干块，这些数据块被交替写到磁盘中。第 1 段写到磁盘 1 中，第 2 段写到磁盘 2 中，如此循环。当系统到达阵列中的最后一个磁盘时，就写到磁盘 1 的下一分段，直到完成整个数据的存储。

由于硬盘驱动器可以同时执行写和读，因此，分割数据可以将 I/O 负载平均分配到所有的硬盘驱动器，从而使性能得以显著提高。但是，RAID 0 却没有数据保护能力，如果一个磁盘出故障，数据就会丢失。因此，它不适用于关键任务环境，但由于其出色的数据交换性能，使其更适合于视频生产和编辑的中间环节。

• RAID 3 在 RAID 0 的基础上，除了能进行数据分割存储外，还指定了一个硬盘驱动器来存储奇偶校验信息，从而为数据提供了比较可靠的容错功能，在数据密集型环境或单一用户环境中，适用于访问较长的连续记录。RAID 3 需要同步主次驱动器来防止存取较短数据造成的性能下降。

• RAID 5 类似于 RAID 0，但是它不是将数据分块，而是将每个字节不同的位拆分到多个磁盘。如果一个磁盘出现故障，它可以迅速更换，数据可以从奇偶和纠错码中重建。RAID 5 的冗余校验操作覆盖所有的读和写过程。它需要 3～5 个磁盘来组成阵列，最适合于几乎不进行写操作的多用户系统。因此，RAID 5 会显著增加设备成本和管理费用。

另外，还有 7 种不常见的 RAID 实施方式，限于价格等因素，它们主要在某些特殊场合使用。

• RAID 1 专指磁盘镜像。该方式在工作时，数据写到磁盘 1 中，同时也以同样方式写到磁盘 2 中，从任何一个磁盘都可以读取完整数据。这样就提供了即时备份，需要的磁盘驱动器数量翻倍，且不能提高性能。RAID 1 在多用户系统中提供最佳冗余能力和容错能力，是最容易实施的配置，适用于财务处理、工资单、金融和高可用数据环境中。

• RAID 2 是为大型机和超级计算机开发的。该方式可在主机工作不中断的情况下实时纠正数据，因此，RAID 2 倾向于对数据校验和纠错率要求较高的科学计算等环境。

• RAID 4 使用较大的数据条方式进行编码存储，可以从任何驱动器读取记录，同时也提供一定的数据容错能力。由于这种方式缺乏对多种并发写操作的支持，因而使用范围受到了限制。

• RAID 6 使用分配在不同驱动器上的奇偶方案，扩展了 RAID 5 的功能。它能承受多个驱动器同时出现故障。然而 RAID 6 执行写操作性能比较差，且部署时需要一个极为复杂的控制器，因此，RAID 6 几乎没有进行商用。

• RAID 7 是一个极为复杂的磁盘阵列，有一个实时嵌入操作系统用作控制器，一个高速总线用于缓存，可以提供快速的 I/O，但是价格昂贵。

• RAID 10 由数据条阵列组成，其中每个条都是驱动器的一个 RAID 1 阵列，因此，它与 RAID 1 的容错能力相同，主要面向需要高性能和冗余的应用系统。

• RAID 53 是最新的一种类型，部署方式与 RAID 0 数据条阵列相同，其中每一段都是一个 RAID 3 阵列，因此，它的冗余与容错能力与 RAID 3 相同。但是 RAID 53 价格昂贵、效率偏低。

2) 双机容错和集群

双机容错系统方案是由两台服务器共同担任同一工作，当其中一台服务器出现故障时，另一台服务器仍然可独立确保系统正常运行，从而保障了系统的高可靠性、高安全性和高可用性，将系统风险降到最低限度。双机系统的技术基础是近年来成熟起来的集群(Cluster)结构。集群技术的出发点是提供高可靠性、可扩充性和抗灾难性。一个 Cluster 包含多台拥有共享数据存储空间的服务器，各服务器通过内部局域网相互通信。当一台服务器发生故障时，它所运行的应用程序将由其他服务器自动接管。

双机容错方案的目的在于保证数据永不丢失和系统永不停机。双机容错的高可用系统通常在两种情况下发挥作用：一种是系统死机、错误操作和管理引起的异常；另一种是因系统维护和升级的需要而安排的正常关机。

双机容错系统方案支持双机双工热备份、双机主从热备份和双机热备份 3 种工作模式。

(1) 双机双工热备份：两台主机同时运行，分别处理各自不同的作业以及独立分配各自的负载资源。当其中一台主机因故障而不能提供服务给前端客户时，另一台主机除原来本身的工作外，还会接管故障机的工作。当故障机修复后，接管主机会根据软件设置自动切换到原先的双机工作状态。这种工作模式可完全实现 Client/Server 服务和负载平衡的功能。

(2) 主从热备份：双机中一台主机被设定成主机，另一台设定为从机。由主机提供并负责执行所有的工作和服务，从机为后备机。当主机故障时，从机立刻执行接管工作，并转换成主机。当故障机修复后自动成为从机，前端客户的服务完全不受影响。

(3) 双机热备份方式：一台主机为主动式(Active)，另一台则为备援式(Standby)。当Active 机故障时，Standby 机执行接管动作而成为主机。当 Active 修复后，Standby 机将接管工作交还给 Active。所以这种模式中，Standby 可选用较低档的主机，以节省经费并可达到容错的目的。

双机容错工作过程分为自动侦测、自动切换和自动恢复 3 个阶段。例如，双机容错系统由两台服务器构成，每台服务器拥有各自的系统盘，用来安装系统软件、数据库软件、应用软件和双机软件，如图 8.1 所示。两台服务器同时还拥有共享的数据盘，用来存储应用数据。系统盘做 RAID 1 镜像冗余，数据盘做 RAID 5 或 RAID 1 级冗余。两台服务器拥有各自的 RAID 控制卡，形成双控结构。服务器提供两类服务，即应用服务和数据库服务。在正常情况下，一台服务器运行应用服务而不运行数据库服务，处理客户端的应用请求；另一台服务器只运行数据库服务而不运行应用服务，对共享数据盘拥有控制权并对共享盘中的数据进行存取。当一台服务器发生故障，例如数据库服务器出现操作系统挂起、死机、网卡故障或硬盘控制器故障等情况时，应用服务器将启动数据库服务，由另一网卡接管数据库服务 IP 地址和共享盘的控制权。此时，这台服务器同时提供应用服务和数据库服务。客户端仍可继续对服务器提出业务请求，整个系统的运行不会中断。在原数据库服务器恢复正常后，又可选择适当时机切换到正常操作状态。

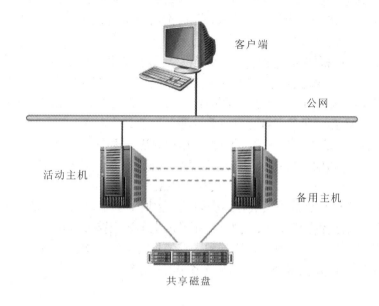

图 8.1　双机容错系统

2. 存储管理设计

存储管理可以为多种应用环境提供灵活、可靠、标准的数据存储方案，满足用户的多种存储需求。存储管理主要包括文件和卷管理、复制及 SAN 管理。

1) 文件和卷管理

文件和卷管理解决方案是目前最为完善和可靠的方案，主要是通过提高存储资源的使用率来提高应用软件的性能和可扩展性。

2) 复制

文件复制是文件管理最为有用的方式，即将文件再复制一个新的副本。通过多次对连续数据的复制、同步复制和异步复制，可为主机环境提供多副本冗余保护。

3) SAN 管理

SAN 系统的管理主要涉及 3 个方面的内容，即网络互联结构、管理软件和存储系统。SAN 的管理对象包括 SAN 应用软件、在线 SAN 可视化、异构平台环境集群、无 LAN 备份和分级存储管理(HSM)。

为充分利用 SAN 在性能、可用性、成本、扩展性和互操作性等方面的多种优势和功能，SAN 的基础结构设备(交换机、路由器等)和它所连接的存储系统必须得到有效的管理。为简化 SAN 管理，SAN 供应商需要不断调整简单网络管理协议(SNMP)、Web 企业管理(WBEM)和企业存储资源管理(ESRM)的标准，用于不间断地通过中央控制台监视和管理所有 SAN 的组件。SAN 管理包括资产管理、容量管理、配置管理、性能管理和可用性管理5 个方面。

(1) 资产管理：负责资源发现、资源认可和资源安置，其输出结果是资产的库存列表，包括生产商、型号信息、软件信息和许可证信息等基本管理信息。

（2）容量管理：负责规划 SAN 的大小，例如所需交换机的大小和数量，同时也负责获取未用空间/插槽、未分配卷的自由空间、已分配卷的可用空间、备份数目、磁盘数目、设备利用率、自由临时设备的百分比等动态信息。

（3）配置管理：根据存储业务需求，提供当前逻辑和物理配置数据、端口利用数据以及设备驱动器数据等配置信息，从而可以根据高可用性和连接性等业务要求灵活配置 SAN。配置管理在需要时会将存储资源的配置与服务器中的逻辑视图结合起来，从而实现任何人配置了企业存储服务器都会同步到该服务器的最终配置结果。

（4）性能管理：负责改进 SAN 的性能，这种改进体现在执行管理配置的级别是全方位的，包括设备硬件和软件接口级、应用程序级甚至文件级。这种管理方式要求所有 SAN 解决方案都遵守公共的、不依赖于平台的访问标准。

（5）可用性管理：负责预防故障、在问题发生时对其加以纠正以及对重要事件在其发展到系统故障之前提供预警信息。例如，如果发生了访问路径错误，可用性管理功能会确定是一个连接故障还是其他部件故障导致了该错误，然后分配另一条路径，通知操作人员修复相应故障部件，并在整个过程中保持系统的正常运行。

8.2　数据备份技术

8.2.1　数据备份的定义

顾名思义，数据备份就是将数据以某种方式加以保留，以便在信息系统遭受破坏或其他特定情况下，使数据可以重新利用的一个过程。例如，在日常生活中，常为自己家的房门多配几把钥匙，这就是备份思想的体现。在复杂的计算机信息系统中，数据备份不仅仅是简单的文件复制，在多数情况下是指数据库的备份。所谓数据库的备份，是指数据库结构、数据记录及其关系的复制，以便在数据库遭受破坏时能够迅速地恢复数据库系统。需要备份的内容不仅包括用户数据库的内容，还包括系统数据库的内容。

对一个较大规模的信息系统来说，完全自动化地进行备份工作是对备份系统的一个基本要求。除此以外，CPU 占用、磁盘空间占用、网络带宽占用、单位数据量的备份时间等都是备份系统需要重点衡量的方面。在备份系统运行中，各类备份操作给应用系统带来的影响和对系统的资源占用不可忽视。在实际环境中，一个备份作业运行起来，可能会占用一个中档服务器 CPU 资源的 60%，而一个未经妥善处理的备份日志文件，可能会占用原数据量 30%的磁盘空间，这些数字都是源自真实的商业环境，且属于普遍现象。由此可见，备份系统的选择和优化工作也是一个至关重要的任务。选择的原则是，一个好的备份系统，应该能够以很低的系统资源占用率和很少的网络带宽来进行自动而高效的数据备份作业。

对数据进行备份是为了保证数据的一致性和完整性，消除系统使用者和操作者的后顾之忧。不同的应用环境要求不同的解决方案与之相适应。一个完善的备份系统，至少需要满足以下原则。

1. 稳定性

备份产品的主要作用是为系统提供一个数据保护的方法，于是该产品本身的稳定性和可靠性就变成了最重要的一个方面。在技术上，备份软件一定要与操作系统很好地兼容，且当系统发生数据异常时，能够按预期快速有效地恢复数据。

2. 全面性

在复杂的计算机网络环境中，可能包括了各种操作平台，如各种厂家的 UNIX、NetWare、Windows 系列、VMS 等，并安装了各种应用系统，如 ERP、数据库、各类业务系统等。选用的备份软件尽可能与上层业务解耦合，减少对各种操作系统、数据库和典型应用的依赖，从而做到对信息系统的全面支持。

3. 自动化

很多系统由于工作性质，对何时备份、用多长时间备份都有一定的规则限制。例如，在业务高峰时，应减少备份操作，而在下班后系统负荷轻，适于备份。可是这会增加系统管理员的负担，还会给备份带来潜在的安全隐患。因此，备份方案应能提供定时的自动备份，并利用磁盘阵列等技术进行自动切换。在自动备份过程中，还要有日志记录功能，并在出现异常情况时自动报警。

4. 高性能

随着业务的不断发展，数据越来越多，更新越来越快，数据的并发读/写也越来越频繁，对数据的一致性造成极大挑战，这就要求备份系统在更短的时间内完成更多的备份操作。但是在休息时间来不及备份如此多的内容，在工作时间备份又会影响系统性能，因此在设计备份时，应尽量考虑到提高数据备份的速度，利用多个备份通道并行操作的方法进行备份。

5. 操作简单

数据备份应用于不同领域，进行数据备份的操作人员也处于不同的层次。这就需要一个直观的、操作简单的图形化用户界面，缩短操作人员的学习时间，减轻操作人员的工作压力，使备份工作得以轻松地设置和完成。

6. 实时性

有些关键性的任务是要 24 小时不停机运行的，在备份的时候，有一些文件可能仍然处于打开的状态。因此，在进行备份时，要采取措施，实时地查看文件大小、进行事务跟踪，以保证正确地对所有文件完成备份操作。

8.2.2　数据备份技术的作用和意义

在当今复杂的计算机系统应用环境中，每天都可能面临各种自然灾害和人为灾难的发生。对于关键性业务来说，即便是几分钟的业务中断或数据丢失，所带来的损失也常常是难以估量的。在信息时代，业务的发展离不开信息系统，而构成信息系统平台的硬件与软件都不是系统的核心价值，只有存储于计算机系统中的数据才是真正的财富。如何保护企业自身发展中的大量信息和数据，对保证业务的持续性和稳定性至关重要。因此，数据备份业务越来越得到企业的重视。在数据变得举足轻重的今天，一套稳定的备份系统已经成为保障系统正常运行的关键环节。数据备份不仅仅是数据的保存，还包括更重要的内容，即数据备份管理。备份管理是一个全面的概念，包括备份的可计划性、备份服务器的自动化操作、历史记录的保存以及日志记录等。

备份过程是预防由介质、操作系统、软件和其他因素导致数据损坏或丢失的重要安全措施。给数据备份就类似于给数据买了一份保险。每一次灾难都在不断提醒着人们，确立安全防范意识非常重要，但在实际应用中并非所有人员都具备安全防范能力。很多计算机信息系统没有增加保护重要数据的预案，也几乎没有采取必要措施以保证发生灾害后能继续开展业务。

备份技术充分体现了信息系统发展的水平，在国内外推广情况差异较大。据调查，目前国内企业中只有不到 15% 的服务器连有备份设备，这就意味着 85% 以上的服务器中数据面临着随时有可能遭到全部破坏的危险。从国际上看，以美国为首的发达国家都非常重视数据存储备份技术，并且得到充分运用，企业中应用服务器与热备份服务器的连接超过60%，数据备份资金投入位于信息系统投入的第一位。此外，国内多数用户对数据备份的认识并不深，对如何保护数据了解也不多，对整个系统数据存储管理和备份缺乏专业和系统的考虑，有时仅仅依赖磁盘备份、磁盘阵列或者磁盘镜像，但这是远远不够的。单一磁盘备份都属于硬件备份，只是拿一个系统或一个设备作为代价来换取另一台系统或设备在短暂时间内的安全，解决的只是系统可用性的问题，一旦发生灾难并不能保证在紧急情况下快速恢复原有数据。所以，除了思想意识上要重视数据的存储备份，还要付诸实际行动，把数据存储备份视为头等大事，在力所能及的范围内尽可能采用先进的数据存储备份系统确保数据的安全。事实证明，只有完整的数据存储备份系统才能为人们提供万无一失的数据安全保护。

数据备份的根本目的是重新还原，即备份工作的核心是恢复。一个无法恢复的备份，对任何系统来说都是毫无意义的。在实际情况中，用户一定需要清醒地认识到，能够安全、方便而又高效地恢复数据，才是备份系统的真正价值。事实上，无论是在金融电信行业的数据中心，还是在普通的桌面级系统中，备份数据无法恢复而导致数据丢失的例子都很多。

8.2.3　数据备份的类型

根据备份的数据量、备份的状态、备份存储的地点以及备份操作的层次等方面特征的不同，数据备份可分为多种类型。

1. 按照备份的数据量分类

按照备份的数据量，可将数据备份分为完全镜像备份、增量备份、差分备份和按需备份。

(1) 完全镜像备份：对系统中所有数据进行备份，其特点是备份所需时间最长，空间开销最大，但恢复时间最短，效率最高，操作最方便，也是最可靠的一种备份方式。

(2) 增量备份：只备份上次备份后产生变化的数据，其特点是备份时间较短，占用的空间也比较少，但恢复所用的时间较长。

(3) 差分备份：只备份上次完全镜像备份以后产生变化的数据，其特点是备份时间较长，占用的空间较多，但恢复时间较快。

(4) 按需备份：根据临时需要有所选择地进行数据的备份，一般需要在人工干预下完成。

2. 按照备份的状态分类

按照备份的状态，可将数据备份分为物理备份和逻辑备份。

(1) 物理备份：将实际物理数据库文件复制出另一份备份形式单独存储，即通常所说的冷备份或热备份。冷备份也叫脱机备份，指以正常的方式关闭数据库，并对数据库的所有文件进行备份。在恢复期间，用户无法访问数据库，需要花费专门的时间来进行备份和恢复。热备份也叫联机备份，指在数据库运行的情况下进行的备份，用户可以对数据库进行正常的操作，也可以通过数据库系统的复制服务器，将主服务器上的数据修改传递到备份数据库服务器中，保证两个服务器的同步，其实质是一种实时备份，两个数据库分别运行在不同的服务器上，且每个数据库的文件都写到不同的数据设备中。

(2) 逻辑备份：它不是将数据库的所有文件都进行备份，而是将某个数据库的记录全部读取再写入到另一个文件中，进行逻辑上的备份保存。这是经常使用的一种备份方式。

3. 按照备份文件存储的地点分类

按照备份文件存储的地点，可将数据备份分为本地备份和异地备份。

4. 按照数据备份的层次分类

按照数据备份的层次，可将数据备份分为硬件冗余和软件备份。

在具体生产环境中，数据库系统的可用性、可靠性和抗毁性等方面的需求将决定采用哪种具体的数据备份类型。因此，选择数据备份的类型是服务性能和资源成本之间的一种平衡决策。

8.2.4 数据备份的体系结构和基本策略

一个完善的数据备份系统应该具备数据服务保护性、可管理性、可扩展性等基本要素，而备份系统的体系结构和基本策略直接决定了这些要素的优劣。

1. 备份系统的构成

一个备份系统通常由备份服务器、存储介质和控制备份的软件构成。

备份服务器是备份系统的物理运行实体，其系统性能和可靠性在整个备份过程中是至关重要的，它是能否进行高速、高质量备份的关键所在。先进的备份服务器集群在备份系统密集的数据中心机房中占据了较大的区域。

存储备份数据的介质是最终负载物，是数据备份操作落地的最终环节，它的质量在很大程度上决定了备份系统的可靠性，使用质量不过关的存储介质无疑是拿自己的数据冒险。

控制备份的软件可以实现备份操作的自动化和人性化，并且可以提供友好的控制接口和策略配置环境以及良好的日志和预警服务。优秀的备份软件包括加速备份、自动操作、灾难恢复等特殊功能，对于安全有效的数据备份而言是非常重要的。

2. 备份窗口选择

备份窗口是指每次备份的时间间隔，该时间的长短选择主要取决于每次备份间隔能够容忍丢失的数据量、每次备份的数据量和备份的速度。理论上，备份的间隔越短越好，但每次备份总需要消耗一定的时间和系统资源，会或多或少地影响系统的正常处理性能。因此，对一些关键数据，可预先定义备份窗口大小，再根据备份数据量计算所需的备份速度，若备份速度不能满足要求，则可考虑使用更快速的 NAS 或配置性能更好的专属 SAN。

3. 介质保存时间

备份过程中要用到大量的存储介质，备份介质的保留时间长短将决定所需购置和维护的存储介质数量。目前的备份策略都是基于存储空间轮换制，即经过固定时间轮换后，过时数据会被覆盖，用于保存新的数据，轮换的频率可根据备份类型和备份的窗口来确定。例如，一栋大楼的监控数据，一般采用保留两周至一个月的数据来配置存储设备数量，而银行柜台现场的监控数据，则会采用保留两年甚至更长的历史数据，因此就需要配置更长的存储轮换时间和更多存储介质。

8.3　数据备份策略

8.3.1　备份策略的定义

数据的安全性和可用性都离不开良好的数据备份工作。对于较少意识到数据备份重要性的用户，在出现系统故障而导致数据破坏之后只能接受损失，而数据备份则可以明显降低这种损失的可能性。一个良好的数据备份体系应该是规范而高效的，这需要针对不同的应用环境详细地制订备份策略。本书并没有直接给出完整的备份策略，而是尝试以制订备份策略所依赖的基本原则作为主线，给出有价值的信息和建议，从而在这些原则的基础上，结合信息系统具体的需要，制订出完善的数据备份策略。

备份策略就是定义备份任务如何执行的一种方法。定义完备份策略后，无须人工进行干涉，备份系统会按照策略自动化执行所需的备份操作。在用户选定了存储备份软硬件，确定了存储备份技术之后，制订数据备份策略就是最重要的事情。

8.3.2　备份策略的类型

备份策略通常有以下 3 种类型。

1. 全镜像备份(Full Backup)

全镜像备份是指对某个时间点上的所有数据或应用程序状态进行一个完全拷贝，实际应用中就是用一块磁盘对整个系统进行完全镜像备份，包括其中的系统配置和所有数据。这种备份方式最大的好处就是只要通过简单的复制操作，就可以完全恢复丢失的数据，因此大大加快了系统或数据的恢复时间。其缺陷在于，各个全镜像备份磁盘中的备份数据存在大量的冗余信息，会造成存储空间的极大浪费。另外，由于每次需要备份的数据量相当大，因此执行备份操作所需系统资源开销也最大。

2. 增量备份(Incremental Backup)

增量备份是指在一次全镜像备份或上一次增量备份后，只需备份与前一次相比增加或者被修改的数据。这意味着，第一次增量备份的对象是进行全镜像备份后所产生的增加和修改的数据，第二次增量备份的对象是进行第一次增量备份后所产生的增加和修改的数据，以此类推。这种备份方式最显著的优点就是减少了重复的备份数据，因此每次备份的数据量不大，备份所需的时间很短，系统性能影响小。但增量备份的数据恢复是比较复杂的，执行恢复过程必须具有上一次全镜像备份和所有增量备份磁盘(一旦丢失或损坏其中的一块磁盘，就会造成恢复的不完整)，并且它们必须沿着从全镜像备份到依次增量备份的时间顺序逐个反推恢复，因此就极大地延长了恢复时间。

3. 差异备份(Differential Backup)

差异备份是指在一次全镜像备份后到进行差异备份的这段时间内，对那些增加或者修改文件所进行的备份。在进行恢复时，只需对第一次全镜像备份和最后一次差异备份进行恢复。差异备份在避免了另外两种备份策略缺陷的同时，又具备了它们各自的优点。首先，它具有增量备份需要时间短、节省磁盘空间的优势；其次，它又具有全镜像备份恢复所需时间短的特点。系统管理员只需要两个磁盘，即全镜像备份磁盘与灾难发生前一时间点的差异备份磁盘，就可以将系统恢复正常。

在如今的备份/恢复应用中，新兴的低成本云存储技术凭借着自身所拥有的性价比优势，已经对传统磁盘、磁带、高密度光盘产品造成了很大的威胁。由于磁盘产品具有介质可移动性和数据可以长期保存等优势，所以在数据备份应用中，磁盘依然拥有不可动摇的地位。传统的磁盘技术将进一步发挥自己在高速大量数据传输和离线长期保存上的优势，更加专注于数据的备份应用。各大主流磁盘厂商也都开始顺应这一趋势，推出了具有高速高可靠的 RAID 功能的磁盘产品和固态硬盘产品，进一步提升了存储介质本身的读写性能。

8.3.3 备份策略的规划

在制订备份策略时，应结合现有的条件和技术管理手段尽可能减少重要数据的损失。具体来说，备份策略必须充分了解备份方案在性能上应满足哪些条件，其中需要备份的数据量大小和数据的修改频率是确定备份策略的主要依据。

在制订或规划备份策略时需要考虑的因素有选择合适的备份频率和根据数据的重要性选择使用几种备份形式两个方面。当数据量较小且实效性不强或者只读时，可以采用离线磁盘或光盘作为备份介质，备份策略需要确定每天备份的增量数据、每周完全镜像备份的基本参照；当数据量较大且时效性较强时，可以采用磁盘阵列作为备份介质，确定每天或每两天执行完全备份的策略；当制订针对数据库文件或者文件卷的备份策略时，还应考虑数据库日志等文件的备份。

在规划备份策略时需要从备份系统的选择、备份方式的确定和数据备份的放置等 3 个方面着手。

1. 备份系统的选择

备份系统可选择的硬件范围很大，既有对大范围目标进行整体备份的系统，也有面向小型办公室的刻录设备。综合性能和价格等因素，当前主流的硬件设备是磁盘备份设备，这类设备应用范围广，通用性强，在大部分服务器系统中都具有良好的兼容性。同时，磁盘备份设备的价格比较实惠，使用简单，容易扩展。选择备份硬件之前，应该初步测算需要备份的数据容量。以磁盘备份设备为例，对于较小规模的企业备份，通常只需要一台 NAS 服务器就足够了；对于大规模的在线电商企业的备份需求，则可能需要几百台存储服务器组成的阵列集群或 SAN 才能满足需求。

完整的备份系统不仅仅包括硬件，还包括备份管理软件。备份管理软件的选择侧重备份任务的便捷性、高效性和自动化。人工操作备份任务，极易产生遗漏和失误，备份结果可靠性是无法保证的。有些用户在购买了备份用的硬件设备之后就认为已经完成了备份系统的购置，这其实是远远不够的。软件系统所具有的自动化特性使之在发生各种事故时仍可以有效地完成工作，可以减少人工执行的大量错误。同时，通过备份软件来管理备份进程还可以节省大量的人工成本。

备份管理软件方面也有很多产品可供选择，如 Veritas、CA、EMC 等厂商为专业级大规模的备份工作提供了具有极高性能和丰富功能的备份软件产品。此外，操作系统和一些应用软件也通常会提供一些简单易用的备份管理功能，可以基本满足个人用户的备份需求。例如，在 Linux 平台上可以进行自动备份工作的 Kdat 和 Sitback 软件包等，都是可用性较高的备份管理软件。

2. 备份方式的确定

较为常见的备份方式是完全镜像备份、增量备份和差异备份。一方面，如何选择和组合备份方式，是备份策略中最重要的问题之一。对于完全镜像备份，要提高可行性就要提高执行频率，但频率过高要消耗大量的存储空间，而执行频率不够又无法保证数据备份的质量。单独使用差异备份和增量备份在数据恢复时都会存在风险，降低数据备份的安全性。因此，一个完善的备份策略是将这几种方式进行优化组合的备份方案。例如，每月执行一次完全镜像备份，每天执行一次增量备份，每个重要的业务节点进行差异备份。组合的备份方式使信息资源管理任务可以在成本和数据可用性之间获得良好的折中。另外，针对不同的数据对象配置不同的备份方式，这样能够更好地体现数据的类型和重要程度。

另一个重要的方面是制定合理的数据备份介质的轮换制度。因为在大多数备份策略中都会规定间隔多长的周期将数据备份转移到数据应用地之外的备份地点存储，并将以前的存储介质轮换回来交替使用。一种较为常用的轮换计划是每月执行一组完全镜像备份，执行后将该备份送至其他的备份存放地；每周执行另一组完全镜像备份，这些备份放置在数据应用本地继续使用，通常按照两周的时间循环将它们迁移到数据存放地。在此基础上，每日执行增量备份，在周内同样将其放置在使用地，如果本周的完全镜像备份是存放在本地的，就将该增量备份也一并放在本地。

3. 数据备份的放置

保管数据备份的核心问题是数据备份的放置，通常着重考虑放置数据的场所和放置数据的地点两个方面。放置数据备份的场所除了要保证符合介质要求的温度和湿度条件之外，灰尘和静电干扰等情况也要符合要求。根据存储介质的不同，干扰条件有可能破坏介质上的内容。数据备份的存放还应该考虑到安全保卫方面的因素，这些通常在信息安全的物理安全策略中进行规定。

对于数据备份存放的地点，主要考虑数据使用地与数据备份存放地之间的距离。在对数据安全性要求很低的情况下，数据备份可以存放在数据使用地，但这时有可能使数据和备份同时损坏。因此，要求较高的备份数据不宜放在使用地，但也不能距离太远，出现紧急情况后无法迅速取回，会影响恢复的时间。在云计算技术发展成熟的今天，数据存放地的策略制订由互联网基础设施供应商负责，实力雄厚的公司会在全球范围内的合适地域选择建立多个数据备份中心，并通过高速骨干网络互联。

8.4 灾难恢复技术

8.4.1 灾难恢复的定义

灾难恢复是指"将信息系统从灾难造成的故障或瘫痪状态恢复到可正常运行的状态，并将其支持的业务功能从灾难造成的不正常状态恢复到可接受状态而设计的活动和流程"，即在发生灾难性事故的时候，信息系统利用已备份的数据或者其他手段，及时对原系统进行恢复，以保证数据的安全性以及业务的连续性。灾难恢复是对偶然事故的预防计划，又称应急。任何一个信息系统都没有办法完全避免灾难的威胁，特别是各种大规模不可抗拒的自然环境威胁。

数据备份是灾难恢复的重要环节，侧重整个系统的备份。系统备份与普通数据备份既有联系又有区别，系统备份不仅备份系统中的数据，还备份系统中安装的应用程序、数据库系统、用户设置、配置参数等信息，以便需要时能够迅速恢复整个系统。

数据备份与灾难恢复是相辅相成的，数据备份是灾难恢复的前提和基础，而灾难恢复是在数据备份基础上的应用。

8.4.2 灾难恢复技术现状及行业标准

灾难恢复就是为恢复计算机信息系统而提供的技术保证。在信息系统安全中，灾难恢复功能是不容忽视的。灾难发生具有偶然性，众多企业往往是在遭受灾难以后或者在灾难发生时才考虑数据恢复策略，此时已经无法挽回损失。因此，灾难恢复是一种预防性的措施，该措施对企业信息系统有很大的潜在价值，当企业遭受灾难后，信息系统的生存完全依赖于灾难恢复。

灾难恢复工作对信息系统的建设和运作具有举足轻重的作用，在国内外信息技术领域已经逐渐建立起行业标准。有关研究报告指出，各行业在遭受灾难打击造成服务中断时，所带来的损失是巨大的。美国一个中等规模的证券公司，服务停滞每小时的平均损失为650万美元，普通商业银行信用卡授权失败每小时平均损失为260万美元，一台 ATM 系统中断造成的损失为平均每小时 14 500 美元。因此，美国在 21 世纪 70 年代就有了灾难备份的概念和提供灾难备份服务的企业，经过半个多世纪的发展已经形成了完备的灾难备份市场体系和完善的灾难恢复系统标准。在美国"9·11 事件"直接受损的 1200 多家公司中，有 400 多家公司很快在异地启动了灾难备份系统，从而减少了损失。从 2004 年 10 月开始，我国国务院信息办就开始主持起草我国的信息系统灾难恢复有关标准，组织中国人民银行等 8 个国家重要信息系统主管部门以及中办、信息产业部、北京市信息办、上海市信息委、广东省信息办等有关单位成立了《灾难恢复指南》起草组。起草组既参考了有关国际标准，又结合了我国信息安全保障的实际情况，经过数月调研于 2005 年 5 月 26 日正式出台了《重要信息系统灾难恢复规划指南》。在灾难备份系统恢复标准和规范方面，我国起步较晚。2007 年 11 月，我国在信息安全标准 GB/T5271.8—2001 的基础上发布了首个灾难备份系统规范 GB/T 20988—2007。在此基础上，经过十多年的发展，我国逐步建立了信息系统灾难恢复体系。

8.4.3　灾难恢复的策略

通过对信息系统发展过程中经验和教训的总结可知，灾难恢复策略通常包括灾难评估、资源整合策略和预防措施 3 个方面。

充分的灾难评估是有针对性地制订灾难恢复策略的前提。由于灾难给信息系统带来的破坏程度和规模是无法预知的，因此在制订灾难恢复计划时应该做最坏的打算，把有可能受到的破坏尽量考虑得更多一些，才能最大限度覆盖到不同类型的灾难发生后对信息系统造成的破坏。

资源整合策略是灾难恢复策略的基础，充分利用现有资源，才能在有限的成本条件下，最大限度地发挥资源效力。利用现有资源中可以直接用于灾难恢复的部分以降低运行和维护成本，例如可以利用云盘、磁盘、光盘等作为备份系统的存储介质。同时，也可以将系统配置文件备份或打印存档，在灾难恢复中对重建系统是非常有益的。

灾难的预防措施是应对灾难发生时的应急补救措施。在灾难发生前，应尽量采取措施，避免可能出现的断电、火灾、地震等重大灾难，采取预警措施，提前发出灾难报警。例如，针对供电故障，可以安装不间断后备电源，在电源出现故障后可以及时保存正在进行的操作，有序地关闭设备电源。

8.4.4　灾难恢复计划

灾难恢复计划是灾难恢复的依据性文档。灾难恢复计划与安全政策文件不同，它是安全政策的必要补充。它由多个部分组成，一般应包括紧急条件下人员的配备和职责、迁移备用地点的方法和计划、灾难发生后恢复与返回到原始状态的方法与计划、详细的委派说明、恢复服务的方法、恢复丢失数据的方法、恢复设备和损坏现场其他材料的方法、人员和机构联络计划、重要记录表等内容。

1. 灾难恢复计划的制订

制订灾难恢复计划是一项涉及多个部门的系统性任务，是信息系统管理的重要环节，通常可按如下 5 个步骤来进行。

(1) 成立跨部门的负责机构。灾难恢复因为涉及不同部门，所以必须由各个部门的代表组成一个跨部门的负责机构。该机构的负责人对于灾难恢复来说是非常重要的，其人选可以从业务主管、数据中心主管或者基础设施管理人员中挑选。

(2) 分析业务影响。所有业务过程和应用程序不可能都在最短的时间内恢复，所以要根据不同业务的价值来确定某些关键的业务过程，并将其按照不同的优先级纳入灾难恢复计划中。例如，一种简单的分级方式是，将在 24 小时内必须要被恢复的业务列为 A 级，在 72 小时内必须要被恢复的业务列为 B 级，在 72 小时以上要被恢复的业务列为 C 级。

(3) 明确优先次序。根据不同业务的影响程度来明确每一个恢复过程，包括对业务、技术等方面的明确要求。业务要求是指为灾难确定一个明确的时间界限，决定某一过程必须在哪一时间段内被恢复。技术要求是指按照灾难恢复的标准，为不同类型的平台对接适配的恢复设备。

(4) 制订灾难恢复文档。灾难恢复文档是灾难恢复计划的详细说明，是各部门执行灾难恢复的依据，也是灾难恢复负责机构的最后一项任务。灾难恢复文档还包括恢复过程中硬件、软件和网络组件的最新配置图。

(5) 定期测试灾难恢复计划。灾难恢复计划至少每年要测试一次，每次测试之后要进行经验总结。通过测试来验证计划的哪些部分动作正常，哪些部分需要改进。

2. 灾难恢复计划的测试和维护

对于已经编写好的灾难恢复计划应该进行测试，并且记录详细的文档。灾难恢复计划测试的目的是找出潜在的问题和技术冲突，而不只是检验计划是否可行。一般可采用非损毁性测试，即用户能够在不影响设备正常工作的前提下，测试灾难预防和恢复计划。可以使用替换软硬件模仿灾难的过程，如使用冗余的服务器来进行备份恢复操作。没有条件使用冗余的设备时，可以把灾难恢复仿真工作安排在休息日进行。

灾难恢复计划的测试和维护，不仅包括对各种硬件和设备进行定期测试和维护，还包括各种应急程序、数据和假想紧急事件的测试和维护。通过测试检验灾难恢复计划的可行性和效率，及时发现其中的不足，在下一次制订或修改灾难恢复计划时及时做出调整。

对灾难恢复计划进行测试和维护的必要性，也来自系统中不断变化的各种因素。由于系统的变化，如软件和硬件的升级、设备的老化以及人员的变动等因素，可能导致原来的灾难恢复计划不能适应新变化。灾难恢复计划应在固定时间周期进行升级和测试，特别是在系统各种因素变化、升级比较频繁时，其测试和维护周期更应缩短。

3. 紧急事件

假想的紧急事件指可能影响计算机运行并破坏关键任务或功能的事件，包括断电、水灾或暴雨等自然灾害，也包括计算机系统故障、网络故障、大规模网络入侵等软硬件异常。不同的事件类型对系统造成的影响不同，如果对系统的影响是致命的，则紧急事件就要定义为灾难。在不同的阶段、不同的环境中，可能出现的紧急事件和每种事件出现的可能性也会不同，如在干旱地区出现水灾的可能性非常小，但在潮湿多雨的地区可能性就非常大。

8.5　数据备份产品阿里云简介

目前，有许多流行的数据备份产品供不同类型客户选择。本节简要介绍阿里云的数据备份保护功能，包括面向大规模企业的数据备份混合云架构和部署方式。

8.5.1　基于混合云的备份服务简介

在过去的10年中，存储已演变为一种可以被多个系统共享的资源，阿里云NAS提供了一种分布式网络文件存储系统，能够提供简单易用的文件共享存储服务。存储设备可以连接在海量的系统应用上面。很多案例都表明，只保护存储设备所在的系统安全已经不能满足需要了。核心数据一旦遭到破坏将造成不可挽回的损失。那么如何在第一时间将负面影响降至最低点，最大限度地减少损失，就成了存储安全的最后一道防线，也就是前文介绍的灾难恢复。越来越多的企业、机构和个人开始选择使用标准的云备份方式，提供数据的灾难恢复，其中混合云备份因其具有灵活的定制性成为中小企业和个人的首选。

混合云备份服务非常简单易用，架构清晰，图8.2为使用混合云备份服务保护NAS的基本架构。下面以阿里混合云备份服务为例，介绍混合云备份服务的一般使用过程。

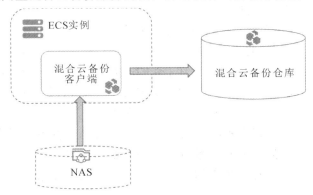

图8.2　基于混合云备份服务的NAS数据保护架构

阿里混合云备份服务是一套已经商业化的原生备份服务，提供了简单易用、高效安全的数据保护方案。阿里混合云备份服务能够定期对指定关键数据进行增量扫描，并对备份的数据采用高效的重复删除加压缩的算法，在为关键数据保驾护航的同时，也极大地减少了备份数据的存储空间占用，有效地节省了成本。

我们仅仅需要将客户端安装在能够使用阿里云NAS的弹性云存储(ECS)实例上，即可将NAS存储中的数据备份到混合云备份仓库当中。

8.5.2　基于混合云备份服务的备份实施

1. 创建备份库

首先需要在阿里云上配置好备份库。在阿里云主页当中依次访问产品→云计算基础→混合云备份服务→文件存储NAS，如图8.3所示。

进入控制台之后首先需要创建一个备份库来存放所有的备份数据：选择NAS服务所在的同一地区创建备份库，将备份库部署在与NAS相同区域的ECS上，然后点击"创建备份"按钮创建一个备份库，在弹出的向导对话框中填写相应的信息，如图8.4～图8.6所示。

(1) 在配置客户端时选择专有网络(VPC)，并填写客户端名称、数据源类型和软件平台等信息，如图 8.4 所示。

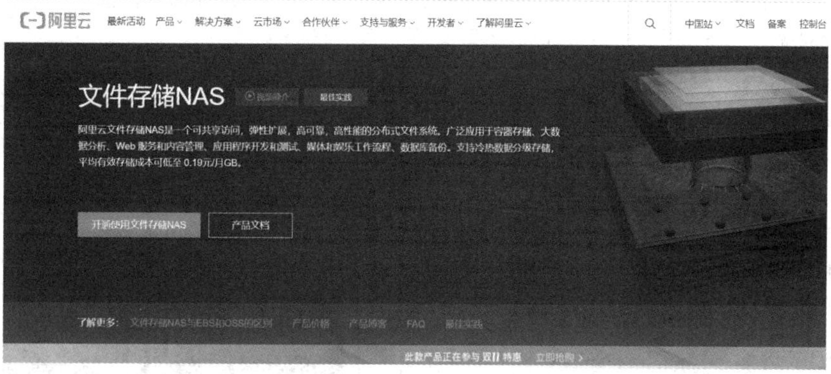

图 8.3　混合云备份服务的访问

图 8.4　创建备份

(2) 配置仓库名称、区域和仓库描述等信息，如图 8.5 所示。

图 8.5　配置仓库

(3) 完成信息确认后，将证书与客户端一起下载到本地，如图 8.6 所示。

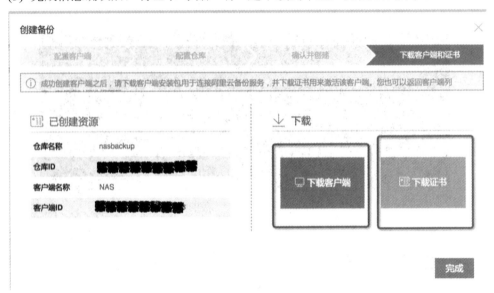

图 8.6 安装本地客户端及证书

通过以上基本步骤就完成了阿里云备份库的配置，更加详细的备份库替代产品介绍及使用需要参考阿里云的混合云备份产品手册。

2. 阿里云 NAS 的数据备份与恢复

下面以 Windows 操作系统为例，简要介绍安装和使用阿里云 NAS 的过程。

1) Windows 客户端的安装与注册

解压下载后的阿里云 NAS 客户端压缩包，直接执行客户端安装程序，选择安装路径，点击"安装"即可，如图 8.7 所示。

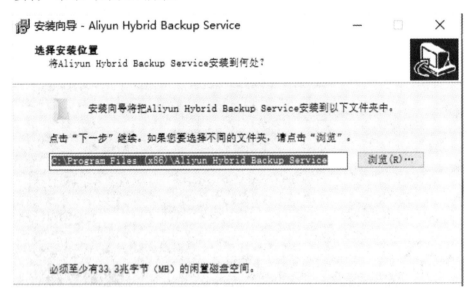

图 8.7 选择安装路径

按照默认设置安装好之后使用浏览器打开 http://localhost:8011，进入客户端注册页面，如图 8.8 所示。

图 8.8 注册用户信息

点击"选择上传文件"，将图 8.6 中下载的证书上传至客户端，并选择专有网络(VPC)的配置，填好用户的相应信息，点击"注册"按钮，完成注册。

2) 创建 NAS 备份任务

注册好客户端之后就能够创建一个 NAS 备份任务了。创建 NAS 备份任务的步骤如下：

(1) 进入阿里云 NAS 控制台，找到 NAS 服务的挂载点。在需要备份的 NAS 文件系统上点击"管理"，即可打开存储包，看到挂载点路径和其他相关信息，如图 8.9 所示。接下来，需要使用这个路径地址来创建备份任务，挂载点的路径以 \\id.cn-hangzhou.nas.aliyuncs.com\myshare 的形式组成。

图 8.9 NAS 系统中的挂载点路径

（2）回到注册好的备份客户端页面，创建一个备份任务，点击备份页面右下角的"备份"按钮，如图 8.10 所示。

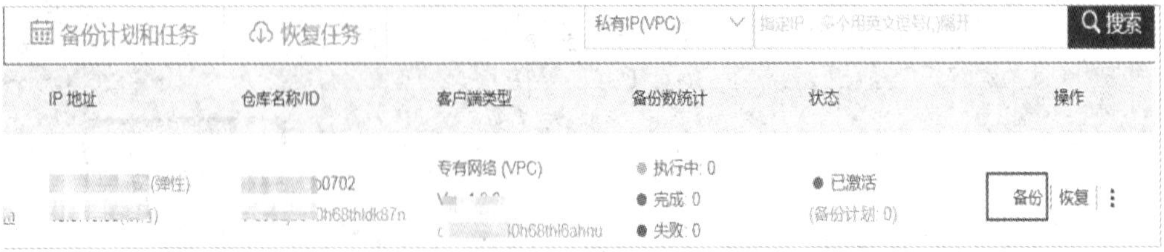

IP 地址	仓库名称/ID	客户端类型	备份数统计	状态	操作
（弹性） ）	0702 0h68thldk87n	专有网络 (VPC) V 1.0.0 0h68thl6ahou	● 执行中 0 ● 完成 0 ● 失败 0	● 已激活 (备份计划 0)	备份 恢复 ⋮

图 8.10　打开创建备份

（3）在弹出的创建备份源地址当中输入第(1)步获得的 NAS 路径信息，选择创建一个计划"立即备份"或者"计划备份"任务，这里以创建一个"立即备份"任务为例，如图 8.11 所示。

创建备份

基本设置　　**流量控制**

源地址　⑦

> \\0394a4903c-ivk76.cn-
> hangzhou.nas.aliyuncs.com\myshare

☐　使用VSS （Volume Shadow(Copy) Service，仅限Windows系统）

备份执行计划　　**立即备份**　　计划备份

取消　　**提交**

图 8.11　创建备份

（4）点击"提交"按钮后，备份的任务就可以立即执行了。可以在客户端页面上刷新查看任务执行的进度信息，混合云备份可以充分利用内网带宽备份 NAS 中的数据，数据处理速度能够达到 100 MB/s 左右(备份速率取决于客户端机器负载和存储的负载，也与文件大小和存储状态的连续程度有关)。

3) 数据还原

备份完成之后，在控制台恢复页面会列出所有可被还原的备份列表，如图 8.12 所示。

备份恢复

> ⓘ **提示**
> 更换机房后不支持恢复到之前的备份，可以下载历史备份至本地进行恢复。

数据库备份　　网站备份　　我的任务

备份数据源

备份ID/备注信息	备份大小	备份类型	备份时间	操作
bk_935182 系统备份_20210219	1.45 KB	系统自动备份	2021年2月19日05:18:49	恢复 下载
bk_921736 系统备份_20210106	1.45 KB	系统自动备份	2021年1月6日05:16:25	恢复 下载
bk_20210219	-	系统自动备份	2021年2月19日05:18:49	提取

图 8.12　选择可用的备份列表

　　首先，点击"恢复"按钮，在弹出对话框中输入要恢复的目标地址，可以选择本地路径地址，也可以选择 NAS 路径地址进行恢复操作。下面以 NAS 路径为例，选中地址后点击"提交"按钮，如图 8.13 所示。

图 8.13　执行数据恢复

　　通过上面的例子可以直观地了解到阿里云混合云备份服务是一个简单易用、统一高效的备份服务，能够帮助各类客户快速、有效地保护信息系统中线上线下的核心数据。

　　混合云备份服务利用阿里云存储自带的多副本功能，能够有效地确保客户备份数据的安全可靠，轻松实现备份数据的异地容灾存放。依赖阿里云存储的海量空间扩展能力，备份空间按需投入，即买即用，易于扩展。

　　混合云备份服务支持多种备份数据源，包括客户数据中心物理机、本地虚拟机以及阿里云上虚拟机的数据备份。随着云计算技术的高速发展和硬件成本的降低，云上 NAS 备份服务化是未来的主流形式,为越来越多的用户提供了更便捷、更具有定制性的部署方式和更加丰富的备份能力。

思 考 题

1. 数据安全的重要性体现在哪些方面?如何保证数据的完整性?
2. 数据备份的基本原则有哪些?主要的数据备份类型是如何分类的?
3. 数据灾难恢复有什么作用?一般采用哪些恢复策略?
4. SAN 在数据备份和灾难恢复方面有哪些优势?其主要体系结构是怎样构成的?

第9章 信息安全风险管理

在系统工程学中，风险用于度量在技术性能、成本及进度等方面的不确定性。对于信息安全这一具体特定领域来说，风险是漏洞在当前环境下被利用的可能性，从而导致信息资产的机密性、完整性或可用性遭到一定程度的损失。

风险管理是指信息系统管理单位通过风险识别、风险评估、风险评价等步骤，对风险实施有效控制和妥善处理风险所造成的损失，期望达到以最小的成本获得最大安全保障的管理活动。风险管理是一种持续行为，而不是一种定期发生的过程，它源于一系列得到公认的相关策略。安全风险管理是信息安全中非常重要的一环，要实现较完善的安全管理，必须分析、评估安全需求，建立满足需求的计划，并在日常维护和管理中实施这些计划。由此可见，安全管理过程的第一步就是要建立一个全局安全目标，然后将其整合到机构的安全政策中。实现这一要求的关键是对风险的管理，将风险降低到可以接受的水平。

安全需求是制定和实施所有安全政策的依据。安全政策的制定及其实施，是为了将安全风险降低到可以接受的水平。尽管因系统结构和目的的不同，风险的大小也各异，但没有一个系统是不包含风险的。由于在系统及其环境的周围往往关联着很多不确定性因素，而它们将影响到系统目标的实现，因此，系统管理者应通过标准化的风险管理规律，寻求持续在风险和机会中做出正确平衡选择的策略，既不能忽视风险存在，也不能期望彻底消除风险。

本章简要讨论风险管理中的基本内容，即包括安全威胁、风险识别、风险评估、风险控制策略和风险管理的特殊考虑。

9.1 安全威胁

1. 按照安全目标对安全威胁进行分类

信息系统安全的基本目标是实现信息的机密性、完整性、可用性和资源的合法使用，其面临的基本威胁就是针对这4个基本安全目标的威胁。因此，根据4个安全目标，可以将信息安全威胁划分为信息泄露、完整性破坏、拒绝服务和未授权访问4种基本类型。

1) 信息泄露

信息泄露是指敏感数据在有意、无意中被泄露、丢失或透露给某个未授权的实体。它通常包括：信息在传输中被丢失或泄露(如利用电磁泄漏或搭线窃听等方式截获信息)；通过网络攻击，进入存放敏感信息的主机后非法复制；通过对信息的流向、流量、通信频度和长度等参数的分析，推测出有用信息(如用户口令、账号等重要信息)。

2) 完整性破坏

完整性破坏是以非法手段获得对信息的管理权，通过未授权的创建、修改、删除和重放等操作，使数据的完整性受到破坏。

3) 拒绝服务

拒绝服务是指网络系统的服务能力下降或者丧失，它通常由两个方面的原因造成。一是受到网络攻击所致。攻击者通过对系统实施大规模的、不完整的或根本无法成功的访问尝试，产生过量的系统负载或网络负载，从而导致系统资源对合法用户的服务能力下降或者丧失，如针对 TCP 协议的分布式拒绝服务攻击。二是由于系统或组件在物理上或者逻辑上遭到破坏而中断服务，如数据库操作错误导致文件死锁。

4) 未授权访问

未授权访问是指非法访问系统资源或授权实体超越权限访问系统资源，例如：有意避开系统访问控制机制，对信息设备及资源进行非法操作或运行；擅自扩大权限，越权访问系统资源。非法访问主要有假冒和盗用合法用户身份攻击、非法进入网络系统进行违法操作、合法用户以未授权的方式进行操作等形式。

造成以上 4 种威胁的原因可能是由病毒等软件造成的文件损坏或由自然灾害造成的整个计算机中心物理性毁坏，也可能是来自内部人员的欺诈行为、无意过失或来自外部黑客的非法入侵造成的损失。由于很多风险类型是难以被发现或出于各种原因被有意隐瞒的，因此精确地估计与信息系统相关的威胁及可能造成的损失是难以做到的。

2. 按照导致的原因对安全威胁进行分类

按照安全威胁导致的原因分类，可以大体分为自然威胁和人为威胁。无论是哪一类安全威胁，都可以根据其发生的概率和造成的损失大小来评估鉴定。

1) 自然威胁

自然威胁是由一些不可抗拒的自然事件导致的，如洪水、地震、飓风、泥石流、雪崩、太阳风及其他类似事件。但是自然威胁发生的概率相对比较低，而且与信息系统所处的自然环境密切相关。例如，尽管位于沙漠地区的 IT 系统面临的威胁中一般不会包括"自然洪水"，这种事件的发生可能性很低，但是像水管爆裂这种环境威胁可能很快淹掉机房，并因此给机构的 IT 资产和资源带来破坏。对于这类威胁，必须根据实际情况进行具体分析，比如根据其发生的可能性大小、造成的损失大小以及为了抵御这类威胁付出的代价与损失相比是否存在最优的折中策略进行综合考虑，进而采取最合理的解决措施。

2) 人为威胁

对信息系统而言，在实际操作中，人为造成损失的概率远远大于自然威胁发生的概率。人为威胁可以分为意外的人为威胁和有意的人为威胁。

意外的人为威胁是各种不确定因素(如不正确的操作、配置、设计或人员的疏忽大意)综合在一起时偶然发生的，并不是有人按照预定的目标故意造成的。一方面，信息系统内部工作人员操作不当，特别是系统管理员和安全管理员出现管理配置的操作失误，可能造成重大安全事故。另一方面，由于大多数网络用户并非计算机专业人员，他们只是将计算机作为一个工具，加上缺乏必要的安全意识，因此可能出现一些错误的操作，比如将网络口令贴在计算机上，使用家庭成员姓名、个人生日等作为口令等，很容易出现口令被攻击者或者其他恶意用户破解，从而造成损失。

　　意外的人为威胁是经常发生的，其发生的概率甚至比有意而为的安全威胁发生的概率要大，产生的损失也可能是巨大、无法挽回的。曾经有计算机安全专家做过长期调查，得出的结论是：无论是私人机构还是公共机构，大约 65% 的损失都出自无意的错误或疏忽，错误或疏忽在一个信息系统的整个生存周期中都是存在的。

　　有意的人为威胁包括欺诈或偷窃、内部员工的有意破坏、怀有恶意的黑客行为、信息间谍、恶意代码等。下面对常见的有意人为威胁做简要介绍。

　　(1) 欺诈或偷窃行为通过计算机系统进行欺诈或偷窃有价值的数据，不但会采用一些"传统"的工程学方法，也会不停地更新实施的方式。

　　(2) 内部员工的有意破坏对信息系统的威胁是致命的。信息系统内部缺乏健全的管理制度或制度执行不力，便会给内部工作人员违规和犯罪留下操作空间，其中以系统管理员和安全管理员的恶意违规和犯罪造成的危害最大。和来自外部的威胁相比，来自内部的攻击和犯罪更难防范，是网络安全威胁的主要来源。据统计，大约 80% 的安全威胁均来自系统内部。

　　(3) 黑客的行为是指涉及干扰计算机系统正常运行或利用计算机系统进行犯罪的行为。在《中华人民共和国公共安全行业标准》中，黑客被定义为"对计算机信息系统进行非授权访问和操作的人员"。黑客攻击早在主机终端时代就已经出现，随着 Internet 的发展，现代黑客从以系统为主的攻击转变到以网络为主的攻击。目前，攻击手段不断更新，造成的危害也日益扩大。

　　(4) 在人为威胁中，有一种特殊的形式，就是信息间谍。信息间谍是情报间谍的派生物，是信息战的工具。信息间谍通过信息系统组件或在信息系统运行环境中安装信息监听设备，监听和窃取政治、经济、军事、国家安全等各个方面的情报信息。对信息系统的此类威胁一般属于国家之间或者商业组织之间的对抗范畴。其中，商业间谍行为发生的频率最高，其窃取的信息主要有三类，即客户信息、工艺和制造方法、产品开发和定位信息等。

　　(5) 恶意代码是指木马、蠕虫、病毒、逻辑炸弹和其他层出不穷的软件问题，这在本书第 7 章已做了部分介绍。恶意代码会造成系统和网络资源的大量浪费，而修复系统和网络的费用可能是惊人的，也有些损失如未备份数据遭到病毒破坏则是无法挽回的。

　　针对以上可能出现的安全威胁，信息安全专业人员必须有清晰的认识，通过规范的风险管理应对安全威胁，建立满足需求的安全计划，然后实施这些计划，并进行日常维护和管理，尽可能减少对信息系统的安全威胁。

9.2　风险识别

　　军事家孙子所讲的"知己知彼，百战不殆"，对于今天的信息安全中的风险管理环节而言是十分贴切的。从某种意义上讲，信息安全与战争具有某些相似之处。信息安全的管理人员和技术人员是信息的保卫者，而许多风险和威胁是针对保护信息资产的防御措施的对抗和攻击。信息安全防御的建立必须反复针对最新的攻击手段和方式进行预防、侦察、保护及恢复。所以，正如孙子所言，为了取得胜利，必须知己知彼，而信息系统实现风险管理的知己知彼，首先要做的是风险识别。

风险识别是风险管理过程的最初阶段。管理团队必须明确地定义并准确地识别风险，从而达到系统全局的统一，并进一步进行深入分析和计划。在风险识别阶段，应该有意识地扩展团队关注焦点，仅仅将注意力放在跟踪系统运行活动上，并寻找系统和环境间的缺口，往往会给系统的风险识别带来局限性和片面性。

在风险识别之前，需要由风险管理策略将信息资产进行识别、分类并区分优先次序。分析信息资产面临的威胁类型和威胁程度，目标就是保护资产不受威胁。只有当信息资产完成了调查，才能对每一项资产的情况和环境进行评估。如果某种信息资产存在一处或者多处漏洞，必须能将其识别出来并且进行控制，进而限制针对这些漏洞的攻击所造成的影响。这个过程由识别和评估信息资产价值来完成。

9.2.1　资产识别和评估

通过准备阶段采集到的资产信息，风险管理组织应该能够列出一份与信息安全相关的资产清单。在识别资产时要尽量防止遗漏，划入风险评估范围和边界内的每一项资产都应该被确认和评估。在实际操作中，组织可以根据商务流程来识别信息资产。识别信息资产是一个循环往复的过程，该过程是从每一项资产的识别与分类开始，包括信息系统的所有参与要素，即人员、过程、数据以及软件、硬件等标准成分。然后对每一项资产进行更细致的分类，并开展深入的分析。分析过程需要综合考虑系统中哪些环节易被摧毁，从而导致系统故障或数据丢失。表9.1列出了信息系统成分分类目录。

表 9.1　信息系统成分分类目录

传统系统成分	信息安全管理系统成分	
人员	雇员	信任的雇员、其他职员
	非雇员	信任机构中的人员、陌生人
过程	过程	IT及商业标准过程，IT及商业敏感过程
数据	信息	传输、处理、存储
软件	软件	应用程序、操作系统、安全组件
硬件	系统设备及外设	系统及外设安全装置
	网络部件	内联网部件、因特网或网络缓冲区域部件

对已识别的资产进行分类，关注的侧重点不是其资产的本身价值，而是资产对组织的重要性或敏感度，即由于资产受损而引发的潜在系统性影响或后果。为了保证资产评价的一致性和准确性，组织应该建立一个资产评估标准(在风险识别活动的计划和准备阶段就提供)，也就是根据资产的重要性(影响或后果)来划分等级。在表9.1中，每个要素都可以根据其重要性进行类别划分。

信息系统中人员一般分为雇员和非雇员。每一个类别再细分为两个小类别：获得信任并且拥有相对更大权利和责任的雇员，以及被分配了相应工作但没有特权的职员。非雇员是与系统所属机构有一定信任关系的其他机构的人员或者陌生人。

过程被分成两个类别，即IT及商业标准过程和IT及商业敏感过程。标准过程中，按照正常业务流程分析系统运行情况；而敏感过程指的是针对信息系统进行主动攻击，或者怀有其他意图而将风险带入系统中。

数据管理包括数据传输、处理及存储的过程控制和分析。这些数据管理环节的分析反映了数据操作所引起的问题，这些类别通常与数据库相联系。

软件组件可以分为 3 种类别，即应用程序、操作系统和安全组件。提供安全控制的软件组件可以延伸到操作系统和应用程序的类别范围，但是它们是信息安全控制环节的一部分，且需要比其他系统组件更加细致的保护，因此被独立区分开来。

硬件被分为两种类别，即通常的系统设备和专用的信息安全控制系统中的设备，对于后者必须进行比前者更加细致的保护。

除了上述资产类别以外，网络也是重要的一类。因为网络的性能和可用性常常是针对系统攻击的重要途径，所以它们应该被区别对待，而不是普通软、硬件组件。

下面对主要的资产识别过程进行阐述。

1. 人员、过程及数据资产识别

人力资源、文件资料及数据信息的资产识别，比识别软、硬件资产要困难得多。识别过程需要有丰富的知识经验及判断能力的人员。确定了人员、过程及数据资产后，应该通过一个可靠的数据库将其记录下来，该数据库应满足明确追踪信息资产属性时所需要的灵活性和可靠性。一些属性对于某些元素而言是独有的。在分析一项具体信息资产时，需要考虑下列几种资产属性：

(1) 对于各类人员而言，其位置名称、号码、用户 ID、用户权限等级、安全检查级别、其他特殊权限等要素构成了其基本资产属性。

(2) 对于过程而言，其文档说明、意图、与软硬件及网络各部件的关系、查询的存储位置、更新的存储位置等要素构成了其基本资产属性。

(3) 对于数据而言，其数据分类、所有者、创建者及管理者、数据结构的大小、使用的数据库结构(序列的还是关系的)、在线还是离线、位置、使用过程的备份等构成了基本资产属性。由于数据是信息系统的操作对象，因此，当进行数据资产分析时，应该确定跟踪多少数据，并且明确跟踪哪些特定数据资产。对于较大规模的公司，它们仅仅能有效跟踪一些关键设备。例如，一个公司仅能跟踪 IP 地址、服务器名及公司使用的重要任务的服务器，而无法全面跟踪一些细节类的信息资产，包括桌面系统和员工的个人信息资产。

2. 硬件、软件和网络资产识别

硬件、软件和网络中哪些应该进行资产识别，依赖于信息系统机构的需求、风险管理的严格程度，以及信息安全管理的优先权。具体来讲，需要考虑下列几种资产属性：

(1) 名称，即设备或者程序的普通名称。机构对于相同的产品可以有不同名称。例如，在编写某种软件产品时，可以有公司内部人员使用的测试名称，而当正式上线后，会有一个正式的名称。因此，在资产识别时应该采用不会被潜在攻击者利用的命名规则。例如，一台命名为 CASH 或者 FINANCE 的服务器可以诱使攻击者想方设法进入该类服务器，以获取有价值的资料。

(2) IP 地址等各类逻辑地址信息，对于网络设备和服务器是极为关键的有限资源。一般使用标准的关系数据库对地址信息进行管理和动态分配，并且跟踪特定服务器或者网络上的地址使用实例。

(3) 物理访问控制(MAC)地址，是信息系统全局唯一的地址信息，它有时被称为电子序列号码或者硬件地址。作为 TCP/IP 网络协议标准中的一部分，所有网络接口硬件设备均有一个固定的号码。在多数环境中，MAC 地址在保证物理的连通性时非常有用，但是它们容易被一些硬件和软件的结合方式所欺骗。

(4) 要素类型是通过列出类型，将资产的每一个要素功能用文件做出明确规定。对于硬件而言，该文件一般列出一个当前系统中存在的要素类型目录(如服务器、终端计算机、网络设备和测试设备)。对于软件要素而言，可选择列出一个列表，其中包括操作系统、客户应用程序(如账号系统或者工资单管理程序等)、归档与备份程序以及专业应用程序。机构的需求决定了要素类型的详细程度。实际上，类型可以被拆分为两个或者更多的特性等级。通常将一类资产记录在较高的要素类型等级上，然后根据需要，在该记录下级进一步增加更多的细节属性。

(5) 序列号码是一类常用的资产编码方法。对于硬件设备而言，序列号码能够唯一确定一台设备。多数重要的软件系统也通过序列号码的方式为软件分配合法的授权。

9.2.2　自动化风险管理工具

实施风险管理是公司推行信息系统项目管理中的重要一环。随着信息化程度越来越高，完全基于人工的风险管理逐渐落后。为了提高效率和准确性，对于标准的信息系统项目，如产品销售系统，大型公司更倾向于使用自动化风险管理工具进行系统、持续的风险管理。通过使用成熟的、标准化的管理工具来使项目风险管理更加规范化和制度化。特别的，这些工具将使项目风险管理易于操作、直观可见，同时，也可以辅助生成规范的风险管理输出结果，方便检查和管理。

有时候风险管理过程需要简化分析系统中各个要素之间的约束关系和影响程度，自动化工具能够很好地完成这一目标。自动化工具能够将制造硬件、软件及网络组件的系统要素分离出来，并自动分类。例如，自动化资产目录系统通常适用于大型数据库，导出到新的数据库中作为客户安全资产的信息，通过建立并定期更新维护该资产信息，起到自动管理和维护客户软件资产的目的。

自动化风险管理工具的使用，需要以公司的风险管理方针和策略为支撑，即必须明确在信息系统项目中的使用时机和使用人，并明确规定管理评估结果、风险应对计划以及风险监控过程如何进行。

9.2.3　风险分类

风险分类有时也被称为风险分类方法，它是为实现信息安全系统的多个目标服务的。在风险识别期间，风险分类方法可以用来拓展系统中不同领域的风险思维。风险分类也能通过提供方便的同类风险分组方法，大大降低风险分类工作的复杂性。风险分类还能为信息系统管理团队提供公共术语，用来在项目中监控和报告风险状况。同时，风险分类对建立行业和企业风险知识库也是至关重要的，它们提供的索引条目和类型检索是推进现有风险管理工作的基本框架。

为了准确进行风险分类，一些机构将表 9.1 所列的资产种类再进一步细分。例如，网络组件可细分为服务器、网络设备(路由器、集线器、交换机)、保护设备(防火墙、代理服务器)以及电缆。其他种类也可以依据机构的需求进一步细分。

进一步，在资产类型的分类基础上，风险分类中还可以增加体现数据灵敏性、安全优先权以及对数据进行存储、传输和处理等方面的因素。

对一个复杂的信息系统而言，无论采用什么方式识别各类系统组件，通过组件的分类来决定各种风险管理的优先级是非常重要的。因为风险管理的后续步骤将基于通过类别建立的标准对组件进行处理。另外，分类的全面性和相对独立性也是同样重要的。全面性意味着所有信息资产必须符合各部门的目录；独立性意味着一份信息资产应该只适合一个种类。例如，某机构拥有公钥基础结构认证授权，这是一个提供密钥管理服务的软件应用系统。分析人员依据表 9.1，在软件分类中，公钥基础结构应该被分类为软件安全组件，因为对认证授权必须作为安全基础结构的重要组成部分进行保护，其风险分类也应从属于软件安全组件。

9.2.4　威胁识别

识别并评价资产之后，风险管理组织应该识别每项资产可能面临的威胁。识别威胁时，应该根据资产目前所处的环境条件和以前的记录情况来判断。资产和威胁不是简单的对应关系。一项资产可能面临多个方面的威胁，而一个威胁也可能对不同的资产造成不同程度的影响。识别威胁的关键在于确认引发威胁的因素，即威胁源或威胁代理。该威胁源可能是蓄意也可能是偶然的因素，通常包括人、系统、环境和自然等类型。

在对一个机构的信息资产进行识别并初步分类后，分析阶段继续分析系统所面临的威胁。表 9.2 给出了信息安全威胁的几个类别和实例，体现了一个机构及其信息资产所面临的威胁是广泛而多样的，每一种威胁都有可能攻击任何被保护的资产。如果每种威胁都能够以某种程度攻击每项信息资产，那么识别方案就会变得非常复杂，因此需要有足够的能力进行计划，使威胁识别和漏洞识别过程中的每一步分开管理，然后在过程结束时再合并在一起。

表 9.2　信息安全威胁

威　胁　类　别	实　　例
人为过失或失败行为	意外事故、雇员过失
对知识产权安全的威胁	盗版、版权侵害
间谍或入侵蓄意行为	未授权访问以及数据收集
蓄意信息敲诈行为	信息勒索
蓄意破坏行为	系统或信息破坏
蓄意窃取行为	设备或信息非法使用
蓄意软件攻击	病毒、蠕虫、宏以及拒绝服务等
自然力量	火灾、水灾、地震以及闪电等
服务商服务质量的偏差	电源及 WAN 服务问题
技术硬件故障或错误	设备故障
技术软件故障或错误	漏洞、代码问题或未知漏洞
科技退化	陈旧过时的技术

每一种威胁都对于信息安全表现出独特的挑战，这种挑战需要通过特殊的控制进行管理，制订直接控制每种威胁和威胁代理的策略。每种威胁必须进行多周期的检查，以评估

它影响特定目标资产的程度。表 9.2 仅列出了威胁的一般类别，机构需要逐一检查每一项资产，才能决定它是否符合其中某一个类别。

识别资产面临的威胁后，还应该评估威胁发生的可能性。风险管理组织一般根据经验或者相关的历史统计数据，判断威胁发生的频率或概率。就威胁本质来说，评估威胁可能性时有两个关键因素需要重点考虑，即威胁源的动机(Motivation)(利益驱动、报复心理、技术炫耀等)和威胁源的能力(Capability)(包括其技能、环境、机会等)，这两个因素决定了在不考虑外部条件影响时威胁发生的可能性(这里没有考虑资产弱点被利用的难易程度和现有控制的效力等外部条件)，是威胁发生的内因。

威胁的危险程度通常难以准确评估。危险性可能仅仅是对机构进行攻击的威胁可能性，也可以代表威胁能够造成毁坏的总规模。针对某一项威胁，其危险程度还可以代表某种攻击在一段时间内可能发生的频率。威胁识别作为初步的评估步骤，分析过程被限制在检查可能存在的威胁类型以及改进信息安全策略上，所以最终结果仅仅包括可快速查看资产及其威胁的清单。

9.2.5　漏洞识别

漏洞是一些特殊的非标准化的信息处理方法，能够被用来攻击或破坏信息资产。它们是信息资产、安全程序、设计或者控制中的一个瑕疵或缺点，通过固定或偶然的方式破坏系统安全。例如，将公司内网的边缘路由器 DMZ 看作信息资产，它可能存在的漏洞如表 9.3 所示。

表 9.3　DMZ 路由器漏洞评估

威　胁	可能存在的漏洞
蓄意软件攻击	因特网协议易受拒绝服务攻击；如果不采取适当的控制，外部 IP 指纹识别行为可能泄露敏感信息
人为过失或失败事件	如果发生配置错误，则服务可能造成中断
技术软件故障错误	商家提供的路由软件可能出现软件故障或者中断
技术硬件故障错误	硬件可能出现故障并造成中断，通常会发生电源系统故障
服务商服务质量的偏差	如果没有提供合适的服务，则故障可能会延长时间
间谍或入侵蓄意行为	这项信息资产没有本质的价值，但是这个设备会危及安全，通过这个设备保护的其他信息资产可能会被攻击
蓄意窃取行为	这项信息资产没有本质的价值，但是这个设备会危及安全，通过这个设备保护的其他信息资产可能会被攻击
蓄意破坏行为	因特网协议易受拒绝服务攻击；这个设备是损毁或者隐蔽破坏的目标
科技退化	如果这项资产没有被仔细检查并且定时更新，则达不到服务的预期
自然力量	如果没有进行合适的控制，则机构中的所有信息资产容易遭到自然力量的破坏
对知识产权安全的威胁	这项信息资产没有本质的价值，但是这个设备会危及安全，通过这个设备保护的其他信息资产可能会被攻击
蓄意信息敲诈行为	这项信息资产没有本质的价值，但是这个设备会危及安全，通过这个设备保护的其他信息资产可能会被攻击

信息系统中存在的威胁还不能直接构成风险，威胁只有利用了特定的漏洞才能对资产

造成实质影响。所以,风险管理需要针对每一项信息资产,找到可被威胁利用的弱点。在风险识别过程中,已经对信息资产进行了识别,并为评估威胁的阶段制定了一些标准。接下来,通过检查每项信息资产所面对的威胁建立一个漏洞列表,其中将列出所有针对信息系统存在的风险。

漏洞识别关注每次威胁是如何进行破坏的,这需要列出信息资产及其漏洞的目录。由该目录列出漏洞的过程是相当主观的,并且要基于创建目录人员的经验及知识。所以,该过程需要机构中不同背景的人员在一系列集体自由讨论中共同形成一致的识别结果。例如,检查网络设备漏洞的工作组应该包括网络专家、操作网络的系统管理队伍、信息安全风险专家以及精通系统业务的操作用户。因此,进行准确而充分的识别,是一个充满智慧的管理过程,每个公司需要把管理的知识和经验逐步积累起来,形成自己的管理知识库。漏洞识别过程中经常使用的方法如下:

(1) 不断搜集并分析常见的实施改进点、应用操作错误和解决办法清单,对照检查潜在的风险。

(2) 向该领域专家或有经验的人员咨询项目中会遇到哪些困难。

(3) 分析项目的详细计划,找出依赖关系、时间长度和资源可用性等关键信息,特别是分析工作结构分解的过程。

(4) 通过查阅类似系统的历史资料,了解可能出现的技术漏洞,不断积累经验和数据。

(5) 项目成员、外聘专家、客户等各方人员组成小组,根据经验列出所有可能出现的风险。

(6) 与有类似项目经验的人员面谈,尽早认识问题,识别可能出现的风险。

(7) 依据流程图进行漏洞分析,流程图能清晰地指出造成问题的可能原因和子原因,帮助人们把问题追溯到它们最根本的源头上。

为了贯彻上述方法,风险分析团队要严格按照分析活动协调一致,密切协同。在风险识别的过程中,团队分析成员要创建明确的声明或风险清单目录,清晰地说明系统面临的风险,并在整个项目实施过程中周期性地进行风险识别分析活动,包括定期组织新风险的讨论会等。在整个活动周期中,风险识别可能是进度表驱动(如每日、每周、每月)、重要事件驱动(如项目计划中既定的重要事件相联系)或事件触发(如受商业、技术、组织或环境设置中的重大影响事件驱动)的。

当这个过程结束时,资产目录以及资产漏洞目录清单也随之完成,并作为文件依据支持下一步的风险评估。

9.3　风险评估

风险评估是风险管理过程的第二个阶段,它包括风险分析和风险分级。风险分析包括将风险数据转换为能更好地帮助决策的形式,风险分级则确保团队成员能够快捷地定位项目主要的风险。

风险评估是分析灾难或攻击所造成的损失的过程。例如,水灾使企业 5 天无法运转,公司除了建筑物的实际损失和清理灾后物品的费用之外,还损失了 5 天的营业额。又如,一个机构在 Internet 上进行销售或从事商业活动，网络服务器出现问题时的损失是巨大的。再如，如果网络中的后台订单支持系统出现了故障，或者库存清单控制系统遭受了恶意攻击等，将对正常商业运行产生明显的冲击。

风险评估是一个复杂的分析过程。一场灾难的损失一般按更换计算设备的实际费用、生产损失、机会损失、信誉损失等部分来分解。设备和软件的实际损失很容易计算，只要有一个对生产效率量化的依据，生产损失就可以确定。机会损失是由于网络故障造成的销售和市场机构的收入损失。如果订货系统无法正常运转，而系统只能处理它日常销售量的 25%，公司就会损失 75% 的销售量。信誉损失是最难衡量的。当客户对公司失去信任，并将他们的业务转到别处时就会发生信誉损失。对顾客服务的延误越长或越频繁时，信誉损失也就越大。

因此，风险评估需要制订正确的策略、完备的计划、可实现的方法以及定量的测量模型，才能全面准确地完成评估过程。

9.3.1　风险评估分析策略

风险评估分析策略是建立在完善的风险识别结果上的，其中规定了实施风险评估的技术方法。在风险评估阶段，项目团队依据风险识别阶段提供的风险项目清单，对所有风险记录进行分级，并标记形成主导风险清单。通过主导风险清单，项目团队列出"最大风险"，这对特定策略的计划与执行工作很有帮助。项目团队还可以识别极低优先级的风险，并从清单中剔除。当项目接近完成和项目环境发生变化时，分析团队应该重复风险识别和风险分析的过程，并将相应变化记入主导风险清单。重复上述过程时，新的风险可能出现，而旧的风险可能不再拥有很高的优先级，从而在清单里去除或标记为"无效"。

风险评估活动分配给每项信息资产一个风险等级或者记号，用于标识由每项易受攻击的信息资产引出的相关风险，并在风险控制过程的后续阶段用于比较优先等级。

基本的安全风险评估分析策略有以下 4 种：

(1) 基本评估策略：不管系统面对的具体风险是什么，全部采取一致的、基本的方法进行评估分析，并确定一个安全标准。这种方法适用于对风险敏感度不高的部分分析。因此，这种方法的通用性不强。

(2) 非常规评估策略：根据以往经验，采取有重点的方式进行评估分析，突出信息系统中可能面临高风险的部分，对其进行详细的风险评估分析。

(3) 详细的评估策略：对信息系统中所有的部分都进行非常翔实的评估分析。这种方法非常耗费人力物力，对于风险不敏感的信息资产可能会造成风险成本过高。

(4) 综合分析策略：综合上面 3 种策略的优点，先对信息系统中的高风险、关键、敏感部分进行详细的评估分析，然后对其他的部分采取基本的评估分析。

下面针对这 4 种策略进行讨论，并提出一个最佳的风险评估策略。

1. 基本评估策略

在基本评估策略中，分析机构可以通过选择标准的安全防范措施来使系统中所有组件达到最基本的安全级别。这种策略具有两个明显的优点：一是可以花费较少的人力、物力、财力进行风险评估分析，并决定相应的安全防范措施，很大程度上减少了时间和其他耗费在后续步骤中的投入；二是如果一个系统中的大部分功能都是在同一个环境下运行的，且它们的安全需求十分相似，那么这种基本的方法就可以提供比较高效的解决方案。

这种策略的缺点也很明显：如果这种基本的方法所定的标准过高，那么系统的分析投入就相应提高；而如果标准过低，那么系统便达不到要求的安全标准。这样的结果在处理与安全相关的动态变化时比较困难，比如在系统升级时，要确定以前定的基本标准是否适用，就需要重新进行风险评估。

如果一个机构的信息系统只有一些较低的安全需求，那么基本评估法就是最有效率的策略。在这种情况下，基本标准的选择要反映系统中大部分的安全要求。许多机构和组织都需要一些最基本的安全防范措施来保护敏感数据,这些措施只要达到业内相关标准(如数据保密方面的法律规章)、制度及法律的要求即可。

2. 非常规评估策略

非常规评估策略是一种主观的风险评估分析策略，不依赖于系统结构化分析的方式，而主要利用团队的知识及经验。

该策略的优点是不需要太多的资源和时间，也不需要额外的高级技巧，比详细的风险评估分析方法要高效得多。

该策略的缺点也非常明显：由于没有标准方法中的风险分类及详细的清单，因此增加了遗漏重要风险信息的可能性。用这种方法来判断针对某种具体风险采取哪种安全防范措施是比较困难的，而且没有安全风险评估分析经验的人员也无法实施这项工作。在实践当中，这种方法都是由安全薄弱环节驱动的，即安全防范措施都是针对一些安全薄弱环节制定的，而不管实际上是否真的需要这些措施。

3. 详细的评估策略

详细的评估策略是对一个信息系统中的所有资产都采用详细的风险评估分析方法。这种方法包括进一步的资产鉴定及评估、对资产所面临的安全威胁评估以及对安全薄弱环节的评估分析。在这些评估分析的基础上进行最后的风险评估分析，并制定出合适的安全防范措施。

该策略的优点是可以对所有的系统都进行适当的安全防范鉴定，而且在安全配置发生改变时分析评估的结果也适用。

该策略的缺点是需要相当多的时间、精力、财力、物力和专业能力去获得结果，最后提出的安全需求可能大大滞后于时间要求，因为所有的系统都要经过同样仔细的评估分析，需要耗费大量的时间。因此，一般情况下，该策略并不适用于所有的系统及其组成部分，而采用重点资产重点分析的策略，并与其他方法结合起来使用，取得分析的投入和效率的折中。

4. 综合分析策略

在综合分析策略中，首先要对所有的信息系统资产进行一次较高级别的安全分析，在每一项分析中，主要关注它对整个业务的价值以及所面临风险的严重程度。那些被鉴定为对业务非常重要或面临严重风险的部分，将列入优先进行详细的安全风险评估分析目录，而对于其他资产就可以采取基本的风险评估分析。这种方法的实质是基本评估和详细评估两种策略的综合，也是在耗费与效率之间平衡的结果，同时还考虑了高风险系统的安全防范。

该策略的优点是能够简便快捷地得到可接受的安全风险评估分析程序，并能迅速建立一个安全程序的策略，短时间形成可执行的安全计划，而且资源和人员都可以用在最能发挥作用的地方，系统处于所需要的安全保护最佳状态。

　　该策略的缺点是，在最开始进行较高层次的风险评估分析时，由于提高了优先级和分析速度，可能有一些本应进行详细评估分析的部分被遗漏了。

　　综合分析策略是一种高层次的风险评估分析策略，而且综合了基本评估策略和详细的评估策略的优势，能满足大部分公司机构进行高效的风险评估分析，因此也是进行风险评估分析的推荐策略。

9.3.2　风险评估分析方法

　　风险评估分析的实施过程可以采用多种操作方法，包括基于知识(Knowledge-based)的分析方法、基于模型(Model-based)的分析方法、定量(Quantitative)分析和定性(Qualitative)分析方法。无论何种方法，其共同目标都是找出信息资产面临的风险及其影响，以及当前安全水平与预期安全需求之间的差距。

1. 基于知识的分析方法

　　在进行风险评估时，分析团队可以采用基于知识的分析方法，找出目前的安全状态和基线安全标准之间的差距。基于知识的分析方法又称作经验分析方法，它主要依据对来自相似信息系统(包括规模、商务目标和运行方式等特点)的"最佳惯例"的重用，适合一般性的信息系统分析。

　　采用基于知识的分析方法，分析团队不需要付出很多精力、时间和资源，只要通过多种途径采集相关历史信息，识别系统的风险所在和当前的安全措施，与特定的标准或最匹配系统进行比较，从中找出不符合的地方，并按照标准或最佳惯例的推荐选择安全措施，最终达到消减和控制风险的目的。

　　基于知识的分析方法最重要的步骤在于评估信息的采集，信息来源包括会议讨论、对当前的信息安全策略和相关文档进行复查、制作问卷并进行调查、对相关人员进行访谈、进行实地考察等方式。

　　为了简化评估流程，分析人员一般采用辅助性的自动化工具，用于帮助拟订符合特定标准要求的问卷，并对反馈结果进行数据分析，最后与特定标准比较之后给出最终的分析报告。例如，Cobra 辅助决策系统就是典型的自动化分析工具。

2. 基于模型的分析方法

　　2001 年，希腊、德国、英国、挪威等国的多家商业公司和研究机构共同组织开发了名为 Platform for Risk Analysis of Security Critical Systems(CORAS)的项目。该项目旨在开发一个基于面向对象建模的风险评估框架，例如使用 UML 技术建立风险评估框架。它的评估对象是对安全要求很高的通用性信息系统，特别是 IT 基础系统的安全。CORAS 将技术、人员以及所有与组织安全相关的方面纳入分析范畴，通过其风险评估，可以定义、获取并维护 IT 系统的保密性、完整性、可用性、抗抵赖性、可追溯性、真实性和可靠性等核心安全特征。与传统的定性和定量分析类似，CORAS 风险评估模型沿用了识别风险、分析风险、评价并处理风险等步骤，但其度量风险的方法则完全不同，所有的分析过程都是基于面向对象的模型来实现的。

CORAS 大幅提高了与安全相关特性描述的精确性，改善了分析结果的质量。同时，CORAS 图形化的建模机制便于团队沟通协调，减少了理解上的偏差，加强了不同评估方法互操作的效率。

3. 定量分析

进行详细风险分析时，除了可以使用基于知识的评估方法外，最传统的方法是定量和定性分析的方法。

定量分析方法的思想很明确，即对构成风险的各个要素和潜在损失的水平赋予数值或货币金额，若度量风险的所有要素(资产价值、威胁频率、弱点利用程度、安全措施的效率以及成本等)都被赋值后，则风险评估的整个过程和结果就可以被量化了。简单地说，定量分析就是试图从数字上对安全风险进行分析评估的一种方法。定量风险分析中有以下几个用于衡量风险水平的重要概念：

(1) 暴露因子(Exposure Factor，EF)：又称作损失的程度，即特定威胁对特定资产造成损失的百分比。

(2) 单一损失期望(Single Loss Expectancy，SLE)：又称作 SOC(Single Occurance Cost)，即特定威胁可能造成的潜在损失总量。

(3) 年度发生率(Annualized Rate of Occurrence，ARO)：威胁在一年内估计会发生的概率。

(4) 年度损失期望(Annualized Loss Expectancy，ALE)：又称作 EAC(Estimated Annual Cost)，即特定资产在一年内遭受损失的预期值。

定量分析的基本步骤分为如下 5 步：

(1) 识别信息系统资产并为资产赋值。

(2) 通过威胁和弱点评估，评价特定威胁作用于特定资产所造成的影响，即 EF(取值为 0%~100%)。

(3) 计算特定威胁发生的频率，即 ARO。

(4) 计算资产的 SLE：SLE =资产价值× EF。

(5) 计算资产的 ALE：ALE = SLE × ARO。

通过上述定量分析的实施过程，可以从中看到这几个概念之间的定量关系。这里举个具体的例子：假定某公司投资 500 000 元建立了一个网络运营中心，其最大的威胁是火灾，一旦火灾发生，网络运营中心的估计损失程度是 45%。根据消防部门的历史记录，该网络运营中心所在的地区平均每 5 年会发生一次火灾，于是可以得出 ARO 为 0.20 的结果。基于以上数据，该公司网络运营中心的 ALE 将是 45 000 元。

通过上述实例得出，对定量分析来说，有两个指标是最为关键的，即事件发生的可能性(用 ARO 表示)以及威胁事件可能引起的损失(用 EF 来表示)。理论上讲，通过定量分析可以对安全风险进行准确的分级，但这里有个前提，那就是可供参考的数据指标是准确的。但事实上，在信息系统日益复杂多变的今天，定量分析所依据数据的可靠性是很难保证的，再加上数据统计缺乏持续性和准确性，计算过程也极易放大偏差，这就给分析的细化带来了很大不确定性。因此，目前的信息安全风险分析采用定量分析或者纯定量分析方法的已经比较少了。

4. 定性分析

定性分析方法是目前采用最为广泛的一种方法，它带有很强的主观性，往往很大程度上依赖分析者的历史经验和直觉或者业界的标准和惯例，为风险管理各要素(资产价值、威胁的可能性、弱点被利用的容易度、现有控制措施的效力等)的大小或高低程度定性分级，如"高""中""低"三级，或简单地分为"主要威胁""次要威胁"两级。定性分析的操作方法可以多种多样，包括小组讨论(如 Delphi 方法)、检查列表(Checklist)、问卷调查(Questionnaire)、人员访谈(Interview)、数据调查(Survey)等。定性分析操作相对容易，但也会因为操作者经验和直觉的偏差而使分析结果失准。

与定量分析相比，定性分析的准确性稍好但精确性不够；定性分析没有定量分析那样繁多的计算负担，但要求分析者具备一定的经验和能力；定量分析依赖大量的统计数据，而定性分析没有这方面的要求；定性分析较为主观，定量分析基于客观；定量分析的结果很直观，容易理解，而定性分析的结果则很难有统一的解释。因此，基于上述关系，分析团队必须根据具体的情况来选择定性或定量的分析方法。

9.3.3　风险管理框架

为了评估安全威胁发生的可能性，有必要建立框架来管理资产价值及受保护的期限。许多框架表示方法都要用到风险管理表格，并结合主观的经验性的衡量指标，定性或定量给出风险结论。风险管理框架要使用直观、便捷的方法，有较高的可信度，并能产生可重复利用的结果。下面介绍几种具体的风险管理框架及其实施方法。

1. 评估结果矩阵

评估结果矩阵是指在风险识别、分析的基础上，将先前各种评估得到的结果构成矩阵，再分析得到一个综合的风险评估结果。用这种方法进行风险评估，实际的物理资产价值可以用替换或重建费用计算，然后这些费用按一定的量度进行量化；实际的软件资产价值可以像物理资产一样，用购买或重建的费用来计算并转化为一定的高低量度；数据资产价值的评估应该咨询那些对这些数据资产具有权威认知的工作人员，并由此决定这些正在处理或要被访问的数据资产的价值及其敏感性。另外一些应用软件可能因其本身的保密性(如一些源代码本身就是具有商业机密性的)或完整性而与数据资产一样看待。

评估结果是通过数字的资产评估准则获得的，它覆盖了包括人员安全、人员信息、立法及规章所确定的义务、法律的强制性、商业及经济的利益、金融损失或对业务活动的干扰、公共秩序、业务政策及操作、信誉的损害等准则。这些准则可以统一用数字来量度相应因素的价值，如用 1～4 表示不同程度的价值，就会使量化表达的价值更直观，并使一些不宜量化表达的因素(如对人身的伤害不宜归为某类信息资产)的价值容易理解。

接下来需要完成一系列问卷表格，这些表格反映了安全威胁类型及与这些安全威胁所关联的资产情况，进而评估出安全威胁的级别(或威胁发生的可能性)以及安全薄弱点的级别(能被安全威胁利用以造成负面影响的难易程度)。对这些问题的调查结果用一个数字分值来表示，对应了安全威胁的级别和安全薄弱点级别的高低。为了完成这些问卷，需要咨询适当的技术人员、工作人员和服务人员，甚至还要实地检查物理位置及查阅有关文档资料。与影响类型相关的资产价值及威胁的级别、安全薄弱点的薄弱程度等对照关系的实例可以被列在同一个矩阵中，见表 9.4。

表 9.4　资产价值与安全薄弱级别、安全威胁级别关系表

安全威胁级别		低			中			高		
安全薄弱级别		低	中	高	低	中	高	低	中	高
资产价值	0	0	1	2	1	2	3	2	3	4
	1	1	2	3	2	3	4	3	4	5
	2	2	3	4	3	4	5	4	5	6
	3	3	4	5	4	5	6	5	6	7
	4	4	5	6	5	6	7	6	7	8

对于每一项资产，都有与其相关的安全薄弱环节和与其对应的安全威胁。如果只有安全薄弱环节而没有对应的安全威胁，或是只有安全威胁而没有对应的安全薄弱环节，就不能看作一项风险。在表 9.4 中，行表示资产的价值，列表示安全威胁的严重程度及与之对应的安全薄弱环节的薄弱程度。比如，如果某项资产的价值为 3，且安全威胁级别是高，安全薄弱级别为低，那么它们对应的风险级别就可以用 5 来表示。这个表格的大小是与安全威胁严重程度的级别划分、安全薄弱级别的划分以及资产价值的级别划分有关的，可以按照机构的实际需要进行调整。在这个表格中还可以添加其他一些行或列，以满足其他安全风险级别评估的需要。这种方法的价值在于它把某一项具体的风险划分成了直观的等级形式。

2. 基于测量安全风险级别的等级划分

通过测量安全风险的级别划分可以对安全威胁的级别进行对应划分，见表 9.5。表中体现了安全威胁影响(资产的价值)及安全威胁发生概率(考虑了安全薄弱程度这一因素)的关联关系。

表 9.5　测量安全风险级别来划分安全威胁级别

威胁描述	资产价值	威胁发生的可能性	风险度量	威胁顺序
威胁 A	5	2	10	2
威胁 B	2	4	8	3
威胁 C	3	5	15	1
威胁 D	1	3	3	5
威胁 E	4	1	4	4
威胁 F	2	4	8	3

这种方法按下列步骤进行：

(1) 针对表中每一项安全威胁对资产造成的影响(资产的价值)划分一个等级(如用数字 1～5 表示)。

(2) 将每一项安全威胁发生的可能性用一个级别来表示(如用数字 1～5 表示)。

(3) 将每一项安全威胁对应的两个因素级别值相乘，得到一个结果作为此项安全威胁

造成安全风险的级别值。

(4) 按安全风险级别把所有的安全威胁排出一个级别顺序(在这个矩阵中用1表示最低的影响及最小的发生概率)。

上述方法是将不同的安全威胁用与其相关的安全资产价值及其发生的概率进行比较和排序的。

3. 确定系统风险等级的方法

通过针对每一项资产价值及安全风险的两个等级数值,可以确定某类意外事故造成的影响,并由此确定哪些系统应该给予较高的优先级。如果将一个系统所有资产的相关等级数值累加,就可以对一个系统的风险水平做出决定。其具体实施步骤如下:

(1) 对某一项资产赋予一个值,这个值是与对应安全威胁一旦发生而可能造成的损害相关联的。

(2) 得到一个安全威胁发生影响的频率指数,这个指数是某一安全威胁发生的概率和与之对应的安全薄弱环节被此威胁利用的难易程度的函数,见表9.6。

表 9.6　资产价值和威胁发生频率指数的关系

安全威胁级别	低			中			高		
安全薄弱级别	低	中	高	低	中	高	低	中	高
频率指数	0	1	2	1	2	3	2	3	4

(3) 得到一个资产—威胁的综合分数,可通过表 9.7 中相应的资产价值级别及威胁发生频率指数来得到系统风险等级。具体来讲,针对不同的安全威胁有不同的资产价值,把一项资产面临的所有安全威胁所对应的综合分数加在一起,就得到了此资产的总分值,而把一个系统中所有资产的总分值加在一起,就得到了此系统的总分值,通过该分数即可确定相应系统的风险等级。

表 9.7　安全威胁与安全薄弱环节可利用程度的关系

威胁发生率指数	资 产 价 值				
	0	1	2	3	4
0	0	1	2	3	4
1	1	2	3	4	5
2	2	3	4	5	6
3	3	4	5	6	7
4	4	5	6	7	8

4. 风险可接受程度表示方法

当风险分析只需要确定某一类资产或系统的安全风险是否在可接受的范围内时,需要使用风险可接受程度表示方法。这种方法的背景是,在某些情况下只需要知道对某一资产或系统是否有必要采取措施来保证安全。如果风险是在可接受的范围内,就没有必要采取措施;如果超出了这一范围,就必须采取必要措施来防范风险。

这种方法与前一种方法在形式上很类似,只是在这里不是用数字来表示风险级别,而用 T 和 N 代表"容许"和"不容许",见表 9.8。表中数据只是范例,具体的容许和不容许的界限要根据等级划分的结果,由风险评估者来划分。

表 9.8 安全风险可接受程度

威胁发生率指数	资 产 价 值				
	0	1	2	3	4
0	T	T	T	T	N
1	T	T	T	N	N
2	T	T	N	N	N
3	T	N	N	N	N
4	N	N	N	N	N

需要注意的是,风险管理和风险评估这两个术语是不可互换的。一方面,风险管理和风险评估的内涵不同,对应的操作不同;另一方面,二者在各个流程启动的频率也不同。风险管理被定义为一个持续的周期,但它通常以一定的间隔重新开始,以更新管理流程中各个阶段的数据。风险管理流程通常与管理机构的财务计账周期一致,从而使控制措施的预算需求与正常的业务流程保持一致。风险管理流程最常见的间隔为一个财务年度,以使新控制解决方案与年度预算周期一致。

风险评估是风险管理流程中一个必需的阶段,风险分析团队会根据系统及其运行环境的变化,在当前的风险管理阶段或预算周期之外实施多个风险评估。当潜在的与安全相关的事件在企业内发生时,如新业务的引入、漏洞的出现或基础结构的升级等,风险评估可随时启动。这些频繁的风险评估通常被称为特别风险评估或有限范围内的风险评估,其重点通常为业务风险内的某个特殊方面,并不需要对整个风险管理流程做出大的调整。

9.3.4 实施安全计划

实施安全计划是根据风险分析的结果对其进行消减的过程,实施安全措施的得力与否取决于安全计划制订的好坏。此外,安全计划的某些跟进活动也应一并实施,比如安全意识培训、安全管理制度制订等。为了实施安全措施,安全计划中列出的所有必要步骤都应该被贯彻执行,这需要相关责任人真正理解并执行计划安排的行动。与安全措施相关的文档是保证措施实施的连续性和一致性的重要依据。虽然风险分析团队在进行风险管理之初制订了信息安全策略,对相关领域的措施和机制有明确规定,具有宏观性和战略性,但只对具体措施的选择起指导作用。所以,为了有效实施安全措施,还应该从具体角度制订更详细的程序和步骤,并形成各类安全文档,作为对安全策略有力的补充。例如,安全措施文档(如防火墙和 IDS 策略设置)、应急计划、业务连续性计划、灾难恢复计划等都是安全计划中必不可少的组成部分。安全计划实施之后,管理团队应该立即进行遵守性检查(Compliance Checking)和测试,确保安全措施被正确实施,并发挥应有的效力。为了进行测试,管理团队应该制订周密的测试计划,通过多种途径(包括渗透测试、过程复查等)来验证安全措施的实施结果是否满足安全计划的目标要求。

一旦安全措施的实施结果得到了验证,管理层应该予以确认,新的系统和新的环境开始运转，风险消减告一段落。应该注意的是，风险管理是一个动态发展的过程，在系统运行的任何节点上，只要有新变化引入了新的风险，都应该采取适当的行动予以应对。

9.4 风险控制策略

经过风险消减阶段，信息系统的预期安全目标已经实现，即安全风险可能造成的损失降低到可接受的水平，但仅实现这一效果还不够，风险管理还应该力求维持这样的安全状态，使新的安全措施保持其效力，这就需要继续进行风险控制。

风险识别和风险评估之后，就进入风险管理过程的第三个阶段——确定风险控制策略。由管理团队在该阶段中将分类风险清单转化为行动计划。该计划包含最大风险展开的详细策略和行动、风险行为分级以及综合风险管理计划的创建。

当风险管理人员确定了信息安全威胁的风险时，就需要制订相应的风险控制策略控制风险。在策略上，一般选择如下四项基本策略中的一项来控制由具体漏洞所产生的威胁，即应用安全措施消除或者减少漏洞的遗留(避免)、将风险转移到其他区域或者转移到系统外部(转移)、减少漏洞被利用的影响(缓解)以及理解因果关系并承认因为没有控制或者缓解措施而造成的风险(承认)。

9.4.1 避免

避免是试图防止漏洞被利用的风险控制策略。有时通过改变系统的业务范围来控制并消除某些风险是非常容易的。风险计划应该包含基本原理和业务范围的归档，从系统建立初始阶段就具备必需的计划更改或范围变化的说明。这是一种防患于未然的方法，因为它寻求避免信息系统整体中的风险，而不是在意识到这个风险后再去处理。避免是通过制止威胁、排除资产中的漏洞、限制部分资产的访问、加强安全保护措施等方式来实现的。

避免风险有 3 种通用的方法，即通过应用政策来避免、通过培训和教育来避免以及通过应用技术来避免。

1. 通过应用政策来避免

这种方法允许管理人员颁布某些特定的政策或措施。例如，如果机构需要使用更严格的访问密码，那么就应该马上执行符合安全强度的密码政策。

2. 通过培训和教育来避免

仅有政策是不能持续实现风险避免的，高效的风险管理人员应始终将政策的变化与培训和教育结合起来，配合政策的持续性和有效性，即必须使操作人员了解当前风险避免政策，从而主观上实施符合政策的安全控制行为。

3. 通过应用技术来避免

在信息安全的现实世界中，通常需要技术解决方案来确保风险可控，并减少人为造成的过失。例如，口令密码已经普遍用于操作系统的身份核验，而部分系统管理员和安全管理员可能没有正确配置密码策略，如果政策要求使用密码，只有管理员意识到它的必要性，并且进行过技术培训，这个技术控制才能在风险避免上生效。

9.4.2　转移

转移是一种尝试将威胁迁移到其他资产、其他过程或其他机构中的控制方法。转移的本质是将风险迁移到更可靠的系统或外部机构上，使重要信息资产被另一个风险可控的外部实体所管理。它可以通过重新部署服务方式、修改配置模式、外包给其他机构、购买保险或者与提供商签署服务合同等多种方式实现。

风险转移并不意味着风险彻底消除。一般而言，风险转移会产生一些仍然需要管理的风险，只不过这些风险已经降低到一个可以接受的等级。例如，利用外部顾问可以将技术风险转移到管理团队外部，但可能将一些风险引入到正常业务管理和预算领域。

因此，当一个机构开始扩大业务时，风险会随之迅速增加，必须寻找恰当的风险转移途径，从整体上降低风险造成的损失。例如，对信息服务公司来讲，聘用专职的质量安全管理人员，就是一种集中转移系统内所有分散的各类风险的最直接方式。类似的，使用专业网络提供商、Web 管理员甚至专业的安全专家都属于系统风险转移的方式。

风险转移使得机构主体将复杂的系统管理相关的风险通过外包方式，转移到专业的、稳定的、有经验的其他机构中。但是，外包并非完全不存在风险。信息资产的所有者、IT 管理人员以及信息安全团队要保证外包合同的可实施性，如果外包机构没有能力满足外包合同条款的要求，那么结果将会更糟糕，系统风险也会不降反增。

9.4.3　缓解

缓解是一种控制方法，它尝试通过充分的规划和准备，减少因为漏洞造成的影响。风险缓解计划包含了提前预防风险，以及将风险影响降低到可接受等级的行动或工作。这种方法包括 3 种类型的计划：灾难恢复计划(DRP)、事件响应计划(IRP)和企业持续性计划(BCP)。每种计划都基于对漏洞的发现和响应的能力。

风险缓解与风险避免不同。缓解关注预防和风险最小化，从而可将风险造成的损失降到最低；而风险避免则改变风险范围，从而移除可能带来无法接受风险的活动。风险缓解的主要目标是减小风险发生的概率，例如使用多路冗余网络连接到 Internet，从而排除单点失效，减小访问失败的可能性。

不是所有的项目风险都具有合理而划算的缓解策略。因此，在缓解策略不可用的情况下，常用的做法是使用高效应急计划作为缓解的替代。

1. 灾难恢复计划

最常用的缓解方式是灾难恢复计划(DRP)。尽管数据备份策略是构成灾难恢复计划的主要部分，但全部计划应包括从一个事件中正确恢复的整个范围。DRP 通常包括恢复过程中的所有程序准备和行为策略，使恢复过程遵循详细的步骤。例如，DRP 中包含了人员通知清单，制定人员通知清单的目的是保证当灾难发生时，在第一时间通知相关人员。例如，如果发生了火灾，要先给消防部门打电话而不是先通知公司领导。

2. 事件响应计划

事件响应计划(IRP)定义为在某个事件发生后机构应该采取的行动。IRP 中包含了对事件当事人所可能遇到问题的解决方案,比如"系统死锁了该怎么办?""服务器失去响应了该怎么办?"之类的问题。例如,一名系统管理员注意到,有人在未授权情况下从服务器上复制信息,这表明有潜在的黑客或者未授权的雇员正在违反制度,损害系统正常工作。IRP 中定义了该管理员如何进行阻断、取证和告警等行为的规范。

DRP 和 IRP 策略在某种程度上是重叠的。DRP 是控制灾难事件的 IRP 中的一小部分,DRP 更集中于采取响应行动前完成的准备情况。然而,IRP 在实施上更具灵活性,集中于情报收集、信息分析、制定合作决定,以及采取紧急、具体的行动。例如,在一个病毒爆发的严重事件中,IRP 一般用来评估即将造成损害的可能性,并且通知各个相关的参与方(如信息安全管理部门、资产管理人员和用户)。

3. 企业持续性计划

缓解的第三种策略是企业持续性计划(BCP),它在 3 个计划中是最关键的、持续时间最长的。如果发生灾难性事件,如整个数据库被破坏、建筑或者操作中心出现了灾难,则BCP 可以保证业务的继续。当灾难的范围和程度超过了 DRP 恢复能力时,BCP 拥有恢复所需的计划,并采取步骤以确保业务不中断。这些步骤包括对于下级数据中心或者热备份站点启动的准备步骤,即业务恢复站点的启动步骤。业务恢复站点在功能上与本地站点的系统是相同或者相似的,这些站点可在中断发生后的最短时间内使机构恢复运转。许多公司提供针对诸如火灾、水灾、地震以及大多数自然灾害等事件的持续性服务。

表 9.9 列出了上述 3 种缓解计划的基本特性,表中对这 3 种计划进行了比较和研究,总结了它们的特征。

表 9.9　缓解策略对比

计　划	描　述	实　例	何时使用	时间范围
灾难恢复计划(DRP)	发生灾难时恢复的准备;灾难发生之前减少损失的策略;一步一步恢复常态的指导	丢失数据的恢复过程;丢失服务的重新建立过程;结束过程以保护系统和数据	在事件刚刚被确定为灾难后	短期恢复
事件响应计划(IRP)	在事件(攻击)过程中机构采取的行动	灾难发生期间采取的措施目录、情报收集、信息分析	当事件或灾难发生时	立即并实时作出响应
企业持续性计划(BCP)	当灾难的等级需要重新定位时,确保企业能够继续运作的全部步骤	下级数据中心启动的准备步骤;远程位置热站点的建立	在确定灾难影响了机构正常运转之后	长期恢复

9.4.4　承认

风险承认是选择对漏洞不采取任何保护措施,并且承认漏洞暴露所产生的结果。有一些风险不能简单地通过制订预防性或调整措施来解决，管理团队可以选择简单地接受部分风险，以避免更大的损失。但是，接受和"什么都不做"策略是不一样的，该计划中应该包含实施的基本原理，用于说明为什么选择接受风险，而不是执行缓解意外事故计划。在系统生命周期中选择承认风险应当非常谨慎，承认策略的使用只有在以下情况中才是适用的：

(1) 已经确定了风险等级；

(2) 已经评估了攻击的可能性；

(3) 已经估计了发生攻击可能造成的毁坏程度；

(4) 已经进行了一次彻底的成本效益分析；

(5) 已经评估了使用适当类型的控制措施；

(6) 已经确定了一些特殊功能、服务、信息或者资产的保护开销是无效的。

该控制策略基于这样一种假设：对其替代信息资产已进行了检查，并且断定保护一个资产付出的成本对系统整体收益是没有帮助的，因此，多数情况下，采用承认策略是一个偏向商务的决策。例如，某机构每年花费 50 万元来保护一台服务器，而通过安全评估可以确定花费 50 万元也可以替换服务器中包含的信息以及服务器本身，则适宜采用策略承认，不再额外花费资金维护这台服务器。

但一个极端情况是，如果机构中每个已被识别的漏洞都通过承认策略来控制，那么就反映出该机构已经没有能力进行有效的风险管理行动，或者机构决策者对信息安全是不关心的。

9.4.5　风险缓解策略选择

一般而言，每个被识别的漏洞都有 3 个缓解策略，风险缓解的流程在这 3 个缓解策略中选择一个策略予以执行。通过图 9.1 所示的流程图可以决定采取的策略。如图中所示，在信息系统投入运行后，首先确定这个需要进行风险分析的系统是否存在漏洞，并且分析漏洞被利用的概率。如果漏洞被利用的概率足以导致威胁，那么接下来通过估算机构将会蒙受多大的损失来确定这个风险是否是可接受的。

下面介绍一些策略选择方面的规则。

(1) 当一个漏洞(缺陷或者缺点)存在时，可通过安全控制来减少漏洞被利用的可能性。

(2) 当一个漏洞被利用时，可应用分层保护、结构设计以及管理控制使风险最小化或者防止风险发生。

(3) 当攻击者的开销少于他获取的利益时，可通过保护来增加攻击者花费的代价(例如，使用系统控制来限制系统用户能够访问的资源，从而明显减少攻击者获取的利益)。

(4) 当可能的损失非常大时，可通过原理设计、建筑设计以及技术和非技术保护来限制攻击范围，从而减少可能的损失。

如图 9.2 所示，在决定采用哪种策略时，应坚持将威胁的等级和资产的价值作为策略选择中的主要衡量因素。一旦实现了一个控制策略，就应该对控制效果进行监控和衡量，来确定安全控制的效果，并估计残留风险的准确性。因此，策略的选择、衡量、监控是一个循环过程，通过该过程的运行实现风险控制。

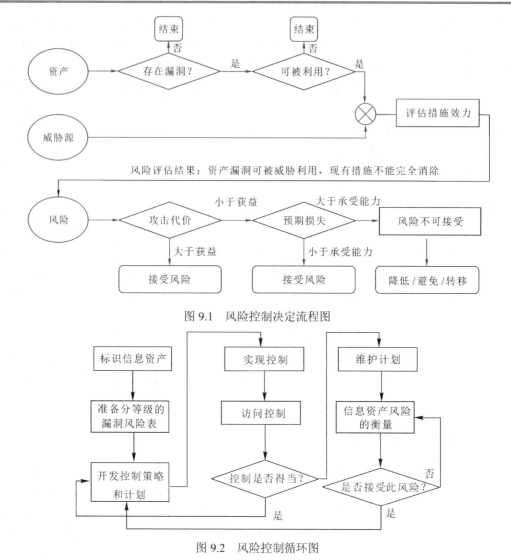

图 9.1 风险控制决定流程图

图 9.2 风险控制循环图

9.4.6 控制的实现

风险控制工作应按照标准项目管理过程进行初始化和监控，并评估计划进度。虽然风险计划的特定细节因系统而异，但是，该过程应遵循任务状态报告的一般实施步骤，以保持连续的风险识别，从而防范可能出现的二次风险。通过避免、缓解或者转移策略对风险进行控制，可通过实现控制过程或者防卫来完成。控制过程主要通过控制功能、体系结构层、策略层和信息安全原则 4 个方面来实现。

1. 控制功能

系统的控制功能是一种对漏洞进行保护的控制或者防卫的设计，既具有预防性又具有探测性。其中，预防控制通过强制执行机构的政策或者安全原则来制止利用漏洞的企图，比如身份认证或者强制使用标准加密算法。预防控制依赖一种或多种技术方法，并与具体的信息安全规则相结合来实现。探测控制能针对违反了安全原则、操作规程，或者试图利用漏洞的侵入行为发出告警信息。通常，探测控制使用的技术有审计跟踪、入侵检测以及配置监控等。

2. 体系结构层

部分控制过程可能涉及信息系统的一个或者多个层面。因此，控制类型也可以从涉及的不同层面进行分类，分别在这些层面中提供风险控制过程。例如，网络硬件防火墙是比较常见的位于不同结构层的类型，通常防火墙为体系结构中的不同层面提供接口，或位于 WAN 和 LAN 之间的缓冲地带。体系结构层通常涉及的领域包括机构政策、外部网络或非军事化区(DMZ)、Intranets(WAN 和 LAN)、网络接口区的网络设备(交换机、路由器、防火墙及集线器)、操作系统(大型机、服务器及桌上型计算机)等。

3. 策略层

控制过程有时会根据内部执行的风险控制策略分类，即避免、缓解或者转移等策略类型。

4. 信息安全原则

控制通常在一个或者多个信息安全原则中执行，如机密性、完整性、可用性、可验证性、授权、责任及隐私等企业基本的信息安全原则。

(1) 当信息系统的数据被存储、处理或者传送时，为保证这些数据不被非法访问，可采用机密性原则。例如，在网页内容从 Web 服务器传输到浏览器的过程中，可使用安全套接层(SSL)加密技术来保护这些内容。

(2) 当控制过程为保证信息资产以一致和正确的方式接收、处理、存储及检索时，可采用完整性原则。例如，在数据传输协议中使用奇偶校验或者循环冗余校验，以保证数据报的完整。

(3) 当控制过程为保证关键信息或服务的访问具备持续性和稳定性时，可采用可用性原则。例如，网络管理中心使用复杂的 Tivoli、OpenView 等网络监视工具，以保证网络资源最佳的可用性。

(4) 当控制过程为保证合法的用户能正确访问信息资产时，可采用可验证性原则。例如，使用加密认证建立 SSL 连接，或者使用硬件令牌标识合法用户的身份。

(5) 当控制过程为保证特定的用户能够正确授权访问、更新或者删除信息资产时，可采用授权原则。例如，在 Windows 网络环境中使用访问控制列表和授权组，以实现控制授权过程。

(6) 当控制过程为保证所采取的某项措施能够明确地对应到具体指定的人员或者自动化的程序时，可采用责任原则。例如，当用户进入或者退出当前操作系统或网站时，可使用审计记录完成控制过程。

(7) 当控制过程为保证要访问、更新或者删除针对个人信息的资产时，必须遵从此类信息的法律和政策，即可采用隐私原则。

9.5　风险管理的特殊考虑

9.5.1　风险可接受性

风险管理可接受性的原则包括零风险不存在性、风险和受益之间的平衡原则以及量化风险的不完备性。因此，一个切实可行的且高效的风险管理过程应当是确定的、规范的和科学的方法集合。

当风险管理机构评估绝对安全与无限制访问性之间的平衡时，风险可接受性由该机构愿意承担的风险数量和种类决定。例如，一家由政府管理的金融服务公司，在风险可接受性上是保守的，并希望充分应用每个合理的控制方法，甚至采取带攻击性的控制来保护它的信息资产。而另一些在风险可接受性上同样保守的公司，则可能通过寻找能够避免损失相关的其他更灵活的方式，以取得风险控制和可接受性之间的折中。因此，针对风险可接受性，合乎逻辑的方案是在暴露漏洞可能造成的损失和投入之间寻找一种平衡。

对于每种风险类别，风险管理中可以建立阈值(或控制点)用于确定风险的可接受性或不可接受性、风险优先级或管理措施介入的触发条件。例如，当某类信息资产支出超过预算 10% 时，则触发相应的决策变更。在风险管理的持续过程中，阈值也是可以逐渐做出优化的，以便建立动态监督机制和满足风险缓解计划的指标。

9.5.2　残留风险

在风险控制过程中，新措施执行后还可能遗留部分风险，即残留风险。在实践过程中，绝对的安全(即零风险)是不存在的，所以安全措施不是万能的。对残留风险进行确认和评价的过程其实就是前文所阐述的风险接受过程。根据前面的分析，信息资产面临的风险总是在一定程度上存在的。

当系统漏洞已被尽可能地控制起来时，也仍然有一些弱点没有被完全克服、没有被完全缓解，或者成了计划中的风险。这个剩余风险可以更换多种方式来描述它：缺少减小威胁防卫效果的一种威胁；缺少减小漏洞防卫效果的一种漏洞；缺少减小资产价值防卫效果的一种资产。

引入的新措施会给信息系统原本的运行带来变化，加之安全措施自身也存在固有弱点，因此，新措施可能降低整体安全效力，或者引入新的风险。对风险管理机构来说，应力求将残留风险保持在可接受的范围内，可以用如下公式表示该范围：

$$残留风险 R_r = 原有的风险 R_0 - 控制 \Delta R$$
$$残留风险 R_r \leq 可接受的风险 R_t$$

因此，决策者应该选择继续增大投入(更换控制或者追加控制)来进一步消减残留风险，还是维持现状并接受残留风险。为此，决策者可以根据风险评估的结果来确定这个阈值 R_t，以该阈值作为衡量是否接受残留风险的标准。

9.5.3　实施风险管理的建议

1. 持续评估

很多信息技术专家错误地将风险管理理解为有价值但却不必一直跟进的任务，他们认为风险管理只要在信息系统建立之初完成评估即可。但实践中，系统及其操作环境中的持续变化因素众多，这要求管理团队必须有规律地对已知风险进行持续评估，从而及时修正安全计划，对这些风险事件做出响应，防止这些风险带来的威胁。同时，管理团队应将风险管理工作集成到整体项目生命周期中，坚持不懈地寻找新的潜在风险，并纳入已知风险清单中，从而动态修正风险控制计划和措施。

2. 保持公开交流

尽管管理团队已经掌握了常见的风险信息，但决策者可能对该信息缺乏足够的认识。通常，在一个管理团队中，由上至下的信息交流十分简单，但是由下至上的信息传递却往往要受到限制。无论管理人员处于哪个层次，都希望详细掌握更低层次的风险，却害怕向上传递风险信息。有效的风险信息交流对系统风险管控具有明显的促进作用，在分级的管理组织中，管理人员需要鼓励公开交流，并确保每个人都正确地理解风险和风险计划。

3. 先声明，后管理

风险管理过程充满不确定性，且影响着决策制定和业务实施。通常，风险分析报告可以用标准的风险声明适当地列出一些不确定性，并允许对其中的风险信息有不同的解释。风险声明一般可以实现多个方面的目标，包括更好地确保所有的管理成员都对风险具有一致的理解、更好地了解风险的原因和可能关联发生的故障、为定量地正式分析和计划提供基础，以及帮助管理者建立管理风险的信心。总之，清楚的声明可以在多个方面帮助信息资产运营部门获益。

思　考　题

1. 信息安全面临的主要安全威胁有哪些方面？试举例说明。
2. 信息系统的风险管理工作主要包括哪几个方面？分别对应哪些方面的风险？
3. 如何对信息系统进行风险识别？
4. 信息系统风险评估的方法有哪些？各自的优缺点是什么？

第 10 章　信息安全法律法规

　　我国的信息安全立法工作始于 20 世纪 90 年代，起步相对较晚。经过近 30 年的发展，法律法规数量已经形成一定规模，建立了比较完善的信息安全法律体系和合理的框架结构，构建了以国家法律法规为主体，司法解释、部门规章与地方性条例为补充的法律体系。随着我国信息化的稳步推进，信息安全法律法规体系将会日趋完善。

10.1　信息安全保护法律框架

10.1.1　信息安全法律法规的发展

1. 国外的信息安全立法情况

　　美国是世界上网络和信息技术发展最快的国家，也是当前信息安全技术最先进的国家。在加强网络与信息安全的立法保障方面，美国也是不遗余力。美国 1987 年通过了《计算机安全法》，1998 年 5 月又发布了《使用电子媒介作传递用途的声明》，将电子传递的文件视为与纸介质文件相同。1998 年 5 月，美国政府颁发了《关键基础设施保护》总统令 PDD-63，围绕"信息保障"成立了全国信息保障委员会、全国信息保障同盟、关键基础设施保障办公室、首席信息官委员会、联邦计算机事件响应能动组等10 多个全国性机构。美国国家安全局制定了《信息保障技术框架》，提出了"深度防御策略"，确定了包括网络与基础设施防御、区域边界防御、计算环境防御和支撑性基础设施深度防御在内的安全目标。2000 年 1 月，美国发布了《保卫美国的计算机空间——保护信息系统的国家计划》，确定了保护信息系统的目标和范围，制定了联邦政府关键基础设施保护计划，其中包括民用机构的基础设施保护方案、国防部基础设施保护计划，以及私营部门、州和地方政府的关键基础设施保障框架。2000 年 10 月 1 日，美国《电子签名全球与国内贸易法案》正式生效，以保证原始信息或文件内容在传递过程中的真实性。

　　1995 年，俄罗斯颁布了《联邦信息、信息化和信息保护法》，为提供高效益、高质量的信息保障创造条件，界定了信息资源开放和保密的范畴，提出了保护信息的法律责任。1997 年，俄罗斯出台的《俄罗斯国家安全构想》明确提出"保障国家安全应把保障经济安全放在第一位"，而"信息安全又是经济安全的重中之重"。2000 年，普京总统批准了《国家信息安全学说》，确定了联邦信息安全建设的目的、任务、原则和主要内容，旨在"确保遵守宪法规定的公民的各项权利与自由；发展本国信息工具，保证本国产品打入国际市场；为信息和电视网络系统提供安全保障；为国家的活动提供信息保障”。

日本已经制定了国家信息通信技术发展战略，强调“信息安全保障是日本综合安全保障体系的核心”，出台了《21世纪信息通信构想》和《信息通信产业技术战略》。日本从2000年2月13日起开始实施《反黑客法》，规定擅自使用他人身份及密码侵入计算机网络的行为都将被视为违法犯罪行为，最高可判处10年监禁。

德国制定了《信息和通信服务规范法》和《电信服务数据保护法》，英国已拟定了《监控电子邮件和移动电话法案》。欧盟委员会于2003年2月设立了一个名为“欧洲网络与信息安全署”的专职机构，负责协调处理电子商务安全、计算机刑事犯罪等所有涉及信息安全的事务，为欧盟各成员国以及欧盟自身的机构服务，并负责协调与其他国家之间信息安全合作问题。

2. 信息安全法律的发展阶段划分

- 第一阶段：适应信息保密性的要求，保护个人隐私。

20世纪70—80年代，计算机安全急需解决的是确保信息系统中硬件、软件及正在处理、存储、传输的信息的机密性、完整性和可用性。在这一时期，针对数据的安全保护，世界各国掀起了第一次信息安全立法的潮流。其中，代表性的法律法规是德国的《联邦数据保护法》，首次从国家意志的角度规定了信息安全的法律约束。

《联邦数据保护法》首次颁布于1977年，随后进行了多次修改，以更好地适应迅速发展的经济社会环境。作为全国层面的立法，《联邦数据保护法》在德国整个数据保护法律体系中占据着核心地位。在以《联邦数据保护法》为中心的德国个人数据保护法律系统中，个人数据保护的重点在于保证公民对自身数据的控制力。该法律将这种控制力视为个体人格利益的具体表现。

- 第二阶段：建立了以计算机犯罪为核心的信息安全法律体系。

20世纪80—90年代，人们对信息安全有了新的需求，即可控性，信息安全更强调对信息及信息系统实施安全监控管理。法律急需解决网络入侵、病毒破坏、计算机犯罪等问题。于是，世界各国适时地对刑法做出了修改，掀起了国际性立法的第二次浪潮。

这一时期，代表性的法律法规有1987年美国修订的《计算机欺诈法》《计算机犯罪法》等。

- 第三阶段：建立了以信息安全监督管理为核心的信息安全法律体系。

20世纪90年代至2001年，信息安全的概念不再局限于对信息、信息系统的保护，多个国家提出了信息安全保障的概念，强调对信息系统整个生命周期的防御和恢复。为适应信息安全保障的要求，此阶段的立法工作以信息安全监督管理为核心，明确了政府机构和商业机构负责人的安全责任。

这一时期，代表性的法律法规有美国的《关键基础设施保护》《信息保障技术框架》等。

- 第四阶段：立法重点向对国家关键基础设施的保护转移。

美国“9·11”事件以后，各国的网络与信息安全工作几乎都是围绕“反恐”展开的。特别是美国，为了避免“数字珍珠港”事件的上演，立法重点从对信息基础设施的保护到对国家关键基础设施的保护转移，强调应急响应和检测预警，重视各类监控措施。

这一时期，代表性的法律法规有美国的《信息时代的关键基础设施保护》《爱国者法案》《网络安全国家战略》等。

3. 法律角度下的信息安全定义与分类

1) 信息安全的定义

信息安全指的是在客观上杜绝对信息资产的完整性、可用性、机密性造成的威胁，信息技术体系和信息资产的状态不受外来的威胁与侵害。当受到侵害时，在法律上能得到救济，以排除这种威胁和侵害，使得信息主体在主观上不存在恐惧，在客观上避免或减小侵害带来的损失。

信息安全的主体是包括国家、政府、自然人、法人或其他组织在内的任何信息安全操作的主观对象。信息安全的客体指能带来利益并为主体所用的信息(信息资产)。保护信息安全主体的法律手段是通过信息安全相关的民事责任、行政责任和刑事责任制度，调整对信息安全主体的安全保护程度。

2) 信息安全的分类

(1) 从危害的对象或场所来划分，可以将信息安全分为危害国家安全、危害社会安全、危害市场或企业安全、危害个人安全等类型。

(2) 从机构来划分，可以将信息安全分为：

① 信息监察安全，包括监控查验和犯罪起诉；

② 信息管理安全，包括技术管理安全、行政管理安全和应急管理安全；

③ 信息技术安全，包括实体安全、软件安全、数据安全和运行安全；

④ 信息立法安全，包括政策和法律是否完备；

⑤ 信息认识安全，包括信息安全宣传与普及教育等。

10.1.2　我国信息安全法律发展脉络

自 20 世纪 90 年代起，我国有关信息安全的法律法规相继出台。1991 年 10 月 1 日《计算机软件保护条例》开始实施；1994 年 2 月 18 日，我国颁布实施了《计算机信息系统安全保护条例》，规定了"公安部主管全国计算机信息系统安全保护工作"的职能；1995 年 2 月 28 日，全国人大通过了《警察法》，规定人民警察"履行监督管理计算机信息系统安全保护工作的职责"；1997 年 3 月，全国人大修订通过的新刑法，较全面地将计算机犯罪纳入刑事立法体系，增加了针对计算机信息系统和利用计算机犯罪的条款；1997 年 5 月 20 日，国务院公布了经过修订的《中华人民共和国计算机信息网络国际联网管理暂行规定》。

为应对和打击网络信息犯罪，公安部门陆续出台了专门的信息安全管理条例和管理规定。1997 年 12 月 12 日，公安部发布了《计算机信息系统安全专用产品检测和销售许可证管理办法》，规定了"公安部计算机管理监察机构负责销售许可证的审批颁发工作和安全专用产品安全功能检测机构的审批工作"；1997 年 12 月 30 日，公安部发布了《计算机信息网络国际联网安全保护管理办法》，规定了任何单位和个人不得利用国际互联网从事违法犯罪活动等四项禁则和从事互联网业务的单位必须履行的六项安全保护责任等内容；2000年4月26日，公安部发布了《计算机病毒防治管理办法》；2000年12月，《全国人民代表大会常务委员会关于维护互联网安全的决定》发布。这些法律法规的出台，结束了中国计算机信息系统安全及计算机犯罪领域无法可依的局面，并为打击计算机犯罪活动提供了法律依据。国务院原信息办及其他相关部门近些年也制定了一些行政法规和部门规章，如《计算机信息网络国际互联网管理暂行规定》《商用密码管理条例》《计算机信息系统国际联网保密管理规定》等。这些法律和规章奠定了中国加强信息网络安全保护和打击网络违法犯罪活动的法律基础。此外，一些地方性法规也相继出台，如1997年6月江苏省保密局、公安厅联合制定了《江苏省计算机信息系统国际联网保密管理工作暂行规定》，明确规定全省计算机信息系统国际联网的安全保护工作由省公安厅主管，保密管理工作由省保密局负责；解放军颁发了《中国人民解放军保密条例》《中国人民解放军技术安全保密条例》《中国人民解放军计算机信息系统安全保密规定》等。

虽然在《中华人民共和国刑法》(以下简称《刑法》)中明确了信息安全犯罪等行为，但我国长期以来依靠行政规章、条例、规范制度等保证信息安全的保护措施，缺少专门针对国家网络空间安全的专门法律。2004年8月28日，第十届全国人大常委会第十一次会议通过了《中华人民共和国电子签名法》并于2005年4月1日起实施，该法是我国首部真正意义上的信息网络环境下的单行法律；2016年11月，全国人大常委会审议通过了《中华人民共和国网络安全法》，并于2017年6月1日起实施。

综上，中国网络信息安全法律保障方面的现状呈现以下三方面的特点：

(1) 多头制定，多头管理。

由于信息资源管理工作涉及公安部、国家安全部、国家保密局、国家商用密码管理办公室以及工信部等诸多部委，在信息安全上出现了各部委各有各的法律规章，条块分割地进行管理的现象。

例如，1994年2月18日国务院发布实施的《计算机信息系统安全保护条例》规定；"公安部主管全国计算机信息系统安全保护工作。国家安全部、国家保密局和国务院其他有关部门，在国务院规定的职责范围内做好计算机信息系统安全保护的有关工作。"《中华人民共和国国家安全法》规定："国家安全机关是本法规定的国家安全工作的主管机关。国家安全机关和公安机关按照国家规定的职权划分，各司其职，密切配合，维护国家安全。"《计算机信息系统国际联网保密管理规定》则要求："国家保密工作部门主管全国计算机信息系统国际联网的保密工作。县级以上地方各级保密工作部门，主管本行政区域内计算机信息系统国际联网的保密工作。中央国家机关在其职权范围内，主管或指导本系统计算机信息系统国际联网的保密工作。"

(2) 有规模，缺体系。

中国有关信息安全的规范包括公安部、工信部、新闻出版署、国家保密局、版权局、质量技术监督局等众多部门制定的规章及规范性文件，全国人大及人大常委会通过的有关信息安全的国家法律，以及国务院制定的行政法规，在数量上形成了一定的规模。然而我们也应看到，众多的法律法规并不能构成一个系统、条理清楚的体系，这是由于其制定者本身就是多方，难以做好统一协调工作；也由于网络信息安全在发展中不断出现新问题，许多法律法规的出台是为了弥补现实中出现的法律盲点，在法律的制定上难以做到全方位统筹考虑。

(3) 增长迅速，修订频繁。

信息安全问题是在信息技术和网络技术飞速发展，信息社会、知识经济渐趋形成的大环境下产生的，短短二三十年从无到有，国内信息安全法律法规的数量增长迅速。也正因为信息安全问题的趋多趋杂，导致一份规范制定没几年，又有可能因为新情况的发生而须做出修订。另一种现象是，在制定一份法规后，常常伴随着该文件的补充或者暂行规定的出现。如国家保密局于 1998 年制定了《计算机信息系统保密管理暂行规定》，2000 年年初又发布了《计算机信息系统国际联网保密管理规定》；1996 年 2 月 1 日中华人民共和国国务院令第 195 号发布了《中华人民共和国计算机信息网络国际联网管理暂行规定》，1997年 5 月 20 日再次发布了《国务院关于修改〈中华人民共和国计算机信息网络国际联网管理暂行规定〉的决定》。近年来，网络信息安全问题已引起党中央和国务院领导的重视和社会各界的关注，完善计算机信息网络安全体系，制定信息安全法的呼声也越来越高，相关立法工作的节奏正在加快。

10.1.3　我国信息安全法律体系

目前，我国涉及网络信息安全的法律主要有四部，即《中华人民共和国刑法》《关于维护互联网安全的决定》《中华人民共和国电子签名法》《中华人民共和国网络安全法》。

1.《中华人民共和国刑法》

1997 年及以前的刑法中，并没有相关的计算机犯罪的罪名。因此，为预防和惩治计算机违法犯罪行为，1997 年修订的《中华人民共和国刑法》在第二百八十五条、第二百八十六条、第二百八十七条增加了涉及计算机犯罪的四项条款，即非法侵入计算机信息系统罪、破坏计算机信息系统功能罪、破坏计算机信息系统数据和应用程序罪以及制作或传播计算机病毒等破坏性程序罪，为预防和打击计算机犯罪活动提供了基本的法律依据。2009 年，在《中华人民共和国刑法修正案(七)》(简称《刑法修正案(七)》)中对计算机犯罪相关条款进行了必要的调整。

2.《关于维护互联网安全的决定》

2000 年 12 月，为进一步保障网络环境下信息的安全，全国人民代表大会常务委员会颁布实施了《关于维护互联网安全的决定》。这是我国针对互联网应用过程出现的运行安全和信息安全专门制定的法律，该单行法律的出台对于促进我国互联网的健康发展，保障互联网的安全具有重要意义。该法规定了损害互联网运行安全、破坏国家安全和社会稳定、扰乱社会主义市场经济秩序和社会管理秩序、侵犯法律主体的人身及财产合法权利等四项犯罪行为，将依照刑法有关规定追究刑事责任。

《关于维护互联网安全的决定》是我国直接规范网络信息安全的效力最高的法律文件之一，在更深入地扩充了保护对象的内涵和外延的同时，还明确了利用互联网实施的尚不构成犯罪的违法行为，将按照有关规章、条例承担行政和民事责任，这也是对信息安全违法行为及其惩处措施的有力补充。

3.《中华人民共和国电子签名法》

2004 年 8 月 28 日，第十届全国人大常委会第十一次会议通过了《中华人民共和国电子签名法》，并于 2005 年 4 月 1 日起实施。该部法律围绕我国网络信任体系建设的关键内容，从确定电子签名的法律效力、规范电子签名的行为、明确认证机构的法律地位以及电子签名的安全保障措施等多个方面做出了具体规定。该法在我国首次赋予电子签名与文本签名具有同等的法律效力，同时明确了电子认证服务市场准入制度，维护和保障了电子交易安全，进一步促进了我国电子商务和电子政务的健康发展。

4.《中华人民共和国网络安全法》

2016 年 11 月，《中华人民共和国网络安全法》经人大常委会审议通过，于 2017 年 6 月 1 日起实施。该法作为我国首部网络安全领域的基本法，共 7 章 79 条，分为总则、网络安全支持与促进、网络运行安全(包括一般规定与关键信息基础设施的运行安全)、网络信息安全、监测预警与应急处置、法律责任和附则。《中华人民共和国网络安全法》坚持从我国信息化发展的国情出发，坚持网络安全的问题为导向，坚持安全与发展并重，保护了各类网络主体的合法权利，保障了网络信息依法有序自由流动，促进了网络技术创新和信息化持续健康发展。

除上述法律法规外，为应对新出现的某一具体类型的信息安全违法犯罪行为，我国还出台了一些相关的司法解释，如表 10.1 所示。

表 10.1　相关司法解释

相关司法解释名称	出台年份
最高人民法院关于审理涉及计算机网络著作权纠纷案件适用法律若干问题的解释	2000
最高人民法院关于审理涉及计算机网络域名民事纠纷案件适用法律若干问题的解释	2001
最高人民法院、最高人民检察院关于办理利用互联网、移动通信终端、声讯台制作、复制、出版、贩卖、传播淫秽电子信息刑事案件具体应用法律若干问题的解释	2004
最高人民法院关于审理破坏公用电信设施刑事案件具体应用若干问题的解释	2005
最高人民法院和最高人民检察院关于办理利用互联网、移动通信终端、声讯台制作、复制、出版、贩卖、传播淫秽电子信息刑事案件具体应用法律若干问题的解释(二)	2010
最高人民法院、最高人民检察院关于办理危害计算机信息系统安全刑事案件应用法律若干问题的解释	2011
最高人民法院、最高人民检察院关于办理利用信息网络实施诽谤等刑事案件适用法律若干问题的解释	2013
最高人民法院、最高人民检察院关于办理非法利用信息网络、帮助信息网络犯罪活动等刑事案件适用法律若干问题的解释	2019

我国公开发布涉及信息安全的部门规章相对较多，主要涉及域名管理、信息服务、证券委托、保密管理等方面。比较有代表性的部门规章如表 10.2 所示。

表 10.2　信息安全部门规章

法规名称	规范对象	发布部门	出台年份
计算机信息网络国际联网安全保护管理办法	基础网络	公安部	1997
关于规范"网吧"经营行为加强安全管理的通知	营业场所	公安部、信息产业部、文化部、国家工商行政管理局	1998
软件产品管理办法	产业产品	信息产业部	2000
互联网电子公告服务管理规定	网络应用	信息产业部	2000
中国工业计算机互联网国际联网管理办法	基础网络	邮电部	2000
电子认证服务管理办法	网络应用及服务机构	信息产业部	2005
中国互联网络信息中心域名争议解决办法	网络应用	中国互联网络信息中心	2006
信息安全等级保护管理办法(试行)	信息系统	公安部、国家保密局、国家密码管理局、国务院信息化工作办公室	2006
互联网骨干网络间通信质量监督管理暂行办法	基础网络	信息产业部	2008
全国人民代表大会常务委员会关于加强网络信息保护的决定	基础网络	全国人大常委会	2012
互联网网络安全突发事件应急预案	基础网络	工业和信息化部	2017
公安机关互联网安全监督检查规定	网络应用	公安部	2018
互联网用户公众账号信息服务管理规定	网络应用	国家互联网信息办公室	2020
网络安全审查办法	信息系统	国家发改委等 12 部门	2020

10.2　信息安全违法犯罪行为

10.2.1　相关概念

1. 计算机犯罪

计算机犯罪指的是违反国家规定，利用以计算机为核心的信息技术，妨害电子信息交流安全秩序，严重危害社会，依法应负刑事责任的行为。其特点体现在如下几个方面：

(1) 具有智能化和隐蔽性。计算机犯罪的实施过程不受时间和地点限制，随机性强，实施人员多凭借高科技手段实施犯罪行为。

(2) 具有复杂性。犯罪主体、犯罪对象的对应关系具有复杂性。

(3) 具有跨国性。依托互联网实施的计算机犯罪冲破了地域限制，呈现国际化趋势。

(4) 具有匿名性。犯罪人员可以通过重复匿名登录或使用代理等多种方式，间接地对目标实施犯罪。

(5) 具备受利益驱动或探秘心理驱动的特点。计算机犯罪通常与经济犯罪现象并发，针对个人隐私、商业秘密、军事秘密等实施以收益为目的或为满足好奇心而实施计算机犯罪。

(6) 实施人员具备低龄化和内部性特点。计算机犯罪人员多为 35 岁以下的年轻人，且内部人员占很大的比例。

2. 单纯性计算机犯罪

单纯性计算机犯罪主要有破坏计算机信息系统功能罪、破坏计算机信息系统数据及应用程序罪、制作或传播计算机病毒等破坏性程序罪以及非法入侵计算机信息系统罪。

单纯性计算机犯罪中，非法入侵计算机信息系统罪最为常见，根据《中华人民共和国刑法》(以下简约《刑法》)第二百八十五条中的非法入侵计算机信息系统罪指违反国家规定，侵入国家事务、国防建设、尖端科学技术领域的计算机信息系统的行为。

界定非法入侵计算机信息系统罪，需要看犯罪主体、危害行为、危害前提、犯罪故意和特定犯罪对象等要素。

非法入侵计算机信息系统罪的犯罪主体指一般主体，即已满 16 周岁且具有刑事责任能力的自然人；危害行为表现为行为人实施了非法侵入国家事务、国防建设、尖端科学计算领域的计算机信息系统的行为；危害前提是"侵入"，即没有取得国家有关部门的合法授权或批准，通过计算机终端访问国家事务、国防建设、尖端科学计算领域的计算机信息系统或进行数据截取的行为；具有明显犯罪故意，即行为人明知是国家事务、国防建设、尖端科学计算领域的计算机信息系统而擅自侵入；行为人的目的和动机是多种多样的，主要是泄愤报复、要挟讹诈、贪财图利和不正当竞争等，无论出于何种目的、动机如何，均不影响本罪的构成，所以，过失不构成本罪；犯罪对象具备特定性，即侵害的对象是国家事务、国防建设、尖端科学计算领域的计算机信息系统。这里"计算机信息系统"指的是由计算机及其相关配套设备、设施(含网络)构成，按照一定的应用目标和规则对信息进行采集、加工、存储、传输、检索等处理的人机系统。非法入侵计算机信息系统罪犯罪主体侵入的计算机信息系统只限于国家事务、国防建设、尖端科学计算领域。行为人非法入侵别的系统，不构成本罪。

需要注意的是，犯罪主体如果入侵系统后，又窃取了存储的绝密资料和数据或者输入了计算机病毒，则既构成非法入侵计算机信息系统罪，又构成非法获取国家秘密罪和破坏计算机信息系统数据库应用程序罪，应当按照处理牵连犯罪的原则，从一从重处罚，不实行数罪并罚。

下面通过一个典型案例来说明非法入侵计算机信息系统罪的界定过程。

2015 年 7 月，在中国人民银行某支行任业务部副主任的王某与他人预谋，通过查询中国人民银行"征信查询系统"信息获利，后趁该支行调研信息部主任查询征信时，偷偷记下了该主任登录"征信查询系统"的账号和密码，然后通过本人办公室的计算机登录成功，随后伙同他人携带计算机，先后在中国人民银行淮阳县支行、中国人民银行商水县支行，通过网线、无线路由器链接中国人民银行内网，登录"征信查询系统"进行征信信息查询。此事件共造成中国人民银行商水县支行 292 250 元的查询费用损失。2015 年 10 月 13 日，王某因涉嫌非法侵入计算机信息系统，被商水县公安局刑事拘留。2015 年 11 月 20 日，王某因涉嫌非法侵入计算机系统罪，被商水县人民检察院批准逮捕。2016 年 8 月 15 日，商水县人民检察院以被告人王某涉嫌犯非法侵入计算机信息系统罪向商水县人民法院提起公诉。商水县人民法院审理后认为，被告人王某违反国家规定，侵入国家事务领域的计算机系统，其行为已构成非法侵入计算机信息系统罪，公诉机关指控其所犯罪罪名成立，遂依法判处被告人王某有期徒刑六个月，缓刑一年。

3. 不单纯的计算机犯罪

不单纯的计算机犯罪又称为非典型性计算机犯罪或准计算机犯罪，指既可以用信息科学技术实施也可以用其他方法实施的犯罪，即《刑法》第二百八十七条举例并规定的利用计算机实施金融诈骗、盗窃、贪污、挪用公款、窃取国家秘密或者实施其他犯罪。

10.2.2　利用计算机实施危害国家安全的犯罪

1. 利用计算机实施煽动分裂国家罪

《刑法》第一百零三条第二款中的煽动分裂国家罪是指故意煽动他人分裂国家、破坏国家统一的行为。当犯罪情节涉及利用计算机实施煽动分裂国家的行为时适用该款规定。

2. 利用计算机实施煽动颠覆国家政权罪

《刑法》第一百零五条第二款中的煽动颠覆国家政权罪是指以造谣、诽谤或者其他方式煽动他人颠覆国家政权、推翻社会主义制度的行为。当犯罪情节涉及利用计算机实施煽动颠覆国家政权的行为时适用该款规定。

这里结合以下案例，说明利用计算机实施煽动分裂国家罪和利用计算机实施煽动颠覆国家政权罪的界定过程。

四川省成都市人民检察院指控，2000 年 3 月至 6 月，被告人黄琦及其开办的"天网寻人"网站主页设置"走向论坛""网海拾遗""遥看中华"等栏目。在"走向论坛"栏目登载《中国民主党纲领》《新疆维吾尔人的独立意识：因为历史上我们一直是个独立的国家》等文章；在"网海拾遗"栏目收集发表《可也不可预测的大陆》《六四不是事件，不是风波，是屠杀》等文章；在"遥看中华"栏目中的境外链接"中国人权民运信息中心"发布的"两公民要求平反六四被捕""大赦国际：213 名六四政治犯被关押"等信息。

公诉机关为证明所指控的犯罪事实，当庭举出了如下证据：公安机关通过黄琦的计算机在"天网寻人"网站查获的证据清单；四川省公安厅的电子物证鉴定表；证人曾俐、曾洪、曾全富、刘洪海、李昱的证词；成都天网寻人咨询服务事务所与成都华美计算机网络有限公司签订的企业上网合同；黄琦在公安机关的供述。公诉机关认为，被告人黄琦的行为已经构成煽动分裂国家罪、煽动颠覆国家政权罪，应当依照《刑法》第一百零三条、第一百零五条、第六十九条的规定予以处刑。

3. 利用计算机实施间谍罪

《刑法》第一百一十条中的间谍罪是指参加境外间谍组织，或者虽未参加境外间谍组织，但接受境外间谍组织或其代理人的任务，或者为敌人指示攻击目标，危害中华人民共和国国家安全的行为。当犯罪情节涉及利用计算机组织或实施间谍行为时适用该款规定。

下面以宋孝濂间谍案为例，说明利用计算机实施间谍罪的犯罪过程。

宋孝濂间谍案是典型的受台湾情报部门收买而成为间谍组织代理人的犯罪案例。据法院审理查明，1993 年以来，宋孝濂经常到海南进行一些商务活动，成为台湾情报机关范某的下线。2002 年 4 月，宋带着搜集情报信息的任务潜入海南省琼海市，为了便于传递情报，范将台湾军情局的电子邮箱地址提供给了宋，搜集反映海南的政治、经济动态的报刊资料 20 多份。2002 年 10 月，宋返回台湾，将搜集到的我军的军事情报提供给台湾军情局台北站的罗某某。

4. 利用计算机实施为境外窃取、刺探、收买、非法提供国家秘密、情报罪

《刑法》第一百一十一条中的为境外窃取、刺探、收买、非法提供国家秘密、情报罪是指违反国家保密法规，为境外的机构、组织、人员窃取、刺探、收买、非法提供国家秘密或者情报的行为。本罪是选择性罪名，司法实践中应根据具体案情，选择适用或合并适用《刑法》相关条款。当犯罪情节涉及利用计算机实施为境外窃取、刺探、收买、非法提供国家秘密、情报的行为时适用该款规定。

典型案例如吴天泄露十四大报告案。吴天原系我国新华社编辑，1992 年在党的十四大召开前夕，应香港报社记者梁某(女)的要求，利用其参与党的十四大报告起草工作的便利条件，故意违反国家保密法规和政治工作纪律，将定稿后的十四大报告(绝密)复印后全文提供给梁某，梁某又将报告在十四大开幕前全文刊载在香港某报上，在国际上造成了极为恶劣的政治影响。吴天借此收受梁某的酬金港币约 5000 元。最高人民法院以为境外人员非法提供国家秘密罪从重判处吴天无期徒刑。

10.2.3　利用计算机实施危害公共安全的犯罪

1. 利用计算机实施破坏交通工具罪

《刑法》第一百一十六条和第一百一十九条第一款中的破坏交通工具罪是指故意破坏火车、汽车、电车、船只、航空器，足以使其发生倾覆、毁坏的危险，危害交通公共安全，尚未造成严重后果或者已经造成严重后果的行为。当犯罪情节涉及利用计算机实施破坏交通工具行为时适用该款规定。

2. 利用计算机实施破坏交通设施罪

《刑法》第一百一十七条和第一百一十九条第一款中的破坏交通设备罪是指故意破坏轨道、桥梁、隧道、公路、机场、航道、灯塔、标志或者进行其他破坏活动，足以使火车、汽车、电车、船只、航空器发生倾覆、毁坏危险，危害公共安全尚未造成严重后果或者已经造成严重后果的行为。当犯罪情节涉及利用计算机实施破坏交通设施行为时适用该款规定。

3. 利用计算机实施劫持航空器罪

《刑法》第一百二十一条中的劫持航空器罪是指以暴力、胁迫或者其他方法劫持航空器的行为。当犯罪情节涉及利用计算机实施劫持航空器行为时适用该款规定。

4. 利用计算机实施破坏广播电视设施、公共电信设施罪

《刑法》第一百二十四条中的破坏广播电视设施、公用电信设施罪是指故意破坏广播

电视设施、公用电信设施，危害公共安全的行为。本罪是选择性罪名，在司法实践中应根据具体案情，选择适用或合并适用。当犯罪情节涉及利用计算机实施破坏广播电视设施、公共电信设施行为时适用该款规定。

10.2.4　利用计算机破坏市场经济秩序的犯罪

1．利用计算机实施走私淫秽物品罪

《刑法》第二条、第五条、第一百五十二条、第一百五十六条中的走私淫秽物品罪是指有刑事责任能力的自然人或单位以牟利或者传播为目的，违反海关法规，逃避海关监管，非法运输、携带、邮寄淫秽的影片、录像带、录音带、图片、刊物或者其他淫秽物品进出国境，或间接走私上述物品，或与犯本罪的走私罪通谋，为其提供帮助，以及实施上述行为情节严重或特别严重的行为。当犯罪情节涉及利用计算机实施走私淫秽物品行为时适用上述规定。

2．利用计算机实施内幕交易、泄露内幕信息罪

《刑法》第一百八十条中的内幕交易、泄露内幕信息罪是指证券、期货交易内幕信息的知情人员或者非法获取证券、期货交易内幕信息的人员，在涉及证券的发行，证券、期货交易或者其他对证券、期货交易价格有重大影响信息披露前买入或卖出该证券，或泄露信息，情节严重或情节特别严重的行为。当犯罪情节涉及利用计算机进行内幕交易、泄露内幕信息时适用该款规定。

3．利用计算机实施编造并传播证券交易虚假信息罪

《刑法》第一百八十一条第一、第三款中的编造并传播证券交易虚假信息罪是指编造并传播影响证券、期货交易的虚假信息，扰乱证券、期货交易市场，造成严重后果的行为。本罪是选择性罪名，司法实践中应根据具体案情，选择适用或合并适用。当犯罪情节涉及利用计算机实施编造并传播证券交易虚假信息行为时适用上述规定。

4．利用计算机实施信用卡诈骗罪

《刑法》第一百九十六条中的信用卡诈骗罪是指以非法占有为目的，利用信用卡进行诈骗活动，数额较大或者数额巨大(有其他严重情节)或者数额特别巨大(有其他特别严重情节)的行为。当犯罪情节涉及利用计算机实施信用卡诈骗行为时适用该款规定。

5．利用计算机实施侵犯著作权罪

《刑法》第二百一十七条、第二百二十条中的侵犯著作权罪是指以营利为目的，具有法定侵犯著作权 4 种情形之一，违法所得数额较大(有其他严重情节)或者违法所得数额巨大(有其他特别严重情节)的行为。当犯罪情节涉及利用计算机实施侵犯著作权行为时适用上述规定。

6．利用计算机实施侵犯商业秘密罪

《刑法》第二百一十九条、第二百二十条中的侵犯商业秘密罪是指非法获取、披露、使用或者允许他人使用权利人的商业秘密，给权利人造成重大损失或者造成特别严重后果的行为。当犯罪情节涉及利用计算机实施侵犯商业秘密行为时适用上述规定。

7．利用计算机实施合同诈骗罪

《刑法》第二百二十四条、第二百三十一条中的合同诈骗罪是指以非法占有为目的，

在签订、履行合同过程中，骗取对方当事人财物，数额较大，或者数额巨大(有其他严重情节)，或者数额特别巨大(有其他特别严重情节)的行为。当犯罪情节涉及利用计算机实施合同诈骗行为时适用上述规定。

10.2.5　非法获取个人信息

非法获取个人信息是指国家机关或者金融、电信、交通、教育、医疗等单位的工作人员违反国家规定，将本单位在履行职责或者提供服务过程中获得的公民个人信息，出售或者非法提供给他人。

个人信息保护一直是信息安全保障工作的重要内容。近年来，由于商业利益的驱使，个别违规单位及不法个人，在用户完全不知情的情况下，过度采集、擅自披露、交换共享甚至非法买卖用户信息，对用户的合法权益造成了严重侵犯。2011 年年底，我国互联网遭遇了史上最大规模的用户信息泄露事件，多家连锁酒店、超市的在线服务系统用户数据被泄露，几千万用户账号和密码信息被公开，严重影响了社会秩序和公众利益。因此，个人信息保护立法受到社会的广泛关注。

2009 年，我国通过《刑法修正案(七)》，其中第二百五十三条规定，出售或者非法提供公民个人信息，窃取或以其他方式非法获取公民个人信息，情节严重的，处三年以下有期徒刑或者拘役，并处或者单处罚金。这是我国首次将公民个人信息纳入刑法保护范畴，明确"出售、非法提供公民个人信息罪""非法获取公民个人信息罪"等罪名。《刑法修正案(七)》被认为是我国个人信息立法的标志性事件之一。

2012 年 4 月，我国评审通过了《信息安全技术公共及商用服务信息系统个人信息保护指南》国家标准，作为技术指导文件，为企业处理个人信息确立了行为准则，为开展行业自律提供了很好的工作参考。该指南对个人信息的处理包括收集、加工、转移和删除四个主要环节，提出了个人信息保护的原则，主要包括目的明确、最少使用、公开告知、个人同意、质量保证、安全保障、诚信履行和责任明确等八项原则。其中，"最少使用"原则是指获取一个人的信息时，只要能满足使用的功能就足够了；"安全保障"原则是指个人信息管理者一旦收集了个人信息，就应当承担建立相应机制、保护个人信息免遭泄露的管理义务。目前，《个人信息保护法》已经颁布，并于 2021 年 11 月 1 日正式实施，这将及时填补我国在个人信息保护领域的法律空白，为有效保障个人信息权利，科学认定和惩处个人信息侵权行为提供法律依据。

思　考　题

1. 分析我国信息安全立法工作的现状。
2. 我国网络信息安全法律保障方面的现状呈现哪些特点？
3. 当前我国信息安全法律框架体系主要构成是怎样的？
4. 信息安全违法犯罪行为主要分为哪些类型？试举例说明。

参 考 文 献

[1]　杨波. 网络安全理论与应用[M]. 北京：电子工业出版社，2002.

[2]　杨波. 现代密码学[M]. 北京：清华大学出版社，2017.

[3]　李剑，张然，等. 信息安全概论[M]. 北京：机械工业出版社，2018.

[4]　沈昌祥，左晓栋，等. 网络空间安全导论[M]. 北京：电子工业出版社，2019.

[5]　中共中央办公厅，国务院办公厅. 国家信息化发展战略纲要，2016.

[6]　SCHNEIER B. 应用密码学：协议、算法与 C 源程序[M]. 北京：机械工业出版社，2001.

[7]　STAMP M. 信息安全原理与实践[M]. 北京：电子工业出版社，2007.

[8]　沈昌祥，左晓栋. 非传统安全与现实中国丛书：信息安全[M]. 杭州：浙江大学出版社，
　　　2007.

[9]　陈兴蜀，罗永刚，罗锋盈. 信息安全技术云计算服务安全指南解读与实施[M]. 北京：
　　　科学出版社，2014.

[10]　赵刚. 信息安全管理与风险评估[M]. 北京：清华大学出版社，2018.

[11]　吴晓平，付钰. 信息系统安全风险评估理论与方法[M]. 北京：科学出版社，2011.

[12]　陈忠文. 信息安全标准与法律法规[M]. 武汉：武汉大学出版社，2008.

[13]　GB/T 25070—2010. 信息安全技术 信息系统等级保护安全设计技术要求.

[14]　GB/T 20984—2007. 信息安全技术 信息安全风险评估规范.

[15]　GB/T 22080—2016. 信息技术 安全技术 信息安全管理体系要求.